성의 자연사

# 성의 자연사

동물과 식물, 그리고 인간의 섹스와 구애에 관한 에세이

**애드리언 포사이스** 지음 | **진선미** 옮김

YANG 양문 MOON

# 차 례

# 서문 | 생명이란 무엇인가

의심을 하지 않으면 사물을 있는 그대로 관찰할 수 없습니다.
— 찰스 다윈이 알프레드 러셀 월리스에게 보낸 편지 중에서

이 책에는 자연 속에서 벌어지는 수많은 섹스와 구애에 관한 에세이들이 실려 있다. 자연에 관심 있는 사람들이 주요 독자가 될 것이며 섹스의 생물학에 관심 있는 사람들에게도 이 책이 유용하리라 생각한다. 좀 더 일반적으로 말하자면, 이 책을 통해 우리는 생명을 어떻게 바라볼 것인지, 그리고 한 생명이 다른 무엇이 아닌 지금의 모습을 갖추게 된 까닭은 무엇인지 분석하고 유추해볼 수 있을 것이다. 또한 이 책은 놀랄 만큼 다양한 섹스 행위에 대한 기록이기도 하다. 예를 들어 수탉이 홰를 치고 볏을 흔드는 이유, 진드기가 자신의 어미와 교미하는 이유, 수벌이 자신의 생애에 단 한 번뿐인 교미를 끝낸 후 장렬히 산화할 수밖에 없는 이유는 무엇인지를 묻는다.

생명은 섹스 행태의 다양성 때문에 더욱 아름다워진다. 그리고 진화생물학은 이러한 다양성을 이해하기 위한 열쇠가 된다. 특정 유형에 나타나는 변이를 통해 가설과 이론 그리고 법칙이 만들어지며 생태학과 진화생물학은 여기에 기초하여 발전한다. 우리는 이 책에서 해조

류나 박테리아, 뇌 기생충, 기생조개류를 비롯해 단서를 제공하고 의문을 제기하는 데 필요한 모든 생명체들에 대해 이야기해야만 할 것이다. 따라서 나는 우리 인간을 예로 드는 것 역시 조금도 꺼려하지 않을 것이다. 물론 인문학자들이나 사회학자들은 호모 사피엔스에게 다른 생물들과 동등한 돋보기를 들이대려는 생물학자들의 태도를 불편해 할지도 모른다. 하지만 나는 다음과 같은 소로(Henry David Thoreau)의 견해에 전적으로 동감한다. "나는 곰팡이를 관찰할 때와 같은 방식으로 인간을 바라본다."

우리 인간은 특별하고 복잡한 종이다. 인간의 섹스 행태는 유전에 근거한 고정되고 본능적인 반응에서부터 학습되고 문화적으로 변형된 행태까지, 극단적으로 다양한 형태를 보인다. 인간이라는 한 종에서도 다형적으로 드러나는 진화 패턴—예를 들어 문화적 영향을 많이 받는 동성애—에 대해 지나치게 심사숙고하는 것은 별다른 성과가 없을 것 같다. 그보다는 여성이 다른 종에서는 보기 힘든 커다란 유방을 지니고 있는 것과 같은 신체적 경향에 대해 좀 더 진지한 질문을 던져보는 것이 합리적일 것이다.

그러나 이 책에서는 인간만을 특별한 관심사로 다루지는 않는다. 산호초 속에서 살아가는 물고기의 생활과 북미대륙 북부의 낙엽활엽수림 그늘에서 꽃을 피우는 약용식물 천남성(天南星)의 생활 사이에 존재하는 관련성과 같은 어떤 공통된 원리들이 이 책에서 다루는 가장 중요한 관심사다. 이러한 원리들은 우리에게 자연계가 가지고 있는 매력을 보여주며, 우리가 왜 인간이 아닌 다른 종의 세계에 관심을 갖고 연구해야 하는지 설명해준다. 사실 인간의 언어 속에는 매우 거만한 태도를 지닌 사람에게 관용적으로 쓰는 "공작새처럼 우쭐대다(proud as a peacock)"에서처럼 우리가 다른 종의 삶을 마음 깊숙이 인식하고 있음을 보여주는 표현이 많이 있다.

자연과학자이자 작가인 도널드 피아티는 개구리의 봄맞이 노래가 주는 강렬한 정서적 충격을 이렇게 묘사한 바 있다. "이렇게 싸늘하고 변덕스런 봄날 여명이 비추기 시작할 때 나는 늪지에서 들려오는 개구리의 떨리는 노랫소리를 듣는다. 이 소리는 이집트의 파라오가 나일 강가에서 들었던 소리이며, 우리가 노래 부를 때 그렇듯이, 개구리는 그의 삶에서 생겨나는 불만과 갈망을 담아 부를 것이다. ……생명이, 동물들이, 그리고 땅이 다시 돌아왔음을 알린다. 여기에는 말로 표현할 수 없는 진화의 모든 것—원형질의 무한한 영속성과 이어짐, 그리고 결코 단절되지 않는 생식의 힘—이 함축되어 있다. 개구리와 올챙이 그리고 아직 부화하지 않은 생명들과 우리 인간을 연결시키는 고리는, 변덕스러운 인간들의 사랑이 아니라 양서류의 차갑게 끈적거리는 젤리다." 진화생물학은 다른 모든 생명체들과 우리 인간의 관련성을 이야기하고 연결시키는 힘을 찾는다. 우리가 개구리의 떨리는 노랫소리에서 의미를 찾을 수 있다면, 그 노랫소리가 우리에게 단순한 소음이 아니라 아름다운 시가 되고 애끓는 마음을 표현하는 흐느낌이 되는 이유를 이해하게 될 것이다.

섹스 행태에 대해 다룬 다른 여러 서적들과는 달리 이 책에서는 섹스의 행태가 종의 생존에 어떻게 기여하는가의 문제가 중심이 되지는 않는다. 생명체가 어떤 섹스 행태를 통해서 생식에 성공한다면 그 종은 유지되고 번성할 수 있으며 그러한 행태도 전수된다. 우리는 여기에서 동물과 식물 각 개체들에 작용하는 자연선택의 힘으로부터 비롯되는 생명체들의 경쟁과 이기심을 살펴볼 것이다.

생명에 대한 이와 같은 홉스주의적 관점은 일부 종에서 관찰되는 사회성이나 협동 등과는 반대되는 것으로 보일 수 있다. 진화생물학자인 기셀린(Michael Ghiselin)은 이러한 견해를 다음과 같이 반박한다. "자연은 처음부터 끝까지 경쟁의 경제학에 의해 움직인다. 그러한 경제학과 그 작동 원리 및 사회화 현상이 나타나는 근본적 이유를 잘 이해해야 한다. 사회화 현상은 한 생명체가 다른 생명체의 손해를 바탕으로 이익을 취하는 수단이다. 순진한 자선의 마음으로 사회를 위해 봉사하는 것은 아니다. 여기에 감상주의가 개입할 여지는 어디에도 없다. 겉으로 협동하는 것처럼 보이는 것도 사실은 착취와 편의주의가 섞인 현상에 불과하다. 동물이 남을 위해 자신을 희생하는 경우는 제3자로부터 이익을 쟁취하려는 궁극적인 이유가 있기 때문이다. 한 사회의 '선을 위한' 행동은 다른 사회의 희생임이 밝혀진다. 자신의 이해가 달려 있는 일에는 모든 생명체들이 남에게 협조한다고 볼 수 있다. 다른 방법이 없다면 기꺼이 공동체의 노예가 되는 길을 택한다. 그러나 자신의 이기심을 채우기 위해 무엇이든 할 수 있다면, 그는 얼마든지 남에게 잔인하고 파괴적이며 상대를 죽일 수도 있다. 형제나 배우자, 부모, 그리고 자식 등 누구도 예외가 되지 않는다. '이타주의'의 가면을 벗기고 '위선자'의 얼굴을 보자." 우리 인간은 이렇게 쓸쓸한 광경에서 예외일 것이다. 그러나 대부분의 경우에 자연선택 논리의 배경을 이루는 근본 원리는 이와 같은 자연의 경제학이다.

이러한 이기심들은 서로 충돌하면서 더 치열해진다. 섹스 행태에는 거의 예외 없이 수컷과 수컷, 암컷과 암컷, 그리고 수컷과 암컷 사이의 이기심 충돌이 수반된다. 암수는 근본적이고 두드러진 차이점을 지니고 있다. 예를 들어 인간의 경우 여성은 평생 동안 약 400개 정도의 난자를 생산하고 많아야 20여 명의 자녀를 키울 수 있으며 이를 위해서 엄청난 신체적 비용을 치러야 한다. 그러나 남성은 매일 수백만 개의 정자를 생산하고 이론적으로는 수천 명의 자녀를 생산할 수 있다. 하지만 여기에는 매우 적은 신체적 비용만 소모될 뿐이다. 여성은 대부분 자신의 자녀와 유전적 연결을 확신할 수 있지만, 남성은 자신이 자녀의 아버지인지 완전하게 확신할 수 없다. 이처럼 섹스를 통해 얻는 이익과 치러야 하는 대가의 근본적 불균형이 암수의 기술적 전략에 반영되어 각 성별 내에 혹은 성별 사이에서의 상호작용을 특징짓게 된다.

수컷이 존재해야 하는 이유를 모르겠다는 사람들이 많다. 사실 수컷은 작은 생식세포들을 생산하는 개체에 불과하며, 이러한 생식세포는 생식체(gametes)들로서 새로운 개체를 만드는 데 이용된다. 이에 비해 암컷은 몸집이 훨씬 큰 생식체들을 생산하고, 스스로 새로운 개체를 잉태하고 출산하며 양육한다. 수컷 생식체, 즉 정자들은 암컷의 알, 즉 난자에 비해 훨씬 작은 경우가 보통이며 어떤 경우는 수컷이 암컷의 기생체인 것처럼 보이기도 한다. 암수 양성은 모두 생식체들의 수정에 의해 동일한 유전적 보상을 얻지만, 새로 태어나는 자손에 대한 수컷의 물질적 기여는 암컷이 하는 기여에 비해 매우 적다. 자손 생산에 대한 투자에서 암수 간에 나타나는 이와 같은 근본적인 차이는 자녀 양육에까지 이어져서, 임신과 양육의 책임은 대부분 암컷에게 돌아간다. 즉, 암컷이 비용을 부담하게 된다.

이는 자연이 정의롭다고 믿는 사람들에게 혼란을 줄 수도 있다. 《수컷이 존재하는 이유Why Males Exist》를 쓴 햅굿(Fred Hapgood)은 "스스로 번식하지 못하는 수컷의 패러독스에 진화론적 의미를 부여할 방법을 찾아왔다."고 말한다. 그의 시각은 다음과 같은 문장 속에 잘 함축되어 있다. "자연 속에서 암컷은 생산, 생식력, 그리고 효율성과 연관되어 있다. 하지만 수컷을 관찰해보면 놀랄 만큼 정교하게 만들어진 무용지물임을 발견하게 된다. 어떻게 암수 두 가지 성이 함께 진화할 수 있었을까? 왜 그래야 했을까? 수컷은 진화론적으로 쓸모없고 아무런 의미 없이 방종한 행동을 하는 것처럼 보이는데, 정말 그 정도 의미밖에는 없는 것일까?" 로러스 · 마조리 밀른(Lorus and Marjorie Milne) 부부는 유성생식에 관한 유명한 책인 《교미의 본능Mating Instinct》에서 다음과 같은 결론을 내린다. "수컷은 필요한 존재다. 수컷은 필요할 뿐만 아니라 그 수가 많을수록 다양한 자손을 많이 만들 수 있다."

그러나 수컷에게 '생식력'이 있어야 하는 이유는 무엇이며 또 그러한 생식력이 수컷에게 '무슨 도움이 될까?' 생식체를 만들어낸 수컷 개체가 생식을 성공시킬 수 있다면 그 수컷은 진화할 것이다. 그것으로 충분하다. 하지만 다른 면도 있다. 생식을 위해 반드시 암수 모두가 필요한 것은 아니다. 섹스 행태나 섹스에 의해 만들어지는 유전적 변이가 반드시 성별에 의해 좌우되는 것은 아니다. 여러 해조류, 박테리아, 곰팡이 등에서와 같이 유성생식을 하지만 암수 생식체의 크기에 차이가 전혀 없는 경우도 많다. 단지 유전학적으로만 암수의 차이가 있을 뿐 관찰로는 구별할 수 없다. 심지어 암수 구분 없이 스스로 생식하는 생명체도 있다. 짚신벌레는 자신의 몸 내부에서 유전자를 교체하여 새로운 유전자 조합을 만들어낸다. 결국 생식을 위해서 반드시 암수가 있어야 한다는 명확한 법칙이 있는 것은 아니다.

그러나 대부분의 생명체들은 암수가 뚜렷이 구별된다. 각 개체들은 작은 생식체들을 많이 만들거나(수컷의 전략) 수는 적지만 커다란 생식체들을 만들 수 있다(암컷의 전략). 이것은 진화론적으로 볼 때 두 가지 전략으로, 한 전략이 다른 쪽을 눌러 이길 수 없다. 작은 생식체와 결합되도록 설계된 커다란 생식체를 만들거나 커다란 생식체에 결합하는 작은 생식체를 만든다. 암컷은 큰 생식체를 만들어 생존율과 수정률을 높이는 전략을 활용하고, 수컷은 가능한 한 많은 생식세포를 만들어서 암컷의 커다란 생식체와 만나게 될 가능성을 높이는 전략으로 대응한다. 이 두 가지를 어중간하게 혼합한 중간 전략으로는 결코 성공할 수 없다. 이는 단순한 수학적 계산에 따른 결론이 아니라 수많은 자연 선택 과정에서 엄연하게 드러난 것이다. 즉 거의 대부분의 생명체들이 그러한 전략을 선택했다는 것이 이를 뒷받침한다.

이 전략에 따라 나타난 가장 중요한 결과는 각 개체들이 적은 수의 커다란 난자(혹은 알)와 수백만 개의 작은 정자에 생식을 걸게 되었다는 것이다. 그러므로 항상 정자의 수는 난자의 수보다 훨씬 많다. 난자에 비해 정자의 수가 지나칠 정도로 많기 때문에 상대적으로 드물게 존재하는 난자를 두고 정자들 사이에 경쟁이 벌어진다. 우리가 남성다움이라 부르는 특징의 대부분은 경쟁자를 물리치고 난자에 접근하는 데 필요하기 때문에 형성된 것들이다.

이 책의 첫번째 장에서는 자신이 퍼트리는 자손의 수를 가능한 한 늘리려는 수컷의 전략과 전술을 살펴본다. 이것은 적응과 역적응에 관한 이야기다. 많은 경우 수컷들 사이 혹은 정자들 사이의 경쟁은 경쟁의 목표인 암컷에게 피해를 준다. 이는 과거에 생물학자들이 섹스를 암수의 결합력 증가라는 관점에서 분석했던 것과 달리 오늘날에는 암수의 대립이라는 관점으로 보는 경향이 높아졌다는 데서도 알 수 있다. 암컷이 한 마리 이상의 수컷들에게서 정자를 받거나 구혼자들의 선물을 받을 수 있다면 가능한 한 많은 수컷들과 교미하는 것이 유리할 것이다. 하지만 이것은 암컷의 난자를 독점하려는 수컷들의 관심사와 명백하게 대립된다. 암컷이 수컷 한 마리로부터 적당한 양의 정자를 얻게 된다면 더 이상의 수컷을 원하지 않고 배척할 것이다. 시간 낭비일 뿐만 아니라 자신의 몸이 상할 수도 있기 때문이다. 한편 일부 암컷들은 생식 성공 가능성을 높이기 위해 정자들 사이의 경쟁이나 수컷들 사이의 갈등을 이용하는 방향으로 진화했다. 암컷 거위에게 좋은 것이 수컷 거위에게도 좋아야 할 이유는 없다. 사실 난자와 정자의 형태는 너무나 다르고 그에 따라 암수가 각각 취하는 전략과 전술은 대립된다. 그러므로 암컷과 수컷 사이의 상호작용에는 항상 갈등이 존재한다고 볼 수 있으며, 이는 수컷들 사이 그리고 암컷들 사이에 갈등이 존재하는 것과 같은 이치다.

이 책에서 우리가 다루게 될 주요 관심사는 생식의 상세한 메커니즘이 아니라 현상의 진화론적인 기초를 찾는 것이다. 그래서 우리가 "익은 토마토는 왜 붉은색일까?"라는 질문을 던지면 두 가지 유형의 대답이 돌아올 수 있다. 하나는 붉은색을 내는 원인은 화학적 · 물리적으로 발견해낼 수 있으며, "익은 토마토는 카로티노이드 색소(크산토필)를 함유하여 붉은색의 빛을 반사하기 때문"이라는 대답이다. 그러나 이는 궁극적 원인을 말해주지 않는다. 즉, 왜 다른 색이 아니라 붉은색을 선택해야만 할까에 대해서는 말하지 못하는 것이다. 이러한 관점에서는 붉은색이 토마토 유전자의 전파에 어떠한 영향을 주는지 생각해보고 다른 색과 비교해봐야 한다. 다시 말해 녹색이나 노란색에 비해 붉은색이 새들을 전략적으로 끌어당기는 효과를 측정하는 것이다. 새는 토마토 과육을 먹고 토마토 모체의 그늘에서 벗어나 햇빛이 비치는 지점으로 그 씨를 퍼트려준다. 이는 장래에 유전자를 발현시킨다는 궁극적 목표를 달성하기 위한 여러 방법들을 은연중에 비교하는 것이다.

여기서 토마토처럼 지능이 없는 생명체에게 '전략, 수단, 선택' 등 목적론적이고 의인화된 용어가 사용된 것에 대해 이상하게 생각할 독자들도 있을 것이다. 하지만 여기에 선택된 용어들은 진화생물학에서 오래전부터 사용되어 왔으며, 나는 이를 올바른 전통이라고 생각한다. "경쟁 관계에 있는 두 개의 유전자를 생각해보자. 하나는 붉은색을 표현하는 유전암호이며, 다른 하나는 녹색의 유전암호다."라는 식으로 말한다면 정확하겠지만 읽기에 매우 지루할 것이다. 이와 같은 용어 사용에 익숙하지 못한 사람들을 위해 진화생물학자인 앨코크(John Alcock)의 말을 인용해본다.

"동물이 자신의 유전자 전달이라는 궁극적 목표를 가지고 있다는 가설은 동물이 의식적으로 그러한 목표 달성을 위한 방법을 찾는다는 의미가 아니다. 진화곤충학자들은, 꿀벌이 자신의 가족친지를 알아보고, 파리가 전략을 수립하고, 벌레에게도 요구사항이 있는 것처럼 표현하는 경우가 많다. 그런데 이렇게 의인화된 표현은 곤충에게 사람처럼 인식하는 능력이 있다는 의미가 아니다. 금방 만들어진 쇠똥에 내려

앉는 수컷 파리는 오래된 쇠똥에 앉았을 때보다 섹스 파트너가 될 암컷 파리를 만날 가능성이 더 많음을 인식하고 행동하는 것이 아니다. 이는 단지 파리가 선호하는 행동의 결과일 뿐이다. 파리의 신경계는 특정한 농도로 풍겨오는 특정한 냄새를 인식하면 특정한 반응을 나타내는 방식으로 작동한다."

마찬가지로 나는 이 책에서 인간이 아닌 다른 종들의 세계에서도 '강간, 성폭행'이나 '간통, 서방질' 등의 용어를 사용했다. 물론 생물학자들 중에는 의인화된 용어 사용에 반대하고, 가능한 한 정서가 배제된 용어를 선호하는 경우도 있다. 예를 들어 '강간' 대신에 '강제적 섹스', '간통' 대신에 '암컷 훔치기' 등의 용어로 표현한다. 일부에서는 강간과 같은 용어 사용이 동물이나 식물의 행동을 정치적으로 해석함으로써 인간 사회의 성차별 현실을 유지하고 강화하는 데 기여한다고 주장한다. 예를 들어 그들은 "꽃의 어떤 행동에 '강간'이라는 이름을 붙이면, 강간이 여성에게 가해지는 남성의 신체적 폭력이 동반된 성행위임을 부정하게 되며, 이것은 남성이 여성에게 휘두르는 정치적 힘을 더 강화해준다."고 주장한다. 그러나 그렇지 않다. 수컷이 암컷에게 행하는 강제적 섹스 혹은 강간은 그것이 인간이든 오리든 신체적 폭력이 수반되는 성행위이며 다른 이름으로 미화될 수 없다. 자연에서 일어나는 어떤 행동에 대해 생물학자가 '강간'이라 부른다고 해서 그 행동이 정당화되거나 용서되지는 않는다. 자연에서는 무서운 행동과 사건들이 널리 발생한다. 예를 들어 강간, 살인, 절도, 굶어죽기, 질병 등이 일어나는 것이다. 우리 인간 문명은 이러한 것들을 통제하고 감소시키는 방향으로 진화해왔다. 자연적인 것이라고 해서 모두 다 좋다는 생각에는 아무런 근거가 없다.

　생물학적 결정론은 '어떻게 될 수 있었다' 혹은 '어떻게 되어야 했다'는 주장을 기본으로 한다. 진화론을 진지하게 연구하는 학자가 자신의 정치적 신념을 학문보다 우선시 하는 경우는 없을 것이다. 인간은 이성과 의지를 가지고 있기 때문에 적응론적 시나리오에 반대되는 논리를 얼마든지 전개할 수 있다. 일부는 이기적 유전자 이론에 현혹되어 자식을 낳지 않겠다고 결정한다. 《섹스, 진화 그리고 행동*Sex, Evolution and Behavior*》의 저자인 달리(Martin Daly)와 윌슨(Margo Wilson)은 이렇게 지적한다. "종의 상당수가 자식이 없거나 동성애자이거나 종교적 독신론자일 경우, 진화론자로서는 이 종을 연구하는 것이 난감한 일일 수밖에 없다." 그러나 그렇다고 해서 진화생물학자들이 인간 생물학의 폭넓은 유형에 대한 탐구를 포기한 것은 아니다.

　칼 마르크스는 인간들에게서 나타나는 자연적 행동을 중요하게 생각했다. 그는 다음과 같이 말한다. "인간이라는 창조물에서 직접적이고 자연적이며 필수적인 관계는 남성과 여성의 관계라 할 수 있다. 남녀 관계의 특성은 한 인간에게 인류로서의 보편적 특성을 나타낸다. 또한 남녀 관계는 인류와 인류 사이에 이루어지는 관계 중 가장 자연적인 것이다. 남녀 관계를 탐구함으로써, 자연적 행동의 어떤 부분이 인간적 특성을 이루고 또 인간적 행동의 어떤 부분이 자연적 특성을 이루는지 알게 된다."

　모든 현상에 다윈주의적 논리를 적용하려는 것은 물론 위험한 일이다. 다윈 자신도 낙엽이나 피가 붉은색을 띠는 이유를 적응론적으로 규명해보려는 시도는 무의미할 것이라고 지적했다. 이것들은 적응이 아닌 부수현상이다. 이러한 현상이 놀랍게 보일 수도 있다. 그러나 생명체의 적합성이라는 관점에서 본다면 이것들은 다른 특성들(나뭇잎의 엽록소 대사 혹은 혈액 속 철분의 산소 운반 능력)의 부수적 효과이며 색깔 그 자체에 대한 선택이 아니다. 그러므로 진화생물학에 의한 설명은 검증되어야 할 가설이며, 더 좋은 이론이 있으면 배제될 수 있음을 기억할 필요가 있다.

어떤 행동 혹은 특성에서 적응론적 가치를 탐구하는 것은 '지금 보이는 바 그대로', 즉 세계의 모든 측면이 자연선택에 의한 적응으로 만들어졌다고 보는 것일 수도 있다. 충분히 많은 가설을 세운다면 어떠한 현상들에 대해서도 설명해주는 이론을 구성할 수 있다. 이때 가설이나 이론이 검증과 확인을 받는다면 여기에 대해 비판할 이유가 없다. 그러므로 우리 인간 종이나 다른 종들의 섹스에 대한 생물학 이론들이 대부분 아직 가설 수준이라 하더라도 충분히 검토할 가치가 있다.

섹스에 대한 진화론적 생태학은 아직 넘어야 할 산들이 많다. 관찰과 추론 모두 아직 가야 할 길이 멀다. 진정한 과학자였던 진저(Hans Zinsser)의 말이 하나의 지침이 될 수 있을 것이다. "과학적 사고는 가설과 허구의 항구에서 선단을 구성하여 항해를 떠나는 것이다." 독자들이 즐거운 항해를 하기를 바란다.

# 1. 정자들의 전쟁

내 친구 브루스에게는 온갖 잡동사니를 모으는 취미가 있다. 대부분의 생물학자들처럼 브루스도 세계 각지를 여행하며 온갖 생명체들과 기이한 물체들을 수집한다. 생태학자들은 대개 헨리 무어나 조지아 오키프의 예술작품 소재처럼 보이는 것들을 수집하는데, 브루스의 수집품들도 이와 다르지 않다. 그는 북극에서 세 종류의 뼈를 수집했는데, 그중 하나는 인체 두개골이다. 살점은 이미 청소 동물들에 의해 깨끗이 정리되었고, 푸른색과 녹색의 이끼가 서서히 뼈의 미네랄 성분을 파고들고 있다. 그야말로 영양분의 순환과 인간의 실존을 극명하게 보여주고 있는 셈이다. 또 하나는 거대한 광대뼈가 번쩍거리고 정수리 부분이 날카롭게 패여 들어간 북극곰의 두개골이다. 그리고 마지막 하나는 다소 이상한 모양을 하고 있는데, 길이는 2피트(약 60센티미터)이며 상아색의 경찰봉을 정교하게 구부려놓은 것처럼 생겼다. 이것은 해마의 페니스에 있는 뼈다.

페니스에 뼈가 있다는 말을 듣고 놀라는 사람들이 많지만, 이는 사실 우리가 이에 대해 잘 모르고 있기 때문이다. 해마 페니스의 뼈는 자신이 수컷임을 증명하려는 듯 보란 듯이 단단한 모양이다. 많은 수컷들은 암컷에 적응하기 위해, 그리고 다른 수컷과의 경쟁에서 이기기 위해 진화해왔는데, 이것도 그 한 형태다. 박쥐, 뒤쥐, 두더지, 그리고 다른 여러 육식동물들—개과와 고양잇과 동물, 곰, 족제비, 바다표범, 바다사자 등—과 많은 영장류 수컷들의 페니스에는 뼈가 있다. 사람처럼 페니스에 뼈가 없는 포유류는 오히려 소수다. 많은 수컷들이 이러한 구조로 진화한 것은 암컷의 난자에 접근하기 위한 정자들의 경쟁 때문이다. 정자를 난자에 좀 더 가까이 접근시켜서 수정 가능성을 높이려는 수컷들의 분투로 뼈를 지닌 페니스가 진화하게 되었을 것이다.

암컷의 입장에서 보면, 체내수정을 해야 수정 시기와 대상을 통제하기 쉬워진다. 개구리나 물고기의 암컷은 난자를 물속으로 내뿜기 때문에, 여러 수컷들이 다량의 정자를 난자 위에 방출할 가능성에 노출되어 있다. 하지만 체내수정에서는 암컷이 다른 종류의 수컷을 배제할 수단을 가진다. 많은 곤충과 달팽이, 그리고 여러 무척추 동물의 암컷은 길고 복잡한 구조의 질(膣)이 있다. 즉 휘거나 꼬여 있을 뿐 아니라 일종의 여닫이 장치 역할을 하는 밸브, 괄약근 등이 있어 다른 종의 수컷들로부터 스스로를 방어한다. 복잡한 구조를 채택함으로써 암컷이 다른 종의 수컷과 교미할 가능성을 낮추어 변종을 낳거나 생명력 없는 자손을 낳지 않도록 하는 것이다.

얼마 전, 나는 호랑나비 한 마리가 알을 낳을 곳을 찾아 풀밭 위를 날아다니는 것을 보았다. 호랑나비는 비교적 크며 눈에 잘 띄는 밝은 색이다. 그러던 중 갑자기 크기가 훨씬 작은 갈색 얼룩의 가락지나비가 호랑나비를 덮쳤다. 가락지나비 수컷은 얼핏 봐도 다른 종이라는 것을 구별할 수 있다. 가락지나비 수컷은 호랑나비 암컷을 풀밭 위로 밀어붙인 후 계속해서 교미를 시도했지만 결국 실패하고 말았다. 설령 성공했다 하더라도 그러한 교미는 어느 쪽에도 이익이 되지 않는다. 가락지나비는 완전히 다른 종류이며, 호랑나비 알이 가락지나비 정자와 만나게 되더라도 아무런 결실을 맺을 수 없다. 이해득실을 좀 더 정확히 따지자면, 이 잘못된 만남으로 더 많은 손해를 보는 것은 호랑나비 암컷이다. 암컷이 만들어낼 수 있는 알은 한정되어 있지만, 수컷에게는 수많은 정자들이 비축되어 있기 때문이다. 다음 교미를 위해 정자를 생산할 시간이 필요하다고 하더라도 그런 몹쓸 교미를 자행한 대가치고는 미미한 편이다.

암컷이 자신의 알과 그 알을 수정시킬 수컷 사이에 거리를 두는

다른 종끼리의 교미는
쓸모없는 에너지 낭비에 불과하다.

방향으로 진화해감에 따라, 수컷들은 자신의 정자를 암컷의 알과 가장 가까운 곳에 가져가야 유리한 위치에 설 수 있게 되었다. 그래서 많은 수컷들의 페니스가 뼈, 근육, 인대 등이 발달된 형태로 진화했으며, 모종의 압력에 의해 팽창하는 구조로 발달했다. 그러나 수컷은 페니스로 인해 불리한 점도 있다. 빠르게 수영하거나 날아다녀야 할 동물들에게 마찰을 일으키는 페니스는 여간 거추장스러운 게 아니다. 그래서 까마귀과, 꾀꼬리과, 참새과, 할미새과, 박새과, 제비과, 지빠귀과 등 연작류(燕雀類) 새들은 체내수정을 하지만 페니스가 없다. 암수가 생식기와 배설기를 겸하는 배설강(排泄腔) 구멍을 맞대고 누르기만 한다. 고래는 페니스를 사용하지 않을 때 몸속의 빈 공간에 넣고 다닌다. 그렇지 않으면 물살의 거센 저항을 받게 된다. 수중동물이나 공중동물들은 다른 육상동물들보다 마찰의 영향을 크게 받기 때문에 대부분 페니스에 뼈가 없다. 특히 고래는 페니스에 뼈가 전혀 없다. 비록 뼈는 없지만 고래들 가운데 많은 종이 2미터가 넘는 관 모양의 기다란 페니스를 가지고 있다. 박쥐의 페니스도 길게 생겼는데 대개 아주 작은 크기의 뼈를 지니고 있다. 그러나 그마저 전혀 없는 박쥐도 있다. 인간의 경우에는 최소한의 옷만 입는다 하더라도 움직이거나 걸어다닐 때는 속옷이나 다른 어떤 것으로 페니스를 고정시켜준다. 활동할 때 덜렁거리면 나뭇가지나 가시, 풀 등에 노출되어 상처를 입을 수 있기 때문이다. 이렇듯 페니스는 움직이는 데 방해가 되거나 손상을 입기 쉽기 때문에, 대부분의 동물들은 교미를 하거나 과시를 할 필요가 있을 때만 페니스가 발기되도록 진화해왔다.

　　암컷의 생식기는 길이가 길거나 통로에 여러 장애물들이 가로놓인 경우가 많다. 미세한 크기의 정자가 그러한 통로를 통해 헤엄쳐 나가기란 여간 어려운 일이 아니다. 따라서 대부분의 수컷들에게 페니스가 필요한 것이다. 포유동물 암컷의 질은 정자의 크기에 비해 엄청나게 길다. 페니스의 도움을 받아 질 안쪽에서 출발한다 하더라도 아직 머나먼 길을 가야 한다. 인간의 정자는 길이가 0.06밀리미터에 불과하다. 500마리의 정자가 서로 끝을 맞대고 길게 누워도 겨우 3센티미터밖에 안 된다. 그러나 인간 여성의 질과 자궁, 그리고 나팔관에서 수정이 이루어지는 곳까지의 길이를 모두 합하면 25센티미터를 넘는다. 페니스는 이 거리를 거의 절반으로 줄여준다. 그럼에도 정자에게는 여전히 먼 길이 남아 있기 때문에 남성은 사정을 함으로써 정자를 강하게 분출시켜 여행을 좀 더 수월하게 만들어준다.

　　암컷이 다른 수컷과 교미하기 전에 자신의 정자가 알에 도착한다면 유리할 것이다. 따라서 수컷은 알을 향한 정자들의 여행에 여러 방법으로 영향을 끼친다. 예를 들어 정자들은 무리를 형성해 서로 협조한다. 좀벌레(어둡고 습기가 많은 곳에 살며 종이나 옷감 등 식물성 섬유를 갉아먹는 벌레)와 주머니쥐는 정자들이 쌍을 이루는 것으로 알려졌다. 주머니쥐는 모든 것들이 두 개씩인데(암컷에게는 한 쌍의 질이 있고 수컷은 두 갈래로 갈라진 페니스를 지니고 있다), 쌍을 이루고 있는 정자들은 서로 떨어지게 되면 힘이 바닥날 때까지 일정 거리를 두고 함께 헤엄친다. 마치 두 명씩 호흡을 맞춰 빠르게 노를 저어 물살을 거슬러 올라가는 카누 선수들 같다. 물맴이의 정자는 마치 배에서 가지런히 노를 젓는 노예들 같다. 많게는 100마리의 정자들이 길게 줄을 짓는데, 마치 통나무배가 긴 꼬리를 나부끼며 꾸물꾸물 물살을 헤쳐 가는 것처럼 보인다.

실제로 정자의 양 끝이 서로 이어져 있다. 더욱 이상한 것은 이 중에서 알과 수정하는 정자는 한 마리뿐이라는 사실이다. 노를 젓던 나머지 일꾼들은 버려진다. 한 수컷에서 나왔을지라도 정자들의 유전자 구조는 서로 다를 수 있기 때문에 이들 간의 경쟁을 예상해볼 수도 있겠지만, 다른 수컷의 정자들(유전적 연관성이 훨씬 적은 존재들)과 벌여야 하는 경쟁을 비롯해 혼자서는 알에 도달하기 어려운 현실이 협동을 이끌어내는 것으로 보인다.

인간의 정자는 한 시간에 대략 2.5센티미터 혹은 그 이하의 속도로 헤엄친다. 하지만 정자는 자궁 끝에서 나팔관 입구까지 실제 수영 속도에 비해 빨리 도달한다. 즉 정자의 수영 속도로는 5~6시간 걸리는 거리이지만, 1~2시간이면 나팔관에 도달하는 것이다(인간의 경우 난자와 정자의 수정이 일어나는 장소는 자궁이 아니라 나팔관이다). 이는 정자와 정액이 지니고 있는 모종의 특성 때문에 가능한 일이다.

정자는 정낭 두 개에서 만들어내는 정액의 도움을 받아서 헤엄친다. 정낭은 방광 뒤편에 위치한 주머니 모양의 분비샘이며 사정관에 연결된다. 쿠퍼선이나 전립선에서도 정액의 일부 성분을 생산하는데 이들 분비샘에서는 알칼리성 분비물이 나온다. 이러한 알칼리성 액체는 여성 질의 산성도를 중화시키고 정자의 활동성을 자극해준다. 이들 세 개 분비샘에서 만드는 액체가 사정액의 대부분을 차지한다. 일부 포유동물들은 매우 많은 양의 액체를 사정하는데, 수퇘지는 한 번에 사정하는 양이 0.5리터나 되고 정낭의 무게도 각각 225그램이나 된다. 이는 수컷들 사이의 경쟁의 결과이기도 하지만 무엇보다 기나긴 암컷 생식기를 통과하는 과제를 풀어야 하기 때문이다. 인간의 경우 많은 정자들 중 난자와 결합하는 데 성공하는 정자는 극소수에 불과하다. 페니스에서 출발한 정자들 가운데 거의 절반이 나팔관에 도달하지 못한 채 낙오되며, 나팔관에도 숱한 장애물이 가로막고 있다. 따라서 한 번 사정에 약 3억 마리의 정자가 나오지만 난자에 접근하는 정자는 2000마리에 불과하다. 그다음에도 경쟁은 계속된다. 정자의 머리에는 난자 안으로 들어가는 길을 뚫어주는 효소가 포함되어 있는데, 난자는 정자 한 마리가 뚫고 들어오자마자 다른 정자들이 들어오지 못하도록 빗장을 걸어버린다. 포유류의 경우 정자와 함께 사정된 정액은 암컷의 생식기관 근육을 자극하여 수정에 영향을 미친다. 인간을 비롯한 많은 포유류의 정액에는 프로스타글란딘(prostaglandin)이라는 물질이 풍부하게 포함되어 있는데, 이것은 다른 신체 부위에서도 여러 기능을 하는 호르몬이다. 남성 정액 속의 프로스타글란딘은 자궁 근육을 수축시켜 정자가 난자를 향해 나아가도록 돕는다. 정자가 자신의 수영 속도보다 빠르게 나아갈 수 있는 이유는 이 때문이다. 프로스타글란딘에 의해 자궁이 수축되면 정자를 위쪽으로 펌프질하는 효과가 있다. 불임 남성들 중 상당수가 정액 속의 프로스타글란딘 농도가 낮은 것으로 나타난다.

문어나 돔발상어도 포유류와 비슷한 방법을 이용하는 것으로 알려져 있다. 이 동물들의 정액은 정포(精包, spermatophore)라는 일종의 주머니 속에 담겨 있는데, 정포를 둘러싼 막에는 세로토닌(serotonin)이 많이 함유되어 있다. 세로토닌은 근육을 강하게 자극해 자궁 수축을 일으키고 이는 다시 정자의 이동을 도와준다.

남성의 프로스타글란딘은 여성의 호르몬 생리 작용을 남성에게 유리하도록 변화시키기도 한다. 프로스타글란딘에 방사능 처리를 하여 시행한 한 연구에서는 이 호르몬이 여성의 자궁벽을 쉽게 통과해 혈류 내로 들어가는 것으로 나타났다. 아직 확실히 밝혀지지는 않았지만 이 것이 여성의 생식생리에 영향을 주는 것으로 보인다. 바퀴벌레 같은 곤충들에 대한 연구에서는 수컷의 사정액이 암컷의 알 생산을 자극하는 것으로 확인되었다.

포유류 중에는 교미 자체가 암컷의 배란을 유도하는 경우도 있다. 족제비 같은 육식동물들, 곰이나 고양이, 그리고 뒤쥐나 두더지 같은 식충동물들에게서 이러한 현상이 관찰된다. 즉, 암컷은 교미할 때에만 수정시킬 알을 만든다. 특히 밍크 같은 동물은 시간을 들여 오래 교미할 때에만 알이 만들어진다. 밍크는 모피용으로 많이 사육되기 때문에 교미에 대한 연구가 비교적 많이 되어 있다. 밍크는 하루 중 많은 시간을 교미를 하면서 보낸다. 중간에 휴식 시간을 가지면서 교미하는데, 수컷 밍크는 교미 도중에 여러 차례 사정을 한다. 성적으로 왕성한 사람에게 '밍크 같은 정력'을 가지고 있다고 표현할 만도 하다. 수컷의 입장에서는 여러 차례 사정을 함으로써, 교미 직후 암컷에게 배란이 확실하게 일어나도록 만드는 효과가 있다. 설치류에서도 여러 차례 사정하는 현상이 관찰된다. 사정의 횟수는 그 수컷의 유전자를 받아서 태어나는 새끼들의 수에 영향을 준다. 이는 교미에 의한 자극으로 여러 번 배란이 유도되었다고 볼 수 있다. 물론 그런 요인 외에 앞에서 언급한 것처럼 암컷의 생식생리에 영향을 주는 정액 속의 호르몬 역시 간과할 수 없다.

교미시간이 길고 교미가 배란을 유도하는 동물들 가운데 암컷이 수컷 한 마리하고만 교미하는 경우가 종종 있다. 해당 수컷이 암컷의 배란을 유도하는 경우에 그런데, 이때 암컷의 발정기는 짧으며 수정이 일어난 다음에는 다른 수컷들의 접근을 거칠게 물리친다. 예를 들어 산미치광이라는 별명을 가진 호저(豪猪)는 발정기가 12시간에 불과하다. 뒤쥐나 두더지를 비롯한 많은 포유류 암컷들은 교미 후에 질을 덮는 막을 형성하여, 불순물이나 병원체가 들어가지 못하게 막을 뿐 아니라 다른 수컷들이 교미할 수 없게 한다. 이러한 막은 사정된 정자를 안전하게 보호하고, 이미 교미를 마친 암컷에게 다른 수컷들이 접근하는 것을 막아준다.

교미 마개(mating plug)를 이용하여 다른 수컷들이 정자를 섞어 넣지 못하게 하는 전략을 진화시킨 수컷들도 있다. 곤충이나 기생충, 그리고 일부 포유동물 가운데 교미 마개가 발달한 종이 많다. 암컷들의 개체 수 및 교미 가능성에 따라 교미 마개가 발달하는 것으로 보이는데, 수컷 두더지들이 교미 마개를 요긴하게 활용하는 대표적인 예다. 구멍을 파는 포유동물들 대부분이 그렇듯이 암컷 두더지들도 구역에 대한 텃세가 매우 심하다. 자신들이 애써 파놓은 땅굴이나 방들은 먹이 창고, 피난처, 새끼들에게 젖을 먹이는 장소 등으로 쓰이기 때문에 다른 암컷들이 접근하면 쫓아낸다. 따라서 암컷 두더지들은 구역에 따라 드문드문 분포되어 있을 수밖에 없다. 이에 따라 수컷은 교미를 한 상대 암컷을 한 번에 한 마리 이상 지켜내기가 어렵다. 따라서 수컷 두더지들은 교미 후 암컷의 생식기에 교미 마개를 만드는 분비샘을 발달시켰다. 번식기가 되면 수컷의 생식기에 있는 쿠퍼선과 전립선이 거대하게 부풀어 올라 체중의 13퍼센트까지 커지기도 하는데, 여기서 나오는 분비물은 마치 에폭시 수지처럼 암컷의 질에 들러붙어 쐐기처럼 단단한 마개를 형성한다.

들다람쥐의 교미 마개는 흡사 욕조나 수도꼭지 주위의 틈새를 막는 몰딩용 실리콘과 비슷하여 암컷의 질 속에서 단단하게 굳은 채 수일 동안 유지된다. 그러나 이와 같은 장치도 확실한 안전장치가 되지는 못한다. 수컷들은 이러한 마개를 뚫을 수 있는 페니스를 진화시켰다. 페니스의 뼈는 몰딩을 떼어낼 때 사용하는 칼과 비슷한 역할을 한다. 생쥐와 같은 작은 설치류들의 페니스는 표면이나 뼈에 홈이나 가시가 있는 경우가 많다. 이렇게 특이한 페니스 모양은 종의 분류에 자주 사용되는데, 예를 들어 생김새나 행동이 비슷한 서양 줄무늬다람쥐(western chipmunk) 19종이 페니스 모양을 기준으로 구분된다. 설치류에서는 교미 마개를 뚫기 위해 이와 같이 특이한 모양의 페니스가 진화한 것으로 보인다. 쥐의 경우 수컷들이 약 69퍼센트 비율로 교미 마개를 뚫는 것으로 관찰되었다. 수컷들이 교미 마개를 먹어버리는 경우도 많은데, 교미 마개는 만들어내는 데 상당한 에너지를 들여야 하는 만큼 영양이 풍부할 것으로 생각된다.

정액을 정포로 포장하여 뚫기 어렵게 만드는 단순한 방법으로 대처하는 종들도 많다. 많은 종들은 인간처럼 자유롭게 헤엄쳐 다니는 정자 대신 젤이나 단백질, 그리고 여러 다른 분자 등으로 정자를 코팅하거나 섞어서 단단한 형태로 만든다. 예를 들어 달팽이들은 딱딱하고 정교한 모양을 한 정포를 만드는데, 이것은 복잡하게 꼬인 형태를 한 암컷의 질에 잘 들어맞는 구조다. 그리고 정포의 후방에는 날카롭게 튀어나온 가시들이 덮고 있어 정포를 암컷에게 단단히 고정시킬 수 있게 해준다. 이는 다른 수컷들의 정포가 자신의 정포를 밀어내지 못하도록 해주기도 한다. 엄청나게 큰 정포도 있어 똑바로 길게 펴면 암컷의 몸 길이보다 긴 경우도 있다. 문어의 정포는 연필만한 굵기에 길이가 1미터에 달한다. 곤충이나 도롱뇽, 그리고 절지동물들 중에는 정포를 먹는 종들이 많다. 암컷들은 정포를 자신의 몸에 필요한 자원으로 활용한다. 정포의 단단한 단백질 포장을 분해하는 소화효소를 진화시킨 암컷들이 많으며, 직접 정포를 씹어서 먹어버리는 암컷들도 있다. 즉 이러한 암컷들은 정자들의 경쟁을 자신의 자원으로 바꾸어 더 많은 알을 생산하거나 자손을 양육하는 데 투입한다.

일부 절지동물들은 거대한 정자 한 개를 교미 마개로 활용한다. 곤충들 중에는 엄청나게 큰 정자를 진화시킨 종들이 있는데, 흔히 돈벌레라 부르는 그리마 중에는 거의 자기 몸만큼 긴 1.3센티미터 크기의 정자를 생산하는 종이 있다. 일부 딱정벌레의 정자 길이는 성충의 두 배나 되기 때문에 몸속에 말아서 저장해야 한다. 교미 후 정자 꼬리가 딱정벌레 암컷의 꽁무니 뒤에 매달려 있는 모습이 관찰되기도 한다. 거대한 정자는 특이한 모양을 한 경우가 많아서, 몸체를 암컷의 특정 부위에 고정시킬 수 있는 가시를 가진 정자도 있다. 이러한 전략을 쓰게 되면 보통 생산할 수 있는 정자의 수가 적어지게 된다. 그러나 일부 종의 수컷들은 그와 반대로 정자의 수를 증가시키는 방향으로 진화했다.

몸무게에 비해 얼마나 많은 정자를 생산하며 또 고환은 상대적으로 얼마나 큰지는 해당 종이 어느 정도 난교를 하는지에 달려 있다. 이와 같은 상관관계는 영장류에서 가장 먼저 알려졌다. 침팬지의 교미 시스템은 난교의 정도가 매우 심하다. 암컷은 자신이 발정기에 있음을 공개적으로 알리고 매달 4,5일 정도의 발정기 동안 많은 수컷들과 교미

한다. 수컷들 또한 여러 암컷들과 교미하는데, 때로는 같은 날 여러 차례 교미하는 경우도 많다. 정자들이 치열하게 경쟁해야 할 상황이다. 더 많은 정자를 생산하여 교미를 더 자주 하는 수컷들은 상대적으로 더 적은 정자를 생산하는 수컷들에 비해 경쟁의 우위를 점할 수 있다. 따라서 침팬지들의 고환은 체구에 비해 매우 크다. 이와는 반대로 여러 마리의 암컷으로 구성된 하렘을 지배하는 실버백 고릴라의 고환은 매우 작다. 하렘의 지배자인 수컷 고릴라는 다른 수컷들이 하렘의 암컷들과 교미하지 못하도록 위협하여 정자들의 경쟁을 방지한다. 고환의 크기가 교미 시스템과 관련되는 이유는 분명하다. 수컷은 정자 및 정자 생산 기관들을 경제적으로 운용해야 한다. 즉, 수요와 공급을 일치시켜야 한다. 물론 정자는 암컷의 알에 비해 생산 비용이 적게 드는 것이 사실이다. 그러나 사정 전체에 들어가는 비용은 그렇게 적지 않기 때문에 수컷의 생식기관에는 경제논리가 적용된다. 생식기관을 크게 만들자면 더 많은 자원이 필요하며 근육과 골격 시스템도 더 크게 구축해야 한다.

　　브라질의 양털거미원숭이(woolly spider monkey)들은 영장류에서의 정자 경쟁을 극단적으로 보여준다. 버클리대학의 생태학자인 밀턴(Katy Milton)은 이들의 교미 시스템을 현장에서 장기간에 걸쳐 관찰한 유일한 학자이다.

　　그녀의 연구 결과에 따르면 양털거미원숭이의 사회구조는 매우 느슨하다. 암컷과 수컷은 각각 한 마리씩 혹은 몇 마리씩 작은 무리를 지어 돌아다닌다. 이 원숭이들 사이에서 가장 안정적인 관계를 맺고 있는 것은 어미와 새끼가 유일하다. 발정기에 들어선 암컷은 누구나 쉽게 알아볼 수 있다. 많게는 수컷 아홉 마리가 발정기에 이른 암컷의 구역으로 들어가서 따라다니며 기회가 있을 때마다 교미를 한다. 하지만 놀랍게도 경쟁을 하는 수컷들끼리는 전혀 공격성을 띠지 않는다. 그 대신 수컷들은 에너지를 아껴서 정자를 많이 만들고 전달하는 데 투입한다. 암컷들도 적극적으로 교미를 유도하여 이러한 경향에 일조한다. 12시간 동안 다른 수컷 네 마리와 열한 번이나 교미하는 암컷도 관찰되었다. 수정이 가능한 2일 이상의 시간 동안 암컷은 이보다 더 많이 교미할 것이 틀림없다.

수컷 양털거미원숭이의 생식기도 자주 교미할 수 있는 구조로 되어 있다. 이들 수컷의 고환은 신체 크기와 비교할 때 다른 어떤 영장류보다도 크다. 페니스는 인간과 마찬가지로 뼈가 없고 비교적 크다. 몇 차례 교미를 한 암컷의 질 속은 수컷들의 정액이 가득 들어차게 되므로, 그다음에 교미하는 수컷은 암컷 몸속의 정액을 밀어내려고 한다. 이제 수컷들은 말 그대로 정액의 양으로 경쟁을 한다. 다른 수컷의 정자를 밀어내고 자기 것으로 대체하는 것이다. 밖으로 밀려나가서 엉겨 붙은 정액은 81퍼센트가 단백질로 구성되어 있을 정도로 영양이 풍부하다. 따라서 암컷과 수컷은 모두 암컷의 생식기 주위에 말라붙은 정액을 핥아먹는다. 열대우림 지역에 사는 원숭이들에게 단백질은 귀한 영양성분이다.

여기서 매우 중요한 의문을 제기할 수 있다. 왜 영장류는 서로 다른 교미 시스템을 선택하고 진화하게 된 것일까? 즉, 왜 어떤 영장류는 암컷이 수컷의 정자 생산 능력을 기준으로 교미 상대를 선택하고, 또 다른 영장류는 수컷이 암컷을 보호하고 싸우는 능력을 기준으로 교미 상대를 선택하게 된 것일까? 양털거미원숭이의 경우에는 암컷이 교미 시스템에 큰 영향을 준다. 암컷은 수정 가능한 시기가 되면 수컷들을 유혹하기 위해 이리저리 돌아다닌다. 수컷은 새끼 양육에 전혀 기여하지 않기 때문에, 암컷의 입장에서 보면 건강하고 양질의 유전자를 지닌 수컷이 최적의 교미 상대라 할 수 있다. 병약하거나 유전적으로 질이 떨어지는 수컷이라면 단백질이 풍부한 정액을 많이 생산할 수 없을 것이다. 그러므로 암컷은 많은 수컷들을 동시에 유혹하여 그들에게 정액 겨루기 시합을 시킴으로써 상대적으로 적합한 수컷의 정자가 자신의 알에 수정되도록 할 수 있다. 암컷은 수컷들 사이에 정자 경쟁을 시켜서 에너지가 강한 상대를 얻고 자신의 에너지와 시간은 절약한다. 그런 의미에서 암컷은 수컷이 어떤 방식으로 생식기관을 형성하느냐에 매우 중요한 역할을 한다.

고환의 크기와 교미 시스템의 연관성은 삑삑도요(sandpiper) 무리에서도 관찰된다. 삑삑도요 무리는 조류에게서 찾아볼 수 있는 거의 모든 종류의 교미 시스템을 사용한다. 즉, 암컷 하나가 여러 마리의 수컷들과 교미하는 일처다부 방식에서부터 일부일처, 일부다처에 이르기까지 다양하다. 그런데 여러 삑삑도요 무리들로부터 표본을 수집해 관찰해본 결과 일부다처의 삑삑도요 수컷들이 일부일처 수컷들보다 고환의 크기가 상대적으로 더 큰 것으로 나타났다. 일부다처 수컷들은 교미의 횟수가 더 많기 때문에 정자도 더 많이 생산할 수 있어야 한다.

인간의 고환은 침팬지와 고릴라 고환의 중간 정도 크기다. 이는 인간들이 한때 현재와 같은 일부일처제가 아닌 극도의 난교 시스템을 채택했었음을 시사해준다. 즉, 인간의 역사에서도 정자경쟁이 중요한 역할을 했던 시기가 있었다. 일부다처나 난교 시스템에서는 교미의 횟수가 상대적으로 많으므로 수컷의 고환이 커지게 된다. 현재도 일부다처제를 고수하는 문화가 일부 남아 있긴 하지만 난교를 공식적으로 행하지는 않는다. 어쨌든 인간에게는—한 암컷이 많은 수컷과 혹은 한 수컷이 많은 암컷과 교미하는—난교를 하는 다른 영장류들과 비슷한 특성들이 있다. 인간은 양털거미원숭이와 마찬가지로 양성 간에 신체적 차이가 적은 편이다. 물론 분명 남성은 출산을 하지 않기 때문에 신체 구조가 여성과 다르다. 남성은 지방 조직이 적고 상체가 강하지만 여성보다 체중이 많이 무겁지는 않다. 지방조직이나 상체 힘의 차이가 흔히 말하는 것처럼 남성들 간의 투쟁에서 비롯된 것은 아니리라고 생각된다. 사실 산업사회 이전의 모든 문명이나 농경 문명들에서 남성은 맹수를 사냥했다.

고릴라 등 일부다처 교미 시스템을 가진 영장류의 수컷은 크고 날카로운 송곳니를 가지고 있다. 이것은 자신이 지배하는 암컷(들)에게 접근하는 다른 수컷들에 대항해서 싸우는 데 이용된다. 하지만 인간에게는 이러한 싸움용 송곳니가 없다. 이러한 사실은 인간 사회에서 일부다처제적 특성을 강조하며 이를 인간의 본성으로 규정하는 이론을 정면으로 부정한다. 강도 높은 일부다처제는 인간 역사에서 비교적 최근에 나타난 현상으로 몇 명의 남성이 많은 수의 여성과 자식들을 부양할 수 있을 정도로 자원이 풍부해진 다음의 일이다. 남성이 자녀 양육에 많은 기여를 한다면 그 자녀가 다른 남성이 아닌 자신의 자녀임을 확신할 수 있어야 한다. 그럼에도 산업화가 진행되지 않은 문화에서는 난교 시스템이 여전히 존재하는 것으로 알려졌다.

북극지방의 이누이트(에스키모)족이나 캐나다 오대호 주위에서 살아가는 휴런족에서는 상호 동등한 교환을 전제로 한 난교가 인정된다. 이누이트족에서는 친구들 사이에 아내 교환이 흔하며, 이는 우정과 연대를 강화하는 사회적 결집 도구로 간주된다. 휴런족 사회에서 젊은 여성은 여러 명의 남성들과 관계를 맺는데, 임신을 하면 그 여성이 지정하는 남성을 아기의 아버지로 인정한다. 휴런족의 풍습에 관한 책을 쓴 투커(Elisabeth Tooker)는 이렇게 말한다. "여자들은 서로 연인들을 더 많이 확보하기 위해 경쟁한다. 만약 엄마가 상대해줄 수 없다면 엄마는 아무 거리낌 없이 자기 딸을 제공하고 그 딸도 순순히 응한다. 남편이 아내를 제공하는 경우도 흔한데, 아내가 동의할 때 선물로 제공한다. ……젊은 여성은 남편을 12명에서 15명이나 두는 경우도 있다. 땅거미가 진 후 젊은 남녀들은 그들의 집을 차례로 돌아다니면서 결혼 여부와 상관없이 번갈아가며 섹스를 한다." 그와 같은 난교 시스템에서는 정자경쟁이 치열하게 벌어진다.

　　서구를 비롯한 고도 산업사회에서는 혼외정사에 대한 엄격한 통제가 이루어지고 있다. 또한 남성이 자녀 양육에 크게 기여하는 경우가 적으며 그렇게 하는 남성을 오히려 비전형적인 예로 보고 있다. 전 세계 인간 문화를 대상으로 한 연구 결과에 따르면 여성의 75퍼센트가 혼외정사를 하며 그중 약 절반 이상에서는 그와 같은 행위가 일상적인 것으로 나타났다. 어떤 경우이든, 남성은 매우 많은 정자를 생산하며, 이는 여성이 지향하는 일부일처제와 대립된다. 인간은 남성의 정자 생산 능력이 과도하게 높기 때문에 결혼 여부와 상관없이 거의 대부분의 남성이 마스터베이션을 한다고 주장하는 사람들도 있다. 마스터베이션은 소모적일 뿐 아니라 잠재적으로 적응성이 떨어지는 행위인 것처럼 보인다. 하지만 많은 영장류의 수컷들은 일상적으로 마스터베이션을 한다. 애리조나대학의 곤충학자 스미스(Bob Smith)는 곤충에 관해서뿐만 아니라 인간의 정자경쟁에 관해 우수한 연구논문을 발표한 바 있다. 그에 따르면 정자나 정액에 저장수명이 있다고 가정했을 때, 마스터베이션은 이에 대한 적응의 결과로 볼 수 있다. 혹은 인간의 섹스 시스템이 지금보다 훨씬 더 유연했을 때 정자 생산 능력이 그렇게 형성되었을 수도 있다.

정자경쟁은 수컷의 고환을 몸 크기에 비해 상대적으로 작게 혹은 크게 만드는 요인이다. 이론적으로 볼 때 정자경쟁이 없다면 몸집이 가장 큰 동물의 고환이 가장 클 것으로 예상할 수 있다. 그러나 지구상에서 가장 큰 동물인 흰긴수염고래는 길이 30미터, 무게 150톤을 넘지만 고환은 약 90킬로그램에 불과하다. 오히려 무게가 흰긴수염고래의 절반에 불과한 참고래의 고환이 가장 크다. 참고래는 여러 마리의 수컷들이 동시에 한 마리의 암컷과 교미를 시도한다. 즉, 다수의 수컷이 암컷 한 마리의 주위를 몇 시간 동안이나 맴돌며 교미하는 난교 시스템을 가지고 있다. 그 결과 수컷 참고래의 고환은 2.7미터를 넘는 크기에 0.5톤이나 되는 무게를 가진 정자 생산 공장이 되었다.

# 2. 성도착자, 강간범, 그리고 난쟁이

야생에서 여행을 해본 사람들이라면 대부분 극단적인 정자경쟁을 벌이는 종 하나를 만나보았을 것이다. 그것은 바로 유럽의 대형 포유동물 서식지나 박쥐 동굴 등에 숨어 지내는 빈대로, 오늘날에는 허름한 하숙집이나 여인숙의 가구 틈새와 침낭 등을 서식지로 삼고 있다. 작고 납작한 모양의 빈대는 피곤에 지쳐 곯아떨어진 여행자들의 바지 속으로 살금살금 기어들어간다. 그리고 피부에서 피를 빨아먹고는 가렵고 붉은 자국을 기념으로 남긴다. 빈대가 서식하는 곳은 어디든 칙칙한 냄새가 나는데, 이것은 빈대의 매우 난잡한 생식 행태로 인해 발생하는 것이다.

암컷 빈대는 평범하고 정상적인 생식기를 지니고 있다. 그러나 수컷은 몸집에 비해 거대하고 무시무시한 페니스를 가지고 있다. 게다가 수컷은 이 무기를 끔찍한 방법으로 사용한다. 즉, 자신의 생식기를 마치 칼처럼 암컷의 배 아무 곳에나 푹 찔러 넣고는 그곳에 사정을 한다. 이러한 방식을 흔히 '외상성 교미'라 부른다.

정자는 암컷의 혈류 속으로 이동하여 순환기 내에서 헤엄치거나 떠내려가다가 최종적으로 특수한 저장샘에 정착한다. 암컷은 다른 동물의 피를 빨아먹으며 수정시킬 알들을 만들 때까지 정자를 그곳에 저장해둔다. 암컷은 수컷의 생식 전략에 적응하기 위해 베를스(Berlese, 유명한 이탈리아 곤충학자) 기관을 진화시킨 것으로 보인다. 이 기관은 암컷의 배에 있는 특수한 조직 조각으로 구멍이 뚫린 상처의 치유를 도와준다. 베를스는 이와 같은 교미 행태가 암컷에게 도움이 된다고 주장했는데, 수컷이 매우 많은 양의 정자를 사정하기 때문에 남는 정자가 암컷에게 영양분으로 활용될 수 있다는 것이다. 그러나 최근까지만 해도 암컷에게 이와 같은 이익이 생긴다는 증거가 없었으며, 외상성 교미에 대해 설명할 수도 없었다. 곤충학자 에번스(Howard Evans)는 이렇게 말한다.

"빈대들의 무리는 빨아먹을 피를 기다리는 동안 이러한 방식으로 무분별한 쾌락과 자기헌신에 빠진다. 그들은 성별을 가리지 않고 교미하며 서로 동시에 자신들의 정액을 교미 상대에게 영양분으로 제공한다. 소돔성과 바티칸이 함께하는 셈이다. 우리는 베를스의 이론이 증명된 바 없다고 배척해버릴 수 있다. 그러나 그렇게 하면 이와 같은 외상성 교미가 가지는 장점을 설명할 방법이 없다. 말할 필요도 없이, 단지 곤충에 불과한 빈대가 순전히 쾌락만을 위해서 이러한 행태를 만들어냈다고 믿기는 어렵다."

현재는 나비, 과일파리, 여치 등 알을 만들기 위해 수컷의 정액을 영양분으로 활용하는 곤충들이 여럿 알려져 있다. 일부 암컷들은 몸속으로 쏟아져 들어와 서로 경쟁하는 정자들을 소화시켜버리고 정액을

양분으로 취해 실속을 챙긴다. 실제로 여치 같은 일부 종들에서는 양분으로 제공되는 정액과 정자의 양에 따라 그 수컷의 정자와 수정시킬 알의 숫자를 조절한다. 외상성 교미는 정자들의 경쟁 과정에서 만들어지는 질 마개나 그물주걱(암컷에게서 다른 수컷의 정자를 제거하기 위해 발달된 도구) 같은 기계적 장치를 피해가기 위해 진화된 것으로 볼 수 있다. 예를 들어 실잠자리 수컷은 상대 암컷이 자신보다 먼저 다른 수컷에게서 받은 정자를 거의 모두 제거할 수 있다. 외상성 교미는 이처럼 마개나 주걱을 이용한 정자 제거를 피할 수 있는데, 정자가 생식기의 마개를 우회하여 순환기 안으로 들어가면 걸러낼 수 없기 때문이다.

그렇다면 수컷 빈대들에게서 관찰되는 동성 간의 생식기 삽입 및 사정에 대해서는 어떻게 설명해야 할까? 단순히 암수를 구분 못하는 수컷들의 착란적 행동으로 보아야 할까? 아프리카 빈대인 자일로카리스(*Xylocaris maculipennis*)는 다른 수컷에게 정자를 사정한다. 그러나 동성 강간처럼 보이는 이러한 행동의 목적은 통상적인 이성 간 교미에서와 같다. 사정된 정자는 상대의 수정관 혹은 정관 속으로 이동한다. 강간당한 수컷이 암컷과 교미할 때는 강간한 수컷의 정자들도 포함하여 사정하게 된다. 한 수컷이 자신의 정자 전달을 다른 수컷에게 시키는 것이 궁극적 목표다.

남에게 자신의 정자 전달을 맡기는 행동은 물달팽이에게도 관찰된다. 이 달팽이는 중앙아메리카와 남아메리카 대부분에 걸쳐 있는 신열대(新熱帶) 지역에 주로 서식하는데, 주혈흡충이라는 기생충의 숙주가 되기 때문에 그 유전자 구조에 대해 많은 연구가 있었다. 예를 들어 연구자들은 착색과 백색증처럼 서로 분리된 유전적 특성들이 교배를 통해 어떻게 전달되는지를 연구함으로써 물달팽이의 혈통을 파악했다. 이와 같은 연구는 간접적인 정자 전달이 일어날 수 있음을 분명하게 보여주었다.

이 달팽이 종은 암수한몸으로 교미할 때 보통 정자와 난자를 모두 교환한다. 따라서 백색증으로 색이 없는 달팽이끼리 교미하면 역시 무색 달팽이가 태어날 것으로 예상할 수 있다. 그러나 실제로 무색 달팽이끼리 교미시킨 결과 둘 중 한 마리는 색을 지닌 달팽이를 생산해냈다. 예전에 색을 지닌 다른 달팽이와 교미한 상태였기 때문에 태어난 자손들 중 일부가 색을 지니고 있었던 것이다. 각각의 달팽이가 자신의 질에 받아들인 정자들은 달팽이의 몸속에서 수컷 생식기로 이동한다. 그리고 그곳에서 다음 번 교미 때 움직일 준비를 하며 활력을 유지한 채 기다린다.

이와 같은 행태를 처음 발견한 학자들은 양쪽이 모두 도움이 되도록 서로 협력한다는 의미에서 '정자공유'라는 이름을 붙였다. 그러나 물달팽이는 자가수정도 가능하지만 교차수정을 한다. 이것은 족외혼에 대한 선택을 시사해주는 것으로 생각할 수 있다. 즉, 다른 개체의 정자를 이용한 경우에는 정자공유가 일어나는 경우가 거의 없다. 물달팽이의 정자경쟁은 빈대의 경우와 비슷할 것이다.

정자가 알에 접근하는 것은 상대적이다. 그러므로 수컷의 정자 전달 전략은 경쟁자들보다 암컷의 알에 더 많이 접근하는 것이며 이러한 방향으로 진화가 일어난다. 혹은 다른 수컷의 정자 전달을 방해함으로써 자신의 생식 성공률을 높일 수도 있다. 이는 '심술부리기'라고 부를 수 있는 전략으로, 피해자와 가해자 모두에게 어느 정도 손해가 발생하는 방법이다. 가해자가 부담하는 손해가 더 적어서 피해자에 비해 생식 성공률이 높아질 경우 이와 같은 방법이 사용된다. 아프리카박쥐에 기생하는 아프로키멕스(*Afrocimex*)라는 빈대가 변태적으로 보이는 생식 행태를 진화시킨 이유를 이렇게 설명할 수 있다. 아프로키멕스 수 컷은 암컷의 질과 비슷한 생식기가 있어 다른 수컷들을 유인해 그곳에 교미하게 한다. 이렇게 함으로써 그 수컷은 다른 수컷의 정자를 영양분으로 얻거나 단순히 경쟁자들의 수정 능력을 고갈시켜버린다.

　　생식에서 우위를 달성하기 위해 경쟁자들의 교미율을 낮추는 전략도 채택된다. 다른 수컷에게 마개를 씌우는 동성 강간이 가장 대표적인 예인데, 척추동물에 기생하는 구두충(鉤頭蟲)이 여기에 해당한다. 이종은 유충일 때는 바퀴벌레 등 무척추동물들에 기생하지만 성충이 되면 도마뱀이나 설치류 같은 동물의 창자나 폐로 옮겨간다. 수컷 한 마리가 많을 때는 17마리의 암컷에게 수정을 시도하며, 이 수정 기간은 무려 104일이라는 긴 시간 동안 지속되는데 이는 성충 수명의 약 3분의 2에 해당한다. 암컷들은 모두 동시에 성충이 되기 때문에 수컷들 사이에는 매우 심한 경쟁이 벌어진다. 암컷과 교미하는 행운을 거머쥔 수컷은 확실한 자기 자손을 만들기 위해 암컷의 생식기 입구를 막아버린다. 수컷에게는 암컷의 생식기를 막고 마개를 씌우는 데 사용하는 특수한 분비선이 있다.

　　수컷은 다른 수컷에게도 마개를 씌우고 밀봉해버린다. 이와 같은 현상을 발견한 학자는 악의적인 동성 강간이라 설명한다. 다른 수컷으로부터 강간당한 수컷의 생식기에서는 정액과 정자를 발견할 수 없다. 강간 희생자들의 정액과 정자는 그들의 분비선 안에 고이 담겨져 있을 뿐이다. 이는 강간범이 단순한 실수로 암수를 구분하지 못한 것이 아니라는 의미다. 그보다는 다른 수컷의 정자 길을 막아버림으로써 경쟁자들의 생식 성공률을 낮추고, 그에 따라 상대적으로 자신의 생식 성공률을 높이려는 술책이다.

일부 도롱뇽들도 이와 비슷한 계략을 사용한다. 수컷 도롱뇽이 땅에 정포를 배출해두면 암컷이 생식기 입구를 통해 받아들이는데, 암컷이 거의 일정하게 행동하므로 수컷은 그 행동을 보고 정포를 배출할지의 여부를 결정한다. 문제는 수컷들이 다른 수컷들에게 혼란을 주기 위해 암컷 흉내를 낸다는 것이다. 정자를 생산하는 데는 그다지 큰 비용이 필요하지 않겠지만, 정포의 경우는 그렇지 않다. 많은 수의 정자들과 기타 필요한 부속물들로 가득 찬 정포를 생산하는 데는 많은 에너지가 필요하다. 도롱뇽은 정밀한 판단력을 가진 생명체가 아니다. 따라서 수컷들의 암컷 흉내내기는 효과적인 전략이 될 수 있다. 즉, 한 수컷이 암컷처럼 행동하며 다른 수컷의 교미를 유도하게 되면, 이 행동에 속은 수컷들은 정포를 배출해 소중한 자원을 낭비하게 된다. 그 결과 흉내내기에 성공한 수컷은 경쟁에서 상대적으로 유리한 위치에 서게 된다.

붉은색 줄무늬를 지닌 가터뱀(*Thamnophis sirtalis parietalis*)에게서도 암컷을 흉내내는 행위가 관찰되었다. 가터뱀은 캐나다 매니토바 주 일부 지역의 바위 틈새나 동굴 속에 밀집하여 겨울잠을 잔다. 그리고 겨울잠에서 깨어나는 봄이 오면 집단적인 교미 잔치가 벌어진다. 잠에서 깨어난 암컷은 꾸불꾸불한 스파게티 가락들이 뭉친 것처럼 엉켜서 꿈틀거리는 수컷들 속에 끼어 있는 상태다. 수컷들 모두가 교미를 하기 위해 애쓰지만 그중 한 마리만이 교미에 성공한다. 흥미로운 점은 가터뱀 교미 집단의 각 개체들을 조사한 결과 수컷들 중 14.5퍼센트가 암컷이 아닌 수컷에게 관심을 두고 있었다는 것이다. 동물의 페로몬 냄새 신호에 대한 한 연구에서는 다른 수컷들로부터 집단적 행동—이를테면 교미—을 당하는 수컷은 암컷과 비슷한 냄새를 발산하는 것으로 확인되었다. 하지만 암컷 냄새를 풍기는 수컷의 생식기관은 전혀 문제 없이 완전한 수컷의 기능을 하고 있었다. '암컷 같은 수컷들'을 다른 정상적 수컷들 사이에 놓아주고 암컷과 교미하도록 경쟁시키자 교미에 성공하는 비율이 다른 수컷들보다 높았다. 암컷 같은 수컷은 너무 매력적이어서 다른 보통 수컷들이 진짜 암컷은 무시하고 그 놈과 교미하려 든다. 암컷 같은 수컷이 화학적으로 암컷을 흉내 내는 이유가 여기에 있다. 암컷과 교미하기 위해 엉켜서 덩어리를 이룬 수컷들은 암컷 같은 수컷이 자신들의 경쟁자임을 알아차리지 못하고 주의를 기울이지 않게 된다. 암컷 같은 수컷은 그 틈을 타서 진짜 암컷에게 접근해 교미에 성공하게 되는 것이다.

　　하지만 화학적으로 암컷을 흉내내는 수컷들이 교미에 유리하다면 왜 그와 같은 특성이 점차 확산되어 결국 모든 수컷들에게 적용되지 않는지 의문을 제기할 수 있다. 그러한 특성을 고수하게 되면 너무 많은 대가를 치러야 한다는 것이 하나의 대답이 될 수 있다. 암컷 같은 수컷은 다른 수컷들로부터 집단적인 성희롱을 당할 수 있으며, 실제 목표였던 암컷이 주위에 없다면 시간만 낭비하는 결과가 된다. 사실 암컷이 아닌 수컷에게 관심을 두는 14.5퍼센트의 무리들 중 암컷 같은 수컷은 보통 단 한 마리만 포함되어 있다. 그러므로 수컷들 사이의 치열한 경쟁 속에서 그러한 특성이 장점이 될 수도 있지만 동시에 별다른 이득을 주지 못하는 경우도 생길 수 있다.

성별 위장 전략은 직접 물질적 이득을 얻기 위해 이용될 수도 있다. 손힐(Randy Thornhill)은 전갈파리(*Panorpa vulgaris*)에서 이러한 행동을 관찰했다. 전갈파리는 크고 멋지게 생긴 곤충으로 얼룩무늬 그물 모양의 날개가 있고 주로 잎이 무성한 낙엽송 주위에 서식한다. 하지만 진짜 파리는 아니고 파리를 닮았을 뿐이다. 사냥 능력이 우수한 수컷은 다른 곤충을 잡아서 암컷에게 결혼선물로 제공하고, 거대한 침샘에서 침 덩어리를 분비하여 암컷에게 먹이로 선물하기도 한다. 이 두 가지 선물은 모두 암컷이 먹고 알을 만드는 데 활용된다. 암컷은 선물의 크기에 비례해서 교미 시간을 배당해준다. 수컷이 선물한 먹이가 클수록 암컷은 더 오랜 시간 동안 앉아서 먹이를 먹고, 그동안 수컷은 암컷과 교미하며 더 많은 정자를 암컷에게 전달할 수 있다. 결국 수컷이 내민 협상 카드에 따라 교미 시간이 결정되는 셈이다. 결혼선물용 먹이를 구하는 일은 쉽지 않기 때문에 일부 수컷은 직접 사냥을 하는 대신, 암컷이 선물을 요구할 때 보이는 특징적 자세를 취하고 있다가 다른 수컷이 암컷으로 착각하고 선물을 주면 챙겨서 도망간다. 그런 다음 다시 본래 수컷의 모습으로 돌아가서 통상적인 교미행동을 보인다.

전갈파리 수컷들에게는 강간 전략도 있다. 일부 수컷들은 통상적인 방법으로든 위장전술을 통해서든 번거롭게 결혼선물을 구하려 하지 않고 무작정 암컷을 찾아 나선다. 손힐의 관찰에 따르면, 그러한 수컷들은 암컷을 발견하게 되면 "핀셋처럼 생긴 커다란 생식기를 암컷에게 발사하여 움켜쥔다. 수컷은 버둥거리는 암컷을 붙잡고 자신의 복부 뒤에 있는 집게 장치를 이용해서 교미가 가능한 자세로 고정시킨다. 암컷이 저항해보지만, 수컷은 자신의 생식기로 암컷의 생식기를 움켜잡고는 정자를 사정하는 데 성공한다. 이때는 수컷이 암컷에게 주는 선물이 없으며 교미는 강제로 진행된다." 즉 강간이 자행된다는 것이다.

강간 혹은 강제적 교미가 빈번하게 발생하는 다른 종들도 있다. 오릿과에 속하는 물새들인 오리, 거위, 고니 등이 그 예다. 고니 같은 새들이 일생 동안 일부일처제로 생활한다는 말은 누구나 한 번쯤 들어보았을 것이다. 그러나 사실은 일부일처로 짝을 이룬 물새 암컷들이 자신의 파트너가 아닌 다른 수컷의 교미 대상이 될 때가 자주 있다. 이와 같은 강제적 교미 과정에서 암컷은 "탈진하거나 상처입고, 심지어 죽기까지 한다." 암컷의 관심을 끌 능력이 없어 짝을 이루지 못한 수컷이 강제적 교미를 저지르는데, 수컷은 이 과정에서 거의 아무런 손실 없이 상당한 이득을 얻을 수 있다. 물론 암컷의 저항에 부딪히거나 그 파트너에게 공격을 당할 수는 있다. 놀라운 것은 이미 자신의 짝을 찾은 수컷들 중에서도 강간범이 되는 경우가 있다는 사실이다.

흰기러기들은 견고한 둥지 안에서 무리를 이루어 생활하는데, 이 종에게서도 짝이 있는 수컷들이 이웃 암컷들에게 강제적 교미를 시도하는 모습이 관찰되었다. 수컷들은 자신의 파트너를 보호하며 지내지만 일단 파트너가 알을 낳고 나면 이웃 암컷과 교미를 시도한다. 수컷은 이와 같은 이중적 전략을 구사함으로써 다양한 유전자를 가진 자손을 만들어낼 수 있다.

강간이나 선물 제공, 그리고 피 튀기는 싸움만큼 공공연하게 일어나지는 않지만 다른 방법으로 자신의 정자를 암컷의 알에 접근시키는 수컷들도 있다. 이 전략은 언뜻 비열하게 보이지만 거의 틀림없이 성공하기 때문에 왜 더 많은 수컷들이 이 방법을 채택하지 않는지 의아할 정도이다. 이는 바로 찰싹 달라붙어 사는 난쟁이가 되는 전략이다.

이 전략을 채택한 수컷들은 몸을 최대한 작게 줄인 후 암컷의 몸속으로 들어가거나 표면에 달라붙어 살면서 움직이는 정자은행 역할을 한다. 다윈은 따개비의 분류에 대해 연구하다가 이와 같은 전략을 발견했다. 즉 그는 몇몇 종의 수컷들이 매우 작은 크기로 퇴화해 기생충과 흡사한 형태를 띠는데, 생식기관이 몸의 대부분을 차지한다는 것을 알게 되었다. 따라서 일부 학자들은 이런 종들이 수컷은 퇴화하고 암컷이 암수한몸으로 되어 있는 것으로 생각하기도 했다. 그러나 실제로는 수컷이 교미기관만 남아 있는 형태로 진화하여 암컷 몸속에 붙어 있는 것이다. 이와 같은 전략을 채택한 종들 가운데는 암수의 모양이 극단적으로 다르게 진화한 것들도 있다. 예를 들어 척추동물과 곤충들에서 수컷이 다른 수컷들과의 경쟁에서 이기기 위한 싸움을 벌여야 하거나 여러 암컷들을 거느리는 하렘을 구축해야 할 때 수컷의 몸은 무기로 사용될 수 있을 만큼 크고 강력해진다. 반면 수컷들이 엄격한 일부일처제를 선택했을 경우에는 암수의 모양이 이와는 정반대의 크기로 달라진다. 미국 서북부 태평양 연안과 지중해에 많이 서식하는 환형동물(環形動物)인 보넬리아(Bonellia)가 그 대표적 예다. 알에서 깨어난 어린 보넬리아는 아직 성적으로 분화되지 않은 상태로 자유롭게 헤엄쳐 다니는 유충이다. 아직 아무것도 씌어 있지 않은 백지 상태의 유충들이 암컷과 수컷 중 어느 쪽으로 변화할지는 그들이 자리 잡는 바닥에 의해 결정된다. 유충이 주변에 아무것도 없는 빈 공간에 내려앉게 되면 암컷으로 성장한다. 암컷은 10센티미터나 되는 거대한 혀를 가지고 있는데 그 끝에 호두만한 크기의 몸통이 붙어 있는 모양이다. 암컷은 거대한 주둥이를 이용해 주위 바닥에서 먹이를 집어 올린다.

유충이 암컷의 혀 냄새를 맡으면 수컷으로 성장한다. 수족관에 암컷의 혀를 잘게 썰어 넣거나 암컷 주둥이의 추출액을 넣어두면 분화되지 않은 유충은 수컷으로 성장하는데 그 크기가 1밀리미터 정도로 아주 작다. 자연에서는 이와 같은 난쟁이 수컷들이 교미 상대인 암컷의 몸속으로 들어가서 자궁 안이나 그 주위를 자신의 집으로 삼고 정착한다. 수컷은 그곳에서 일생을 보내면서 적절한 순간에 정자를 방출한다.

쥐의 방광에 기생하는 일부 선충류나 바다쥐며느리도 이와 같은 전략을 이용하는 것으로 알려져 있다. 그러나 하등생물에서만 이러한 전략을 관찰할 수 있는 것은 아니다. 물고기들 중에도 난쟁이 수컷이 있다. 심해아귀 중 많은 종들은 암수의 모양이 극단적으로 다르다. 암컷들은 험악하게 생긴 포식자로 아득하게 깊고 어두운 바다 밑바닥 근처에서 살아간다. 몸체는 땅딸막하고 거대한 턱은 튼튼한 이빨로 무장되어 있다. 등지느러미의 첫번째 가시에서 발달하여 주둥이 앞으로 튀어 나온 미끼도 달고 있는데, 이것으로 호기심 많은 희생자들을 끌어들인다.

수컷 아귀는 암컷과 완전히 다른 생김새를 하고 있어 암컷과의 관련성이 밝혀지기 전까지는 다른 종으로 분류되기도 했다. 어린 수컷은 별 특징 없이 바다 밑바닥 근처에서 살아간다. 그러나 점차 성장하면서 반짝이는 미끼 대신 강력한 코를 발달시키고, 등지느러미 첫번째 가시에서는 특수 이빨이 포함된 뼈가 자라난다. 수컷은 냄새를 맡고 암

심해아귀.
작은 수컷이 몸집이 큰 암컷에게 달라붙어 있다.

컷을 찾아내어 그 몸에 안전하게 달라붙는 것을 사명으로 한다. 어떤
경우에는 영구히 달라붙어버린다. 수컷은 말 그대로 암컷의 일부가 된
다. 수컷은 마치 혈관계가 퍼져 나가듯이 암컷의 몸속으로 파고들며 성
장하고, 특히 주둥이 부분은 더 이상 먹이를 먹는 데 아무런 역할을 하
지 못하게 된다. 이제 수컷은 전적으로 암컷에게 의존한다. 그리고 암
컷의 혈류에서 호르몬 신호를 읽어내 정자들을 쏟아낼 순간을 판단하
게 된다.

　　이 경우 수컷은 난쟁이가 되어 상대적으로 안전한 일부일처제를
선택하고, 그 대신 여러 상대와의 교미 기회와 활발히 움직일 수 있는
자유를 포기한다. 기셀린의 설명에 따르면 이러한 전략은 암컷이 매우
드물어 발견하기 어려운 상황에 적응한 결과다. 에너지가 매우 낮은 수
준으로 존재하는 심해 환경에서 암컷은 생식력을 높이기 위해 여전히
큰 체구를 선택한다. 암컷은 보통 체구가 클수록 더 많은 알을 낳기 때

문이다. 그러나 수컷은 체구가 크다고 해서 교미를 더 많이 할 수 있는 것이 아니다. 특히 암컷이 드물게 존재하는 상황에서는 전혀 도움이 되지 않는다. 수컷의 사명은 암컷을 발견해서 달라붙는 것이 전부다. 반면에 산호초 부근에서 살아가는 아귀 종류나 의충동물(바다의 모래나 진흙 속에 U자형 구멍을 파고 살거나 조개껍데기 속에서 생활하는 후생동물) 중 돌아다니며 먹이를 구하는 것들은 암컷을 만날 기회가 많기 때문에 난쟁이 수컷이 존재하지 않는다.

수컷이 난쟁이 모양으로 붙어사는 이유는 암컷의 편의를 위해서가 아니라 수컷이 가장 성공적인 생식전략으로 채택했기 때문이다. 고릴라처럼 가슴을 쾅쾅 두드리는 힘센 수컷이 될지, 심해아귀처럼 왜소하게 퇴화한 수컷이 될지 여부는 암컷의 분포 상태와 적은 수의 암컷을 통제하는 수컷의 능력에 의해 결정된다. 엄청나게 많은 수의 작은 생식체, 즉 정자들을 품고서 운반하는 사명을 가진 수컷에게 몸의 크기는 부차적 문제에 불과하다. 암컷을 만나 정자를 전달해야 하는 거의 유일한 사명을 완수하기 위해서라면 수컷이 무슨 일인들 못하겠는가.

# 3. 열정 혹은 카니발리즘

열정을 억제하지 못하면 자신에게 파괴적으로 작용하는 경우가 많다. 어느 여름날 나는 좀 특출한 행동을 하는 곰을 본 적이 있다. 그때 나는 집 주위에 벌통 몇 개를 두고 있었는데 사람들의 발길이 잦은 곳이었다. 사냥꾼들도 많이 오가므로 곰은 당연히 사람들을 두려워해야만 했다. 그러나 그 녀석은 벌통을 발견하고는 꿀을 훔칠 마음에 닥쳐올 위험에 대해서는 아랑곳하지 않는 듯했다. 나는 곰이 더 이상 벌통에 욕심을 내지 못하도록 하기 위해, 벌통 주위에 라디오 틀어놓기, 주전자나 팬 두드리기, 전선으로 벌통 둘러싸기, 사납고 커다란 개의 털을 벌통 주위에 흩어놓기 등 갖가지 수단을 동원했다. 게다가 벌들의 공격 자체가 사실 가장 무서운 위협이었다. 그러나 어느 것도 효과를 거두지 못했다. 레오나르도 다 빈치는 다음과 같은 말을 했다.

"곰이 꿀을 훔치기 위해 벌들의 소굴로 가면 벌들은 곰을 찔러대기 시작하고, 이에 곰은 꿀을 포기하고 벌에게 찔린 데 대한 복수를 하기 위해 달려간다. 하지만 곰은 자신을 공격하는 벌들에게 복수할 방법을 찾지 못한다. 그래서 곰의 분노는 발광으로 바뀐다. 곰은 땅 위로 몸을 던지고 양손과 발을 허우적댄다."

실수로 벌집을 건드려 호된 경험을 해본 사람이라면, 곰이 그렇게 무지막지한 고통을 당해가면서까지 왜 꿀을 훔치려 하는지 이상하게 여길 것이다. 분명 수만 마리의 벌들과 대항하는 일은 위험천만한 일이다. 벌침에 쏘일 때의 아픔은 물론이거니와 그 독성에 대한 과민반응으로 쇼크가 발생하거나 실명할 수도 있다. 그러나 그 곰 녀석은 매일 밤 다시 돌아와 벌통을 휘저어놓았고, 결국 내 벌통은 빈 틀만 남게 되었다.

이렇게 곰이 꿀을 탐하는 행동은 다른 뜨거운 열정들과 마찬가지로 궁극적으로는 적응의 결과다. 자연계에서 벌꿀만큼 칼로리가 농축된 먹이를 만나기는 어렵다. 그리고 먹이 구하기가 어려운 해에는, 곰이 겨울나기에 필수적인 지방을 몸속에 저장해두기 위해 벌에게 찔리는 위험을 감수하고서라도 농축된 꿀을 먹으려 든다. 이는 곰으로선 현명한 행동이다. 곰이 기꺼이 벌떼 속으로 들어가는 것은 단지 꿀을 향한 강렬한 욕망 때문만이 아니라 자신에게 이익이 되는 행동이기 때문이다. 이처럼 겉으로 보기에는 지나치게 여겨지는 행동 속에도 자연에 적응하려는 본성이 숨어 있는 경우가 많다. 이제부터는 자살로 이어지는 단혼제 혹은 일부일처제를 설명한다.

곰이 벌통을 난장판으로 만들어놓은 후, 나는 좀 더 극적인 자기파괴 열정을 목격했다. 벌통이 파괴되자 일벌들과 수많은 수벌들이 집을 잃게 되었다. 일벌들과 여왕벌들은 다시 조직을 만들었지만 수벌들―베르길리우스는 이들을 '일하지 않는 놈팡이' 라 불렀다―은 속수

무책이 되었다. 정상적인 상태에서 수벌들은 빈둥대거나 벌통 주위를 어슬렁거리며 꿀을 먹는 것 외에 아무 일도 하지 않는다. 그러나 이제 수벌들은 집도 꿀도 없어졌기 때문에 정원의 꽃들 주위를 속절없이 윙윙거리며 날아다니기만 했다. 나는 당시 손님들과 함께 정원에 서 있다가 수벌이 날아다니는 걸 보고 순간적으로 낚아챘다. 나는 손바닥을 펼쳐 그 녀석을 친구들에게 보여주며 벌의 눈이 얼마나 큰지 관찰해보라고 할 작정이었다. 그러나 놀랍게도 그 수벌은 우리들이 보는 앞에서 내 손에 순간적으로 사정을 하고는 죽어버렸다. 수벌이 죽는 순간 녀석의 꼬리 끝에서 이상한 신체 조직들이 튀어나왔다. 노란색으로 약간 부풀어 오른 뿔 모양, 굽거나 편평한 모양 등 여러 가지 형태였다. 그것은 수벌이 교미에 사용하는 구조물들로서 교미로 폭발하게 되어 있는데, 내 손이 폭발을 자극한 셈이었다.

처녀 여왕벌이 교미를 위한 비행에 나서면 수십 혹은 수백 마리의 수벌들이 서로 경쟁하며 여왕벌을 따라 공중으로 날아 올라간다. 이들은 서로 먼저 여왕벌에게 도달하기 위해 사투를 벌이는데, 이 시합은 여왕벌이 최고의 수벌과 교미하기 위해 벌어지는 것이다. 가장 먼저 여왕벌에게 도달한 수컷은 조금도 지체하지 않고 바로 목적을 수행하게 된다. 여왕벌이 수벌을 받아들이기 위해 벌침방(sting chamber)을 열자마자 수벌은 터져버린다. 마치 수류탄이 폭발하듯이 생식기가 파열되면서 튀어나간다. 수벌은 여왕벌 속으로 터져 들어가며, 뿔 모양이나 편평한 모양 등 여러 가지 형태의 조직들이 여왕벌 몸속에 박히게 된다. 수벌은 점액질도 분비하여 여왕벌의 벌침방 입구를 단단히 막는다. 이제 수벌의 몸은 마비되고 내부 장기는 모두 일그러진다. 몇 초 후, 수벌은 귀에 들릴 정도의 펑 소리를 내며 여왕벌에서 떨어져 나와서 추락한다. 내장이 터져 나오고 죽은 채 땅에 떨어진다. 자신의 존재 목적 실현이 곧 자기 파괴가 된다. 친구들에게 이 모든 과정을 설명해주자 그들은 하나같이 놀란 표정을 지었다. 그러나 이와 같이 자살로 이어지는 단혼 체계는 더 극적인 사연을 가지고 있다. 왜 자연선택 과정에서 이처럼 냉정하고 엄격한 교미 방식이 생겨나게 된 것일까? 다시 한 번 교미할 기회는 영영 없어진다. 왜 수벌은 다음 기회는 고려하지 않고 단 한 번의 교미에 모든 것을 걸도록 진화했을까?

하지만 이는 수벌들에게서만 관찰되는 모습이 아니다. 자살을 동반하는 교미는 일부 거미들에게서도 발견되는데, 미국산 독거미의 하나인 흑거미(*Latrodectus mactans*)가 '검은 과부(black widow)'라는 별명을 얻게 된 것도 그 때문이다. 그러나 '검은 과부'라는 별명이 전적으로 합당한 것은 아니다. 때로는 암컷이 교미 상대인 수컷을 잡아먹지 못하고, 그 수컷이 살아남아 다시 한 번 교미하는 경우도 많기 때문이다. 그러나 다른 거미 가운데 일부는 꿀벌처럼 수컷의 자살로 이어지는 교미가 행해진다.

원형 거미줄을 만드는 호랑거미 가운데 일부 종은 수컷의 크기나 교미 행태가 암컷의 입 속으로 자신을 던져 넣어야만 하는 구조다. 사실, 수컷은 암컷에게 먹히지 않고는 교미가 불가능할 것으로 보인다. 곤충학자인 펠릭스(Rainer Foelix)는 작은 크기의 수컷과 거대한 암컷이 교미하는 과정을 세밀하게 기술한 바 있다. 먼저 암컷이 자신이 만들어 놓은 거미줄에 머리를 아래로 하여 수직으로 매달리고, 수컷은 자신의 정자가 가득 차 있는 교미용 촉수를 암컷의 외생식기(epigynum)에 삽입하기 위해 거미줄을 타고 다가간다. 펠릭스는 다음과 같이 기록했다.

"수컷이 암컷의 복부 앞쪽으로 뛰어 올라가서 자신의 교미 촉수를 암컷의 외생식기에 고정시킴으로써 교미가 시작된다. 이 과정 동안 수컷은 뒤로 굴러서 자신의 배가 암컷의 앞몸(전체부前體部, prosoma) 바로 아래에 놓이게 한다. 암컷은 곧바로 자신의 집게뿔(협각鋏角, chelicera)로 수컷의 배를 틀어쥐고, 몇 분 안에 수컷을 먹기 시작한다. 이것은 순수한 카니발리즘이라기보다는 성공적인 교미를 위해 기술적으로 필요하기 때문으로 보인다. 암컷이 수컷을 물지 않는다면 수컷은 암컷의 배 위에서 계속 미끄러져 나가서 자신의 교미 촉수를 암컷에게 삽입하지 못할 것이다."

이러한 종의 수컷은 크기가 매우 작기 때문에 암컷이 잡아먹어도 많은 영양을 주지 못한다. 그럼에도 암컷은 단지 교미를 위해 수컷을 단단히 고정시켜놓는 데 그치지 않고 잡아먹어버리며, 수컷 역시 신체의 형태나 교미 방식이 자살로 이어지는 단혼제를 선택할 수밖에 없는 구조로 되어 있다.

학자들은 암컷이 자신과 교미한 수컷을 먹어버리는 것에 깊은 관심을 보였으며, 이를 '섹스 카니발리즘'이라고 이름 붙였다. 그러나 이러한 현상이 얼마나 흔히 존재하며 왜 그렇게 해야만 하는지에 대해서는 자세히 알려져 있지 않다. 곤충들 중에는 이러한 교미 행태가 암컷에게 이익이 되기 때문에 채택하는 종이 있는데, 작은 날벌레인 각다귀에게서 흔히 볼 수 있다. 각다귀는 '무는 파리'라고도 불리며, 해변이나 강둑에서 캠핑하며 밤을 보내본 사람들은 이것들에게 물린 후 따갑고 가려운 반점이 생겨난 경험이 있을 것이다. 각다귀 수컷은 다른 날벌레들과 마찬가지로 교미를 위해 지상의 불빛 위나 나무들의 최고점 위를 무리를 이루어 비행하며 암컷들에게 시청각적으로 신호를 보낸다. 이렇게 무리를 짓게 되면 잠자리나 제비 등의 먹이 표적이 되기 쉽다. 각다귀 암컷들도 무리에 끼어들어 먹잇감이 될 수컷을 노린다. 영국의 시인 키츠(John Keats)는 〈가을에게To Autumn〉라는 시에서 이 모습을 "그때 작은 날벌레들의 합창이 애틋하게 들리니"라고 표현했다.

어떤 종에서는 암컷의 수컷 사냥이 일반적인 교미 행태로 자리 잡은 경우도 있다. 이 경우 암컷은 무리 속으로 들어가서 수컷을 덮친다. 수컷 대부분이 암컷에 비해 작기 때문에 잡아먹히기 쉽다. 암컷은 수컷의 얼굴을 마주보고 붙잡은 뒤 자신의 긴 주둥이를 수컷의 이마 속으로 쑤셔넣는다. 그리고 수컷을 암석이나 나무에 고정시킨 채 단백질 분해 효소가 주성분인 침을 수컷에게 주사한다. 그다음, 암컷은 액체로 변한 수컷을 마신다.

암컷이 만찬을 즐기는 동안 죽어가는 수컷은 자신의 생의 목적을 실행한다. 즉 수컷은 자신의 생식기를 암컷에게 붙이는데, 암컷이 텅 빈 수컷의 껍질을 떼어버릴 때도 생식기는 암컷에게 그대로 붙어 있을 정도로 단단히 부착한다. 물론 암컷이 생식기를 떼어내는 경우도 있지만, 수많은 곤충 표본을 보면 암컷에게 수컷 생식기가 고스란히 붙어 있는 모습을 자주 관찰할 수 있다. 이들 역시 섹스 카니발리즘을 실행하는 종들이다.

이와 같은 날벌레들을 비롯해 벌이나 거미는 수컷이 다른 수컷의 접근을 막기 위해 자신의 생식기를 교미 마개로 사용하는 경우가 흔하다. 거미는 촉수를 이용하는데, 이것은 수컷 꿀벌의 교미 조직만큼이나 정교하게 되어 있다. 암컷이 수컷을 사냥하는 종의 경우, 수컷의 교미 촉수는 액체 주머니나 견고한 껍질 등 정교한 구조를 하고 있을 뿐 아니라 자신의 몸에서 분리될 수 있어 암컷에게 삽입된 채 다른 수컷의 접근을 막는 방어벽 역할을 한다.

수컷이 자신의 혈통을 확실하게 계승시키기 위해 생식기를 포기하는 극단적인 방법만 있는 것은 아니다. 아마도 지금까지 약간 섬뜩함을 느꼈을 남성 독자들에게는 반갑게 들릴 것이다. 그것은 다름 아닌 교미 시간을 최대한 길게 가져가는 방법이다. 털파릿과에 속하는 여러 종들은 특히 교미시간이 긴 종으로 잘 알려져 있다. 이 종은 미국 북동부 지방에서는 눈이 녹을 무렵 나타난다고 해서 '3월 파리(march fly)' 라 불리고, 남동부 지방에서는 '사랑벌레(lovebug)'라는 이름을 갖고 있다. 잘 어울리는 이름은 아니지만 이들이 대부분 동시에 대규모로 교미를 하기 때문에 이런 별명이 만들어졌을 것이다. 수컷은 최고 56시간 연속으로 교미를 하는데, 이들의 수명이 불과 2~5일 정도밖에 되지 않는다는 점을 감안하면 더욱 놀랍다.

스웨덴 학자들은 흰점빨간긴노린재를 대상으로 이러한 교미 행태에 대해 연구한 바 있다. 이 종은 24시간 동안 교미 상태로 있는 경우가 많다. 교미는 수컷에 의해 시작되고 또 수컷이 통제한다. 수컷이 스스로 빼내지 않는 한 암컷이 수컷의 생식기를 자신의 몸에서 떼어낼 수는 없다. 수컷의 생식기는 전체 몸길이의 약 3분의 2에 달하고 집게 형태로 무장되어 있다. 실험 결과, 흰점빨간긴노린재 수컷이 긴 시간 동안 교미하는 이유는 정자를 전달하기 위한 것이라기보다 수컷이 암컷에게서 떨어져 나왔을 때부터 암컷이 알을 낳을 때까지 행여 다른 수컷의 정자가 끼어들 틈을 주지 않기 위한 것이었다. 즉, 암컷보다 수컷의 개체 수가 훨씬 많을 경우, 수컷은 암컷을 독차지하려 든다. 수컷이 암컷을 더 오래 붙잡고 있을수록 수컷이 떨어져 나가자마자 암컷이 곧바로 알을 낳을 가능성이 높아지는 것이다.

교미를 오래 하는 종의 정점에는 아텔로푸스(*Atelopus*) 속(屬) 개구리들이 있다. 이들 중에는 6개월 동안 교미하는 자세를 유지하는 경우도 있다. 실제로 교미하는 중인지 아닌지는 중요한 문제가 아니다. 수컷은 한 암컷에게 달라붙어 있는 동안 체중이 빠지고 몸이 소진되며, 다른 암컷과 교미할 기회를 포기하게 되지만, 그 대신 목표로 삼은 암컷이 알을 낳기 시작할 때 자신의 정자로 수정시킬 기회를 많이 얻을 수 있다. 물론 이는 암컷에게 귀찮은 일일 것이다. 어찌 보면 가능한 한 오래 교미하는 것이나 자신의 생식기를 떼어내는 것이나 모두 동일한 시스템이라고도 할 수 있다. 수컷이 다른 암컷과 다시 교미함으로써 얻는 이익을 포기하는 대신 자신의 혈통을 확실하게 이을 수 있는 이익을 취하는 시스템이라고 할 수 있는 것이다. 그러므로 수컷의 자살을 동반하는 교미 시스템이 진화한 것은 전혀 이상한 일이 아니다.

암컷은 교미 마개를 떼어낼 수도 있으며, 굳이 한 수컷이 아닌 다른 수컷으로 대체할 수도 있다. 암컷의 서방질이 가능하다면, 수컷으로서는 자신이 가진 모든 정자를 한곳에 쏟아 붓는 위험을 감수할 이유가 없을 것이다. 따라서 섹스 카니발리즘은 수컷이 자손을 번식시키기 위해 자신을 희생시키는 형태로 진화해왔다고 볼 수 있다. 만약 다시 한 번 교미할 수 있는 기회가 거의 없다면, 수컷은 일생에 한 번뿐인 교미에서 암컷이 자신을 먹게 함으로써 영양을 공급해 수정란의 수를 최

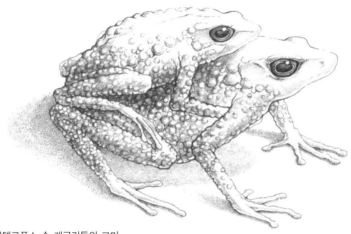

아텔로푸스 속 개구리들의 교미.
둘만의 교미에 아무런 방해를 받지 않는다.

대한 늘리는 동시에 자손들의 품질을 높이려 할 수 있다.

그러나 이러한 주장에 대해서는 여러 반론이 제기되어왔다. 첫째, 사마귀와 흑거미의 경우 앞서 언급된 이론에서처럼 수컷이 자발적으로 희생하는지는 확실치 않다. 흑거미 수컷의 무게는 암컷의 2퍼센트에 불과하기 때문에 암컷의 영양 섭취에 별 도움이 되지 않는다. 반면 수컷 사마귀는 몸집이 크기 때문에 많은 수의 알을 만드는 자양분이 될 수 있다. 섹스 카니발리즘 사례들을 보면, 교미를 한 암수 중에서 부모의 역할을 더 많이 한 쪽이 다른 쪽을 먹고 대부분의 경우 암컷이 수컷을 먹는다. 그러나 암컷이 불타는 열정으로 교미 상대인 수컷에게 먹히는 경우도 있다. 다모류 환형동물인 참갯지렁이과(科) 종들의 수컷은 알을 품고 보호하는 역할을 한다. 자손 생산에서 이러한 수컷의 기여는 매우 중요하기 때문에 암컷이 이를 지키기 위해 싸움을 벌이는 수도 있

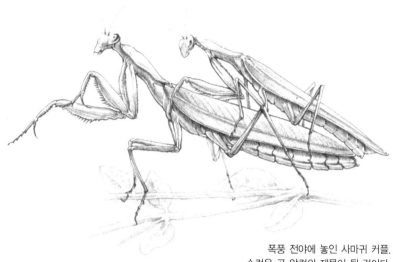

폭풍 전야에 놓인 사마귀 커플.
수컷은 곧 암컷의 제물이 될 것이다.

다. 만약 교미를 마친 암컷이 아직 수컷 곁에 있을 때 다른 암컷이 접근
하면 싸움이 벌어진다. 이런 종에서는 암컷이 알을 낳은 후 수컷이 암
컷을 먹어버리는 경우가 많다. 이러한 예는 섹스에서의 선택, 즉 종의
번식에서 더 많은 기여를 하는 쪽이 상대방을 먹어버린다는 것을 보여
준다. 하지만 그렇다고 해서 먹히는 쪽이 적극적으로 살육의 과정을 도
와준다는 의미는 아니다. 사마귀나 다수의 거미들에서 관찰되는 이러
한 교미 행태에 대해 아직 자세히 알려져 있지 않기 때문에 정확히 평가
하기는 어렵다.

　　미국의 진화생물학자 굴드(Steven J. Gould)는 이와 같이 아직 학
문적으로 취약한 영역들을 소재로 삼아 《박물학*Natural History*》지에
칼럼을 게재했다. 예를 들어 섹스 카니발리즘을 수컷의 적응으로 보는
이론과 주장들은 많이 나와 있지만 학문적 증거는 아직 부족한 상황 역
시 그의 칼럼에서 중요한 주제가 되었다. 눈에 보이는 특정 현상에 대

해 어떻게든 자연선택론을 적용시켜보려는 사람들과, 굴드처럼 그와 같은 접근방법에 계속해서 반론을 제기하는 사람들을 뚜렷하게 대조시 켜주는 글을 여기에 인용한다.

"우리는 눈에 보이는 모든 형태나 행위들에 특정한 방향성을 부 여하려고 지나치게 애를 쓴다. ……수컷이 적극 협조하는 섹스 카니발 리즘은—한 번의 교미 후 다시 교미할 기회가 적고, 수컷이 먹잇감으 로 유용한 경우—여러 동물 종들에서 진화해왔어야 한다. 그러나 그렇 게 진화된 경우는 극히 드물게만 관찰될 뿐이다. 그러한 교미 행태가 채택되었을 법한 조건 속에서도 해당 사례를 쉽게 관찰할 수 없는 이유 는 무엇일까? 드물게 나타나는 몇몇 사례만으로 자연선택의 지혜라며 감탄할 일이 아니다. 자연의 역사에서는 유용한 기회가 실현되지 않는 경우가 자주 있다. 다시 말해 어떤 특정한 것만이 나타난다고 기대할 수 없는 것이다."

굴드는 이미 같은 잡지에 이에 대한 자신의 논리를 밝힌 적이 있 다. 그는 자연선택의 힘을 증명한 다윈이 자연의 역사에 대해 편협한 시각을 가졌다고 주장한다. 지구상의 생명체들은 우연과 오류로 가득 한 자연사를 가진 유기체라 할 수 있다. 그는 이렇게 말한다.

"자신이 관찰한 사례에 자연선택의 정밀한 이론을 적용하려 해 서는 안 된다. ……대부분의 진화이론들은 자신의 이론이 잘 들어맞길 원한다—이는 창조론 또한 마찬가지다—하지만 그보다는 자연선택론 이—다른 진화론적 메커니즘이 아니라—개체가 성공적으로 자손을 형성하는 데만 바탕을 두고 진화의 과정을 설명할 때에는 이해되지 않 는, 다른 이상한 사례 혹은 불완전한 사례를 관찰해야 한다. ……그와 같은 이상한 사례들 중에는 하나의 유기체로서 구조나 행태 면에서 훌륭하게 설계되었다고 보기 어렵고 게다가 궁극적으로 종으로서의 성공에 이르기에는 불리하지만, 그러한 형태를 갖춤으로써 개체들의 번식력이 크게 높아지는 경우가 포함된다."

굴드는 그 칼럼의 마지막을 다음과 같은 주장으로 마무리한다.

"우리가 살고 있는 곳은 자연선택이라는 전능한 힘에 의해 잘 조율된 최적의 세계가 아니다. 불완전하고 변덕스러운 것들로 가득 차 있지만 그런대로—가끔은 놀라울 정도로—잘 작동해 나가며, 임시 적응형태로 보이는 여러 기묘한 부분들도 지나간 자연사의 다른 맥락 속에서는 유효해 보인다. 날카롭게 자연의 역사를 연구하는 학도였던 다윈은 자연선택에만 몰입했다기보다는 자연선택이 진화 그 자체를 기본적으로 증명해주는 것으로 이해했다."

굴드는 생물학자들이 섹스 카니발리즘에 대해 선택론적 해석을 찾고 있는 것으로 잘못 이해했다. 생물학자들은 굴드가 말한 것과 같이 세계를 최적의 장소로 여기지는 않는다. 반면 한 생물학자은 이에 대해 이렇게 말한다. "나비가 기관총을 갖게 될지 누가 알겠는가." 다시 말해 유기체는 자신에게 가치 있는 것이라면 어떤 것이든 그 방향으로 진화할 수 있다는 것이다. 생물학자들이 종의 행동전략 혹은 기술이 적합하다고 표현할 때 그것은 주고받기(각각의 선택사항에 대한 비용과 이익)가 존재한다는 의미다. 이러한 정의에 따르면 결과가 불완전하게 나타날 수 있다. 예를 들어, 수컷이 자신의 부계를 한 암컷에게 확실하게 계승시키기 위해서는 다른 암컷과의 교미 기회를 희생해야 한다. 결국 굴드가 말한 이상함 혹은 불완전함이란 종을 재생산하고 진화하는 데 있어 전체적으로 훌륭하게 설계되었다기보다는 자신이 채택한 교미 행태를 통해 더 성공적으로 번식할 수 있도록 진화한 사례라고 할 수 있다. 꿀벌 수컷이 죽어가며 자신의 생식기를 터트리는 것도 극명한 사례가 된다.

이러한 현상에서의 선택이라는 의미는 선택 자체가 만능이라거나 매우 세련되게 조율된다는 말이 아니다. 수컷의 관점에서 보면, 자신이 교미한 여왕벌에 생식기 마개를 덮고도 살아남아서 다시 교미할 수 있으면 더욱 좋을 것이다. 뒤영벌을 비롯한 몇몇 종의 벌들이 그렇게 한다.

진화론적 행동생태학자들의 최우선 과제는 여러 다양한 행동들의 선택론적 설명을 찾는 데 있지만, 이에 실패하면 자연사적으로 거슬러 올라가면서 환경에 의한 강제나 사고, 우연, 변덕 등 여러 요인을 통해 설명을 시도한다. 선택론적 시나리오들은 검증할 수 있지만, 우연이나 알 수 없는 역사 등에 근거한 주장들은 검증하기가 매우 어렵다. 수벌의 교미 행태의 경우에는 검증할 수 있는 이론이 있어 비교분석이나 실험을 해볼 수 있다. 요점은 한 암컷의 생식기를 덮어버리는 행위와 다른 암컷과의 교미 가능성이 교환되며, 이는 무리의 암수 비율에 따라 결정된다는 것이다. 꿀벌 무리에는 수벌이 여왕벌보다 수천 배 많다. 처녀 여왕벌은 무리를 넘겨받을 때 벌집과 노동력의 약 절반도 함께 물려받는다. 대부분의 생물 종에서 암수가 생식에 투자하는 비용은 거의 1 대 1 비율이다. 그러나 수벌이 여왕벌보다 훨씬 많은 꿀벌의 경우, 여왕벌의 비용(일벌과 벌집)× 여왕벌의 수는 수벌을 생산하는 비용× 수벌의 수와 같다. 그러므로 벌집에서는 여왕벌 한 마리당 수천 마리의 수벌이 만들어진다.

처녀 여왕벌의 수가 훨씬 적기 때문에 여왕벌과 교미한 수벌은 한 번 더 교미 기회를 가지기가 매우 어렵다. 그러므로 수벌이 목숨을 던져가면서까지 자신이 교미한 상대를 방어하려는 행동을 이해할 수 있다. 왜 자신에게 더 좋은 방향으로 진화하지 않는지 이해하기 위해 고민할 필요는 없다. 우리는 수컷 뒤영벌이 왜 이러한 방식으로 교미하지 않는지 이해해야 한다. 뒤영벌은 꿀벌과 달리 암수 비율이 그다지 차이 나지 않는다. 다시 말해 수컷 뒤영벌에게는 두 번 이상 교미할 기회가 있다. 따라서 교미 상대를 찾는 데 더 많은 시간을 투자하고, 방어하는 데는 적은 시간을 투자하는 것이다.

이제 섹스 카니발리즘과 자살 단혼제는 과학 문헌에서 많이 다루는 주제가 되었는데, 굴드는 이 주제에 대한 자료가 부족함에도 불구하고 관찰되는 사례를 적응론적으로 설명하는 사람들을 비판했다. 그러나 자연선택론자들이 섹스 카니발리즘과 자살 단혼제를 예로 들면서 자연선택의 지혜에 찬사를 보내고만 있는 것은 아니다. 그들은 진화이론들을 비교 검증하기 위해 이상하거나 극단적인 현상을 정밀하게 분석하고 있는 것이다

자살 단혼제는 매우 인상적인 현상임이 분명하다. 고대 그리스인들도 수컷 꿀벌의 행태를 놀라운 눈으로 관찰했다. 그리스 신화에서 우라니아의 딸 아프로디테는 자살 단혼의 교미 행태를 다음과 같이 찬양한다. "산의 정상에서 처녀 여왕과 단 한 번의 사랑을 나눈 왕은 죽는다. 이제 처녀벌은 여왕벌로 등극하며 수벌의 생식기관을 터트려 파괴한다." 물론 생물학적 자살 단혼에 관한 진화론적 설명은, 연극에서는

언제나 남성의 희생이 수반되어야 한다는 고대 그리스인들의 생각이나, 자기애를 넘어 보다 고상한 가치를 추구하려 했던 고대 프리지아 사제들이 종교적 헌신과 희생의 표지로 거세라는 방법을 택한 이유를 설명할 때의 이론과는 많이 다르다.

　　자발적으로 거세하는 경우도 있는 종교적 열정에 생물학적 의미를 부여하는 것이 타당한지는 알 수 없다. 그러나 곤충들의 넘쳐나는 자기파괴 열정에서 그 단초를 찾아볼 수는 있을 것이다.

# 4. 춤과 노래, 자웅선택의 전략

피보다 붉은색의 몸에서 무지갯빛을 발산한다. 태양빛을 가르며 모습을 드러냈다가 다시 안개 자욱한 숲 속으로 사라진다. 아메리카 대륙에서 가장 아름다운 새인 수컷 께짤(quetzal)이다. 께짤의 아름다움을 숭상한 고대 마야인들은 그 새를 죽이는 사람에게는 사형의 벌을 내렸다고 한다. 숲으로 돌아간 새는 하늘 높이 가파르게 치솟아 올랐다가 갑자기 부리를 아래로 한 채 지상으로 급강하한다. 이때 90센티미터에 달하는 꼬리가 찬란한 색을 자랑하며 에메랄드빛으로 현란하게 펄럭인다. 그곳에는 분명히 암컷이 있었을 테지만 울창한 숲과 구름에 가려 자세히 볼 수는 없었다. 아마 암컷에게는 자신에게 구혼하는 수컷들이 지닌 불타는 듯 붉은 가슴과 아름다운 꼬리는 없었을 것이다. 코스타리카 산악지대의 건기가 끝날 무렵인 봄이 되니 새들이 돌아와서 짝짓기를 한다. 곳곳에서 수컷 새들이 자신들의 독특하고도 아름다운 춤과 노래를 뽐내고 있다.

　다른 나무들보다 높이 솟아오른 거목의 등걸에는 얼굴 앞쪽에 검은색이 섞인 흰색 돌기를 매단 수컷 방울새 세 마리가 모여 앉아서 맑은 금속성의 목소리로 노래를 부르고 있다. 암컷들은 그 옆에서 수컷들의 노랫소리에 귀를 한껏 기울이는데, 얼마나 큰 소리로 노래를 부르는지 나뭇가지가 흔들릴 정도다. 숲의 아래층에서는 긴 꼬리를 한 마나킨(manakin)의 노래가 들리는데, 새들이 구혼의 춤을 준비하면서 하루 종일 플루트와 비슷한 맑은 음으로 노래한다. 이제 긴 꼬리 마나킨의 춤을 한 번 지켜보자. 자웅선택(sexual selection: 암수가 색채, 행동, 울음소리 등을 통해 상대를 선택해 번식한다는 다윈의 학설)에서 가장 독특하면서도 신비스러운 행동의 전형을 만나게 될 것이다.

먼저 수컷은 깃털을 가다듬는다. 다부진 몸체는 검은색을 기본으로 하여 등에는 터키옥처럼 밝은 청색이 섞여서 반짝이고, 머리에는 적갈색의 볏이 있으며, 몸체만큼이나 길고 점점 가늘어지는 두 개의 꼬리로 장식되어 있다. 숲의 바닥에서 1~2미터 정도 높이에 수평으로 뻗어 있는 덩굴나무나 나뭇가지 등이 구혼 춤의 무대가 된다. 여기에서 수컷 두 마리가 듀엣으로 춤추는데, 한 마리가 춤을 주도하고 다른 한 마리는 보조자가 되는 2인무다. 춤의 형태는 다양하지만, 성공적인 구혼 춤은 대개 일정한 공식에 따라 진행된다. 우선 끊임없는 구혼의 노래를 부르는데 두 마리 수컷이 이중창을 부르며 암컷을 유혹해 끌어들이려 한다. 암컷이 무대 위로 직접 내려앉으면 수컷들은 암컷의 얼굴을 바라보며 한 마리씩 차례로 훌쩍 뛰어오른다. 이때 수컷들이 개구리처럼 폴짝폴짝 서로의 몸을 번갈아 뛰어넘기도 한다. 이제 수컷들은 차츰 공중으로 뛰어오르면서 날개를 펄럭거린다. 꼬리 깃털을 크게 흔들며 흥분된 울음소리를 내지른다. 암컷도 점차 고조되어 수컷들을 지켜보면서 이리저리 움직인다. 수컷은 점점 더 빠른 템포로 뛰어오르고 날갯짓과 울음소리도 계속된다. 차츰 광란의 상태로 빠져들고 마침내 한 쌍의 수컷 중에서 주도적인 수컷이 날카로운 소리를 낸다. 이제 그 수컷은 서서히 암컷 주위를 돌고 암수는 교미를 한다. 사랑의 향연이 끝났다.

이들의 교미 행태는 매우 흥미 있어 보이지만, 이렇듯 장황한 구애 행동이 왜 필요한지는 이해하기가 매우 어렵다. 여기서 이들의 구애 행동에 대해 몇 가지 의문을 제기해보자. 수컷의 볏이나 꼬리, 노래, 춤, 그리고 화려한 색조 등이 모두 암컷에게 무언가를 전달하기 위한 것일까? 암컷의 마음을 열어야 하는 이유는 무엇일까? 왜 암컷에게는 이러한 구애 행동이 중요할까? 수컷들의 구애 행동은 의미 없는 의식에 지나지 않는 것일까 아니면 암컷이 이를 해독하거나 이용할 수 있는 것일까? 암컷의 입장에서 볼 때 즉시 교미하는 편이 자손 번식이라는 과업을 수행하는 더 빠른 방법일 텐데 그렇게 하지 않는 이유는 무엇일까? 다윈이 100년도 넘는 오랜 시간 전에 이러한 의문을 제기한 이후 생물학자들은 계속해서 이에 관해 논쟁해왔다.

다윈은 다음과 같은 두 가지 방법 중 하나를 통해 수컷이 교미에 성공한다고 보았다. 첫째 다른 수컷과의 싸움에서 이기는 방법이 있고, 둘째 암컷에게 자신의 매력을 호소하는 방법이 있다. 수컷들 사이에서 벌어지는 싸움의 중요성에 대해서는 모두가 동의한다. 하지만 수컷이 암컷에게 자신의 매력을 뽐냄으로써 교미에 성공한다는 가설에 대해서는 많은 논란이 있었다. 생물학의 유명한 고전인 《성장과 형태*Growth and Form*》를 쓴 톰슨(D'Arcy Thompson)은 이 가설이 "어느 한 성은 목석으로 다른 성은 바람둥이로" 가정한다며 신랄하게 비판했다. 뛰어난

박물학자이자 다윈의 친구였던 월리스(Alfred R. Wallace)는 이 주제를 두고 그의 위대한 친구와 불화를 낳기도 했다. 월리스는 매력 가설을 사람에게 적용할 때 발생하는 문제 때문에 고민했지만, 다윈은 동시대의 다른 학자들과는 달리 이 문제에 단호한 입장을 취했다. 월리스는 이에 반대하며 말했다. "젊은 남자는 구혼할 때 머리를 빗거나 모양을 내고, 콧수염이나 턱수염, 구레나룻을 다듬을 것이다. 틀림없이 그의 애인은 이런 모습을 좋아할 것이다. 그러나 그렇게 꾸몄기 때문에 반드시 그녀가 그와 결혼해주는 것은 아니다. 여자가 좋아하기 때문에 기르는 콧수염, 턱수염, 그리고 구레나룻을 선택의 근거로 삼기에는 너무 빈약하다." 즉 월리스는 암컷의 선택이 수컷의 이차성징을 형성시켰을 수도 있다는 생각에 동의하지 않았다. 그래서 그는 이에 대해 다른 설명을 시도했다. 즉 수컷은 선천적으로 더욱 클수록 강인하고 활력 있어 보이고, 또한 그래야만 상대적으로 몸집이 더 큰 암컷을 약탈자들부터 지킬 수 있기 때문에 화려하게 치장하거나 다채로운 색상으로 꾸민다는 것이다.

　　또 다른 학자들은 다윈의 가설에 대해 암컷이 의식적으로 수컷의 아름다움이나 행동양식을—마치 콧수염이 얼마나 잘 다듬어졌는지를 판단하듯—평가한다고 본다면서 반대했다. 그러나 사실 다윈은 암컷이 무의식적으로 단순히 전체적 행태를 통해서 일부 수컷에게 다른 수컷들보다 마음을 열어준다고 주장했다. 생물학 연구의 역사에서는 다윈의 이론을 인정해왔다. 자웅선택에 대해 연구하는 대다수의 사람들은 암컷에게 선택권이 있음을 인정한다. 이는 유전학 이론으로나 실제 자연 상태에서나 모두 동일하다. 수컷이 암컷에게 명백히 가치 있는 물질을 제공할 경우, 암컷의 선택권이 수컷의 진화에 영향을 주었음은 부인할 수 없다. 전갈파리(scorpionfly, 밑들이류) 수컷은 암컷에게 먹을 것을 제공하며, 암컷은 이를 알 낳는 데 이용할 수 있다. 그래서 암컷은 결혼선물의 크기에 따라 청혼을 거절하거나 받아들인다. 명확하게 적응의 의미를 보여준다. 그러나 물질이 문제가 아닌 경우는 어떻게 보아야 할까? 마나킨은 왜 춤을 출까? 께짤 수컷의 꼬리는 왜 90센티미터나 되도록 진화했을까? 께짤의 꼬리는 너무 길어서 나무 둥지에 앉으면 꼬리가 둥지 안으로 들어가지 않아 밖으로 내밀고 있어야 할 정도다. 둥지 밖으로 꼬리를 내밀고 앉는 첫번째 이유는 약탈자를 피해 빨리 날아오르기 위함이다. 하지만 화려하게 매달린 수컷 께짤의 꼬리는 약탈자에게 좋은 표적이 될 수 있어 수컷에게 이익이 될 게 없으며, 암컷의 입장에서 보았을 때도 수컷 꼬리 때문에 둥지가 덮여버려 역시 손해일 수 있다.

다윈은 이와 같이 현란하게 아름답지만 해로운 기능을 할 수 있는 특징에 주목하여 이를 설명해주는 자웅선택이론을 만들어냈다. 이러한 특성을 통해 암컷의 관심을 최대한 끌 수 있다면 비록 적에게 노출되어 생존의 위협을 받는다 하더라도 적절한 진화의 방향이 될 수 있다. 즉 개체에게는 번식하는 자손의 총 수가 중요하다. 교미 성공으로 얻는 이익과 생존에 대한 위협이 균형을 이룰 때까지 이러한 특성은 계속 진화하게 된다. 어찌 보면 이런 방식의 자웅선택은 자연선택과 서로 경쟁 관계인 것처럼 보일 수도 있다. 왜 암컷은 약탈자에게 노출되기 쉬운 수컷의 화려한 특성을 선호하게 된 것일까?

영국의 유전학자이며 통계학자인 피셔(R. A. Fisher)는 암컷이 어떤 특성을 선호하는 경향 때문에 수컷의 생존 능력이 감소할 수도 있음을 이론적 공식으로 만들었다. 즉 암컷이 선호하는 경향에 맞추다 보면, 먹이를 찾고 천적을 피하는 수컷의 생존 능력이 감소할 수도 있다는 것이다. 피셔는 이렇게 말한다.

"수컷이 가진 특징을 생각해보자. 예를 들어 꼬리는 원래 자연선택적 가치를 지니고 있었다. 즉 바람이 많이 불 때 새들의 비행을 안정시키는 역할을 하는 것이다. 그런데 암컷이 꼬리가 긴 수컷을 선호하는 경향이 정착된다면, 암컷은 교미 상대를 고를 때도 꼬리가 긴 수컷을 선택할 가능성이 높다. 이렇게 만난 암수의 교미로 태어난 새끼 수컷은 긴 꼬리를 발현할 유전자와 긴 꼬리를 좋아할 유전자를 모두 가지게 될 것이다. 이렇게 되면 긴 꼬리를 갖는 특성이 자연선택 과정에서 선호될 수밖에 없어지고, 암컷이 긴 꼬리를 선호하는 유전자를 보유하고 있는 한 수컷은 꼬리가 길수록 종을 번식시킬 가능성이 높아진다. 이는 암컷이 긴 꼬리를 선호하는 경향이 유전자 속에 내재되어 다음 세대로 전파된다는 의미다. 결국 암컷이 긴 꼬리 수컷을 선호하는 특성은 보편적인 현상이 될 것이며, 모든 암컷은 긴 꼬리를 지닌 수컷을 생산하게 될 것이다. 자신이 생산한 새끼의 꼬리가 길어야 다른 수컷과의 경쟁에서 승리해 더 많은 교미를 할 수 있을 것이기 때문이다. 이는 수컷의 꼬리가 길어지는 진화의 원동력이 비행능력에 있는 것이 아니라 암컷의 선호 경향에 있음을 의미한다. 꼬리를 만들고 길이를 결정하는 데 관여된 유전자가 여러 개라면 암컷의 선호 경향은 진화 방향에 지속적인 영향을 주게 될 것이다. 즉 암컷의 긴 꼬리 선호가 계속되는 한 자연선택 과정이 끝날 때까지 수컷의 꼬리는 계속 길어질 것이다."

스웨덴의 행동생태학자인 안데르손(Malte Andersson)은 이와 같은 과정이 자연에서 실제로 일어나는지 확인하기 위한 연구를 시도했다. 아프리카 과부새로 불리는 긴꼬리 천인조(*Euplectes progne*)가 실험 대상이었는데, 이 새는 번식기가 되면 검은색과 붉은색이 섞인 꼬리가 몸길이의 네 배까지 길어진다. 안데르손이 이 중 몇 마리의 꼬리를 짧게 자른 다음, 잘라낸 꼬리를 다른 수컷의 꼬리 끝에 접착제로 붙여서 그 수컷의 꼬리를 길게 만들었다. 일부 수컷은 꼬리를 자르지 않고 그대로 두었다. 그리고 그는 수컷들의 생식 성공률을 기록했다. 꼬리가 짧아졌거나 꼬리를 자르지 않은 수컷의 생식 성공률은 이전과 같았다. 그러나 꼬리를 길게 만들어준 수컷의 생식 성공률은 높아졌다. 이렇듯 꼬리가 길어진 수컷들의 생식 성공률이 높아진 것은 긴 꼬리가 비행과 같이 생존을 위해 필요한 주요 기제에 도움을 주기 때문이 아니다. 실제로 긴 꼬리는 오히려 동작에 방해가 된다. 그보다는 암컷에게 구혼을 할 때 긴 꼬리가 더 효과적이고 매력적으로 받아들여지기 때문에 생식 성공률이 높아진 것으로 보인다.

내가 대학원생일 때부터 친구로, 지금은 진화론의 대가가 된 랑드(Russ Rande)는 이 문제에 대해 많은 생각을 했다. 그는 암컷의 선호 경향으로 인해 수컷의 어떤 특성이 형성될 수 있다고 추론하고, 그것이 자연선택의 입장에서 볼 때는 이익이 되기도 하지만 중립적이거나 해가 될 수도 있다고 생각했다. 그는 돌연변이처럼 표본의 크기가 작고 우연히 일어나는 사건들 때문에 암컷이 수컷의 어떤 특징을 선호하게 될 수도 있으며, 수컷에게 일어나는 이러한 우연한 사건들이 암컷으로 하여금 수컷의 구체적인 특징을 선호하게 만들 수도 있다고 보았다. 다

수컷 아프리카 과부새의 긴 꼬리는
자연선택 과정이 끝날 때까지
계속 길어질 것인가?

시 말해 단순히 유전자에서 일어난 우연한 사건이 자웅선택으로 이어진 결과, 수컷의 겉모습이 화려해지거나 구혼 행태가 결정되기도 한다는 것이다.

많은 생물학자들은 이와 같은 이론에 동의하지 않는다. 그들은 암컷이 아무 의미 없는 특징을 우연히 선택한다고 생각하지 않으며, 암컷이나 수컷이 정교한 성적 특징들 속에서 유용한 정보를 찾아내기 때문이라고 본다. 그리고 그들은 자연의 세계가 변덕스럽기보다는 합리적이라고 믿는다. 진화생물학자인 해밀턴(William D. Hamilton)은 수컷의 화려한 모습이 우연에 불과하다는 견해에 반대하며 이렇게 말한다. "꿩이나 극락조와 같은 동물들이 진화하여 깃털이나 볏 그리고 목덜미를 화려하게 장식한 것이 모두 우연이라고 믿기는 어렵다. 그리고 이것들은 대부분 살아가는 데 커다란 어려움을 초래할 수도 있는 특징이다."

암컷의 선택이 우연이라고 보는 견해가 맞지 않다면, 암컷이 수컷의 특징적인 행동이나 생김새를 관찰하여 그 능력에 대한 정확한 정보를 얻는다고 생각할 수 있다. 이러한 생각은 자하비(Amotz Zahavi)가 주장한 핸디캡 원리에 기초한다. 자하비의 주장에 따르면 몸에 거슬리는 핸디캡을 가진 수컷이 생식에 성공하기 위해서는 그 핸디캡이 암컷과의 교미에서 선호되는 형태여야 한다. 하지만 실제 관찰에서는 불량한 특성이나 핸디캡이 자손들에게 전해지면 자연선택에서 배제될 수 있음이 확인되었다. 그럼에도 핸디캡을 지닌 수컷이 자연선택 과정에서 살아남을 수 있는 이유는 무엇일까? 수컷의 핸디캡이 상당히 값비싼 대가를 치르고 형성된 것이라면 교미에서 선호되는 특징이 될 수 있다는 것이다.

값비싼 특징은 쉽게 흉내낼 수 없는 것이다. 다른 평균적인 수컷보다 강하거나 더 뛰어난 수컷은 그 사실을 암컷에게 전해주려 할 것이다. 따라서 다른 수컷이 따라할 수 없을 만큼 값비싼 대가를 치르고 얻게 된 행동이나 특징을 과시하려 할 것이다. 화려한 모습이나 특징적 행동을 통해 자신이 무리의 다른 수컷들보다 우수한 질을 가지고 있음을 암컷에게 보여줄 수 있다면, 그리고 암컷은 이를 통해 우수한 질의 수컷을 고를 수 있다면, 그와 같은 행태가 교미와 생식의 선택 기준이 될 수 있다. 께짤을 예로 들어보면, 이 새들은 주로 과일을 먹고 가끔씩만 도마뱀을 먹기 때문에 단백질이 귀한 자원일 것이다. 길게 나부끼는 꼬리를 만드는 데 필요한 단백질을 확보할 수 있는 수컷이라면 짧은 꼬리의 수컷들보다 분명히 더 건강하고 유전학적으로도 우수할 가능성이 많다. 긴 꼬리는 그 수컷이 더 오래 살았으며 더 많은 자원을 확보할 수 있음을 말해준다. 이러한 특성이 유전자에 포함되고 자손에게 대물림된다면 암컷은 이를 선호하는 방향으로 진화할 것이다.

암컷이 교미 상대로 고르는 수컷에게 유전학적인 차이가 존재하는지에 대해서는 아직 많은 논란이 있다. 간단히 이렇게 생각해보자. 만약 어떤 유전학적 특성을 지닌 수컷을 교미 상대자로 선호한다면 모든 수컷이 그러한 특성을 지니는 방향으로 진화해 평준화될 것이다. 나는 자연의 움직임이 이처럼 간단한 모델로 설명되는 차원을 넘어설 것이라고 생각한다. 좀 더 정교한 모델이 필요하다(랑드가 제안한 모델도 포함된다). 좀 더 복잡한 세계에서는 돌연변이나 유전자 재조합, 그리고 환경의 변화 등으로 유전적 다양성이 만들어지기 때문에 암컷은 수컷의 유전학적 질을 두고 선택할 수 있다.

어느 경우에든 암컷은 다른 수컷이 아닌 특정 수컷을 선택한다. 예를 들어 마나킨처럼 단체 구혼을 하는 새의 경우 여러 마리의 수컷이 질서정연하게 도열하여 각자 자기를 과시하는데, 암컷은 그중에서 교미 대상을 고른다. 이때 암컷은 특정 수컷을 다른 수컷에 비해 훨씬 더 선호한다. 맥도널드(David MacDonald)의 연구에 따르면, 수컷의 춤을 자세히 분석하면 암컷의 관심을 끌어 교미에 성공할 수컷을 예상할 수 있다고 한다. 노래를 많이 하는 수컷이 더 많은 암컷의 관심을 끌어내며, 공중에서 선회비행을 더 잘하는 수컷, 힘자랑에서 우수한 수컷이 교미에 더 많이 성공한다. 그리고 긴 꼬리를 가진 수컷은 더 나이가 많다. 일련의 관찰 결과로 볼 때, 암컷은 특정 기준에 따라 교미 상대를 선택하며, 수컷끼리는 암컷이 옥석을 가릴 때 기준으로 삼는 특성을 더욱 정교하게 발달시키기 위한 경쟁이 벌어진다고 볼 수 있다. 그러므로 암컷이 선호하는 수컷의 특성이 아무 의미 없이 진화되었다기보다는 지금까지 설명할 수 없었던 구혼 행태가 자연선택에 적응하는 방식으로 진화되었다고 보는 것이 사실에 더 가까울 것이다.

달팽이가 가진 큐피드의 화살을 예로 들어보자. 달팽이 가운데 약 10여 개의 달팽잇과(종으로는 수백 종이 된다) 달팽이들은 구혼을 할 때 사랑의 화살을 이용한다. 대부분의 달팽이는 암수한몸이기 때문에 교미 상대의 선택부터가 조금 특이하다. 각각의 달팽이 개체는 암수 생식기관을 모두 갖고 있다. 따라서 교미할 때에도 서로 암수의 역할을 동시에 한다. 즉, 자신의 정자를 전해줌과 동시에 상대의 정자를 받아 자신의 알과 수정되도록 한다. 이러한 교미 과정이 진행되기 전에 먼저 일어나는 일이 상호 간에 사랑의 화살을 '찔러보는' 것이다.

이때 사용되는 사랑의 화살은 딱딱하고 날카로운 모양이며 길이가 약 1.3센티미터에 달하는 경우도 있다. 이것은 사랑의 화살을 품고 있는 달팽이 발이나 몸집에 비하면 매우 긴 편이다. 사랑의 화살은 매우 다양하기 때문에 그 모양을 기준으로 달팽이를 분류하는 학자들도 있다. 어떤 화살은 나선형이고, 끝이 여러 갈래인 경우도 있다. 중동지역의 종교 의식에서 쓰이는 초승달 모양의 단검 형태를 띤 것도 있는데, 이 화살은 여러 번 찌를 수 있게 되어 있다. 때로는 찔린 달팽이의 몸 속 깊이 박힌 채 그대로 남겨지는 화살도 있다.

달팽이가 사용하는 사랑의 화살이 어떤 작용을 하는가에 대해서는 의견이 분분하다. 대부분의 학자들은 자극을 주거나 애무를 하는 일종의 마조히즘 의식으로 간주하지만, 진화생물학자들은 쾌락(혹은 고통) 자체를 위한 행위라고 생각하지 않는다. 나는 사랑의 화살이 속임수를 없애기 위한 일종의 정직한 상술의 하나라고 본다. 두 마리의 암수한몸 달팽이가 교미를 위해 만나면 갈등이 발생하고 속임수가 자행될 여지가 많다. 교미의 각 파트너들은 알과 정자를 모두 거래한다. 이때 알과 정자는 새로운 개체를 형성하는 데 동등한 기여를 하기 때문에 그 가치는 동일하지만, 비용적인 측면에서 본다면 알이 정자보다 훨씬 많은 비용이 발생한다. 그러므로 각 개체는 많은 정자를 제공하는 대신 상대의 정자를 받아 수정시킬 알은 최소한 생산한다. 이러한 전략 하에서 속임수를 쓰는 달팽이는 자신이 지닌 알로 수정 가능한 교미 횟수보다 더 많은 상대들과 교미하려 든다. 크고 값비싼 알은 달팽이에게 제한된 자원이다. 반대로 달팽이의 정자는 교미 상대의 몸속으로 들어가서 길게는 4년까지 저장될 수 있기 때문에 매우 풍부하다. 그러므로 암수한몸인 달팽이가 성공적인 교미 전략을 구사하기 위해서는 알과 정자의 교환이 동등한 조건임을 확인해야 하고, 또 상대 정자의 질이 우수한지 확인하기 전까지는 상대의 정자와 자신의 알을 쉽게 거래하지 않아야 한다. 그래서 사랑의 화살로 찔러보는 것이다.

　　사랑의 화살은 탄산칼슘으로 구성된다. 즉, 석회석이다. 이 성분은 달팽이 껍질을 만들고 알의 피막을 만드는 데도 활용되므로 달팽이에게는 귀한 자원이다. 달팽이가 탄산칼슘을 모아 사랑의 화살을 만들려면 일주일 이상이 소요된다. 이는 사랑의 화살을 보유한 달팽이가 자원을 많이 확보하고 있으며 주변 환경에서 칼슘을 모으는 능력도 우수함을 의미한다. 화살을 제거당한 달팽이도 교미를 할 수는 있지만 이는 중요한 문제가 아니다. 암수한몸인 동물은 교미 파트너로 하여금 알을 많이 만들게 하고 가능한 한 많은 알을 수정시키는 것이 중요한 과제다. 사랑의 화살은 찔리는 쪽의 암컷 생식기를 자극하는 기능을 한다. 화살에 찔리면 배란이 빨라지거나 배란의 양이 증가하는데, 찔린 쪽이 화살을 체내에서 대사시켜서 알 생산에 이용하는 경우에 특히 강한 효과를 나타낸다. 이는 화살이 남성적 전략으로 이용됨을 시사해준다. 즉, 화살을 제공한 쪽이 정자 제공자로 적절한 수컷이며, 새끼 양육에도 기여할 수 있음을 알리는 정직한 자기광고가 되는 셈이다. 실제로, 달팽이를 거세시키면 알을 계속 생산하고 암컷처럼 교미할 수도 있지만 화살을 만들지는 못한다.

　　구혼의식과 자기광고라는 개념을 도입하면 동물의 생식에 대한 여러 가지 새로운 설명이 가능해진다. 해밀턴과 주크(Marlene Zuk)는 《사이언스Science》지에 게재한 논문에서, 왜 어떤 새들은 밝은 색조의 날개를 하고, 턱주머니가 팽창하고, 얼굴피부에 털이 없고, 긴 볏을 가지는지 설명하기 위해 정직한 자기광고 개념을 이용했다. 그들의 주장에 따르면 수컷은 자신에게 기생충이나 병원성 감염체가 침범해 있지 않음을 알리기 위해 이러한 행태를 나타낸다. 실제로 가금류를 돌보는 수의사는 닭이나 칠면조의 볏, 발, 그리고 날개 등을 살펴보는 것으로 수십 가지 가금류 질병을 진단한다. 그리고 암컷도 수의사에 필적할 만큼 정확하게 수컷을 판단한다. 해밀턴과 주크는 새에게 기생충이 없을수록 볏과 같은 치장물에 혈류 공급이 활발해져 아름다운 색조를 띤다는 것을 확인했다. 기생충이 위협이 될 수 있다면, 건강한 수컷은 자신에게 기생충이 없고 건강함을 광고하는 방향으로 진화해야 한다.

해밀턴과 주크는 수컷이 부르는 복잡한 노래가 그 수컷에게 만성질환이 없음을 보여준다는 사실을 발견했다. 이제는 노래를 비롯한 여러 구혼 행태들에 많은 에너지가 필요하다는 사실이 잘 알려져 있다. 그러므로 요란하고 길게 계속되는 노랫소리는 자신이 건강함을 알리는 신호가 된다. 퀸스대학의 교수인 몽고메리(Bob Montgomerie)는 새벽에 새들의 합창소리가 들리는 이유를 이것으로 설명했다. 체온 유지를 위해 축적해두었던 에너지를 태우고 몸을 떨면서 밤의 추위를 이겨낸 새들은 새벽안개와 미명을 뚫고 사냥을 위해 날아올라야 한다. 그러나 구역을 확보하고 있는 대부분의 수컷은 에너지가 많이 소모되는 노래 부르기에만 열중한다. 원숭이도 비슷하다. 일해야 할 낮에 에너지가 많이 소요되는 노래를 부르는 것은 자신에게 활력이 넘침을 알리는 광고행위다. 해밀턴과 주크는 그와 같은 광고행위가 건강함을 시사해준다면 수컷의 질과 관련된 다른 유전학적 측면들과 관계없이 노랫소리 하나만으로도 암컷이 교미 상대 수컷을 선택할 수 있다고 보았다.

정직한 자기광고의 대상이 반드시 암컷인 것만은 아니다. 수컷의 구혼 신호가 다른 수컷을 향한 경우도 많다. 피셔는 "멋진 깃털로 장식하거나 의기양양한 노래를 부르는 행태는 구혼을 목적으로 한 경우도 있지만 전투를 알리기 위해 사용할 때도 많다."고 지적한 바 있다. 예를 들어 대부분의 사람들은 귀뚜라미가 암컷을 유혹하기 위해 노래 부른다고 생각한다. 그러나 보크(Chris Boake)는 《사이언스》지에 발표한 논문에서 항상 그렇지만은 않다고 주장했다. 그녀는 마야 귀뚜라미 (Amphiacusta maya)라 불리는 한 종을 관찰했는데, 이 종의 수컷은 속이 빈 나무줄기 안에서 집단으로 노래를 부른다. 수컷끼리는 일종의 위계구조가 형성되어 있어, 서열 순서대로 암컷과 교미할 수컷이 결정된다. 보크는 가장 서열이 높은 수컷이 소리를 내지 못하도록 만든 후 관찰했는데, 그 수컷은 여전히 암컷과 교미할 수는 있었지만 다른 경쟁자들과 더 많은 싸움을 벌여야 했다. 또한 싸움에서 승리를 거두긴 했지만, 그 과정에서 시간과 에너지를 너무 많이 소모하게 되어 결과적으로 노래를 부를 수 있을 때보다 교미의 횟수가 적어졌다. 다른 말로 하면 노래는 자신의 힘을 경쟁자들에게 과시하기 위한 비용을 지출하는 것인데, 노래를 부르지 못하게 되면 자신의 힘을 확인시키기 위해 더 많은 비용을 지출해야 하는 것이다.

이와 같은 자기광고에 이용되는 행태는 모방하기 힘든 것이어야 한다. 사슴의 뿔이 그 한 예인데, 뿔을 크게 만들기 위해서는 임신이나 수유만큼이나 많은 에너지와 미네랄이 필요하다. 마찬가지로, 수컷의 광고에 현혹되는 상대 입장에서는 속임수에 넘어가지 않도록 비판적

안목을 진화시켜야 한다. 대개 지위를 나타내는 상징을 점검하기 위해서는 다른 행동을 취해야 한다. 이를테면 수사슴들의 뿔싸움도 이에 해당할 수 있다. 커다란 뿔을 지닌 수컷은 이를 점검하기 위한 다른 수컷의 도전을 받아야 하고, 만약 경쟁자들의 도전에서 패배하게 되면 뿔의 크기와 상관없이 우위를 점할 수 없게 된다. 많은 동물들이 단순하게 멋진 색깔이나 긴 꼬리를 갖추는 데 그치지 않고, 정교하며 많은 에너지가 소요되는 과시 행동을 보여주는 이유가 여기에 있다.

자웅선택에 있어서 정직한 자기광고라는 관점을 도입하게 되면 암컷의 일방적인 선택이라는 관점에서는 볼 수 없는 측면을 알 수 있게 된다. 전자의 관점은 구혼 행태의 요소들에 수컷의 질을 나타내는 정보들이 포함되고 있다고 말하며, 후자의 관점은 이러한 행태가 제멋대로 나타났고 단지 우연하게 선택된 유전적 과정이라고 본다.

나는 궁극적으로 두 가지 관점이 섞일 것으로 생각한다. 음악가의 작곡이나 연주가 관객들로부터 호평을 받기 위해서는 한편으로는 익숙하여 잘 이해할 수 있지만 다른 한편으로는 독특하고 창조적이어야 한다는 말이 있다. 이것은 생명체들의 구혼 행태에도 적용될 것이다. 아직은 이해되지 않는 새들의 흥미로운 구혼 행태를 이와 같은 방식으로 설명할 수 있을 것이다. 긴 꼬리 마나킨 수컷이 거칠게 춤을 추는 이유에 대해 적응론적인 설명을 할 수 있다면, 다른 마나킨 종들에서는 근본적으로 다른 구혼 행태가 관찰되는 이유를 어떻게 설명해야 할까? 그와 같은 차이는 우연한 돌연변이로 만들어진 행태가 자연선택과 자웅선택 과정에 우연히 도입된 까닭인지도 모른다. 이러한 행태는 생명체 각 종들에게 독특하게 나타난다. 그만큼 긴 꼬리 마나킨은 매우 특수하고 구체적인 춤동작과 색깔 등을 나타내며, 이렇게 상세한 각 요소들은 예측할 수 없는 신기한 형태와 우연한 아름다움으로 우리를 매혹한다.

# 5. 비열한 도둑

내가 한때 살았던 곳에서 언덕을 넘어 골짜기를 따라 내려가면 오피니콘 호수가 나온다. 나는 온타리오 동쪽 끝에 위치한 고요하고 얕은 호수인 그곳에서 수영을 하며 많은 시간을 보냈다. 수영 중에 가끔 전혀 사나워 보이지 않는 블루길 한 마리가 나를 공격해오곤 했다. 스노클을 착용하고 블루길 무리 옆에서 평화롭게 수영하고 있을 때, 그중 한 마리가 무리에서 빠져나와 내게 다가온 적이 몇 번 있었다. 그 녀석은 지느러미와 아가미를 흔들고 선명한 오렌지색 가슴을 번뜩이면서 고글 속의 내 눈을 뚫어지게 응시하거나 내 얼굴을 덮고 있는 투명판을 툭툭 쳤다.

블루길은 큰 물고기가 아니기 때문에—보통 300~400그램 정도밖에 되지 않는다—그러한 행동이 낯설고 이상하게 여겨졌다. 게다가 블루길은 창꼬치, 배스, 수달 등의 좋은 먹이가 되기 때문에 그 녀석이 자기보다 몸집이 큰 나를 공격한 것은 놀라운 일이었다. 나를 공격한 녀석은 아마 새끼 양육을 담당하는 구역 대장 수컷이었을 것이다.

블루길은 북아메리카 동부의 얕은 호수나 강에서 높은 밀도의 무리를 이루어 생활한다. 보트나 카누를 타고 가면서 보면 직경이 30~60센티미터 정도로 빽빽하게 둥근 고리 모양을 형성하고 있는 블루길 둥지를 관찰할 수 있다. 대장 수컷은 강 아래의 자갈 바닥을 그릇 모양으로 파헤쳐 둥지를 만든다. 둥지 주인인 대장 수컷은 알을 보호하는 서비스를 제공함으로써 암컷이 그곳에서 알을 낳도록 유혹한다. 수컷은 자신이 수정시킨 알에 달려드는 메기 등을 쫓아버리고, 물을 흔들어 알에 산소를 공급함으로써 곰팡이가 생기지 않도록 한다. 이러한 경계근무 임무는 수컷으로서는 상당한 부담이다. 수컷은 질투심 많은 아버지가 되어 암컷의 서방질을 허용하지 않고, 자신의 정자를 받은 고귀한 알이 다른 녀석들의 먹잇감이 되지 않도록 애쓴다. 자신이 만든 둥지의 주인으로서 가까이 다가오는 어떤 것에도 대항하는 수컷은 수영을 하고 있던 나도 침입자로 본 것이다.

물고기의 생태에 대해 서술한 대부분의 책들이 블루길의 알 낳는 습관에 대해 너무 간단하게 언급하고 있다. 즉 대장 수컷이 둥지를 짓고 암컷이 그곳에 알을 낳는다는 식이다. 하지만 현실은 그렇게 간단하지 않았다. 오피니콘 호수에서 자세히 관찰해보니 블루길 수컷은 짝짓기를 위해 복잡한 전략과 전술을 동원하는 긴 이야기의 주인공이었다.

대장 수컷은 화려한 모습을 띠고 있어 주의를 집중시킨다. 블루길은 관할구역의 숫자보다 더 많은 수컷이 존재하는 경우가 보통이다. 단지 15퍼센트 정도의 수컷만이 자신의 관할구역을 가진다. 그러면 나머지 85퍼센트 수컷은 어떻게 될까? 생식능력이 없는 패배자로 전락해야 할까? 캐나다의 생물학자인 그로스(Mart Gross)와 미국의 생물학자도미니(W. J. Dominey)의 연구에 따르면 번식하는 수컷 블루길에는 실제로 세 종류가 있다고 한다. 첫째 커다란 대장 혹은 집주인 수컷, 둘째 3분의 1 정도 크기에 밝은 오렌지색을 띤 '도둑' 수컷, 셋째 생긴 모습이나 행동이 암컷 같은 중간 크기의 '주변인' 수컷.

주변인은 그 이름이 시사하듯이 둥지 위에서 배회한다. 이 녀석들은 기다리고 있다가 암컷이 알을 낳기 위해 둥지 속으로 들어가면 천천히 아래로 가라앉아서 암컷과 집주인 수컷 사이에 끼어든다. 이렇게 되면 집주인 수컷이 혼란에 빠져 자기가 암컷 옆에 있는 것처럼 생각하고 행동한다. 이제 이 셋은 둥지 주위를 선회한다. 암컷이 알을 낳고 집주인 수컷이 정자를 구름처럼 뿜어내면 주변인도 집주인을 따라하며 자신의 유전자를 섞어 넣는다. 그리고 집주인 수컷을 남기고 빠져 나온다. 이는 주변인 수컷이 집주인 수컷의 노력을 훔쳐가는 도둑질인 셈인데, 이를테면 고전적인 간통 형태라 할 수 있다. 이렇게 주변인은 한곳에 얽매이지 않고 자유롭게 수영해 다니면서 여러 암컷의 알에 자신의 정자를 수정시킨다.

도둑이라 이름붙인 수컷은 조금 더 대담하다. 암컷이 알을 낳고 있을 때 둥지로 돌진하여 정자를 뿜어내고는 곧바로 떨어져 나간다. 주변인의 경우에서처럼 이러한 도둑질이 성공하려면 집주인에게 발각되지 않아야 한다. 물론 집주인들은 멍청이가 아니다. 집주인 수컷이 간통 현장을 발견하면 도둑에게 거칠게 달려들어 지느러미를 물어뜯어버린다. 한 번 물어뜯기는 것으로 그치지 않는다. 상처를 통해 곰팡이에 감염되면 매우 위험하다. 이 호수에서는 물곰팡이에 감염되어 흰색 덮개로 둘러싸인 흉측한 몰골을 하고 반쯤 죽은 채 떠다니는 블루길을 흔히 볼 수 있다. 이렇듯 상처를 입고 감염되는 위험을 가볍게 볼 수는 없다. 그럼에도 도둑과 주변인이 위험을 무릅쓰는 까닭은 그만한 이익이 있기 때문이다.

구역을 관할하는 대장이 되기 위해서는 경쟁자들과 싸울 수 있을 만큼 충분한 몸집을 키워야 한다. 하지만 도둑과 주변인은 자신의 몸집을 불리는 데 시간이나 노력을 전혀 투자하지 않으며, 자녀 양육에도 아무런 기여를 않는다. 그렇기 때문에 이 녀석들은 어린 나이에, 그러니까 2~5년 정도만 자라도 성적으로 성숙하게 된다. 이에 비해 집주인 수컷들은 구역의 대장이 될 정도로 자라는 데 5~8년이란 시간이 소요된다. 집주인이 되기 위해서는 지위를 유지할 정도로 몸집이 크고 힘이 세야 한다. 도둑과 주변인은 자신이 가진 자원을 근육 강화에 이용하지 않고 정자를 만드는 데 투입한다. 정자에 상당한 비용을 투여하는 것이다.

도둑과 주변인은 성적으로 성숙되자마자 성장 속도가 30퍼센트나 감소한다. 고환은 체중의 4퍼센트를 차지할 정도로 발달하는데, 이는 체중에 비해 대장 수컷 고환보다 두 배나 더 무거운 것이다. 이 녀석들은 번식기에 무수히 많은 정자를 홍수처럼 뿜어내어 가능한 한 많은 알에 수정시켜야 하므로 작은 신체에 커다란 고환을 가지게 된 것이다. 어쨌든 도둑이라는 별명이 영광스러운 호칭은 아니다. 그보다는 맹목적이고 두려움 없는 아버지인 집주인 수컷이 좀 더 자랑스러운 입장인 것만은 분명하다.

그러나 유전학적으로 볼 때 집주인 수컷이 왜소한 체격의 도둑 수컷보다 더 나을 것이 없다는 사실은 놀랍기까지 하다. 그로스의 분석에 따르면 양쪽의 전략은 모두 유전학적으로 상대를 압도하지 못한다. 이들은 유전학적 평형 상태를 이룬다. 도둑 수컷은 흔히 하는 말로 '진화론적 안정 전략'을 채택한 셈이며, 이는 대징 수컷이 따라할 수 없는 것이다. 구역이 철저하게 은폐되어 있지 않는 한, 도둑 수컷은 대장 수컷의 부모 역할 및 자녀 양육에 기생할 수 있고 간통 행위를 통해 자신의 유전자를 전파할 수 있다. 구역 대장이 아닌 수컷들은 왜소하여 대장이 되지 못한 패배자일 뿐이라는 시각이 이러한 개념으로 변화되기까지는 오랜 시간이 걸렸다. 이들은 구역 대장 역할 대신에 그만큼 활력 있는 다른 역할을 하는 것으로 밝혀졌다.

이는 비교적 최근에 발견된 현상으로, 개체의 행동과 성공을 수치로 표현하는 행동생물학의 큰 흐름 중 한 부분을 차지하고 있다. 과거의 행동생물학자들은 생물 종 전체에서 특징적인 행동 유형을 찾고자 했지만, 오늘날에는 개체들 사이의 다양성에 더 큰 의미를 부여하고 있다. 즉 그러한 다양성이 자연선택과 진화의 기초가 되기 때문에 더 많은 관심을 끌고 있는 것이다. 이러한 경향은 현대 행동생태학자들이 게임이론을 많이 이용하는 데서도 잘 드러난다.

게임이론은 '갈등의 과학'이라 부른다. 이 이론에서는 모종의 경쟁에서 단 하나의 '최고' 전략이 존재한다고 보지 않는다. 특정 전략을 취하는 각 개체의 성공 여부는 경쟁자들이 채택하는 전략에 크게 좌우된다. 아이들이 하는 가위바위보 게임이 좋은 예가 된다. 게임 참가자들은 각자 손가락 두 개를 내민 가위 형태, 주먹을 움켜쥔 바위 형태, 손가락을 모두 펼친 보 형태로 손을 내민다. 이때 보는 바위를 감싸서 이기며, 바위는 가위를 깨뜨려 이기고, 가위는 보를 잘라서 이긴다. 셋

중 어느 전략도 가장 좋은 전략은 아니며, 각각은 특정 상황에서만 승리할 뿐이다. 유전적·행동적 전략에도 같은 원리가 적용된다.

앞에서 거론한 동물들에 이러한 개념을 적용해보면, 그들의 교미 전략에 관한 새로운 관찰과 해석이 가능하다. 예를 들어 겔라다 비비(개코원숭이)는 1960년까지만 해도 지배자 수컷 한 마리를 중심으로 집단 사회체계를 구성하는 것으로 보고되었다. 겔라다 비비는 에티오피아의 고지대 목초지나 산에서 수백 마리씩 무리를 이루어 생활한다. 또 각각의 무리는 한 마리의 지배자 수컷 및 그와 연결된 여러 마리의 암컷 집단으로 나뉜다. 지배자 수컷은 하렘의 주인처럼 보인다. 그놈은 암컷의 두 배 정도 크기이며, 싸움에 사용될 커다란 송곳니들을 번뜩인다. 얼굴은 두껍고 펄럭이는 갈기로 덮여 있으며 구레나룻이 기묘한 모양으로 길게 달려 있다. 자신의 강인함과 상대방의 목덜미를 찢어버릴 힘이 있음을 과시하려는 수컷들에게서 흔히 볼 수 있는 모습이다. 지배자 수컷이 하렘을 지키기 위해 싸울 때는 잔인하기 그지없다. 그러나 최근의 관찰에 따르면 수컷들 가운데 하렘의 지배자가 되는 길을 따르지 않는 경우도 많은 것으로 나타났다. 그런 수컷은 무리의 지배자가 되는 대신 한두 마리의 암컷들과만 지속적인 관계를 유지한다. 이것은 패권 쟁취에 실패한 수컷의 차선책으로 보일 수도 있다. 하지만 이러한 수컷들은 하렘을 빼앗거나 지키기 위한 격렬한 싸움에 가담하지 않기 때문에 오래 산다. 컴퓨터 시뮬레이션 결과, 온건한 전략을 채택함으로써 생존 기간이 길어진 수컷들은 일생 동안 더 높은 생식 성공률을 보이는 것으로 나타났다. 블루길의 예에서처럼 두 전략은 안정적 균형을 이루는 것으로 보인다.

이와 같이 통상적이지 않은 방식의 번식 전략은 수컷다움이나 수컷의 힘을 과시하는 데 너무 많은 비용이 필요할 때 진화된 경우가 많다. 수컷의 힘을 드러내기 위해 필요한 비용을 잘 보여주는 사례로 가이스트(Valerius Geist)가 큰뿔야생양을 대상으로 한 연구가 있다. 큰뿔야생양은 숫양 두 마리가 서로 머리를 부딪치는 격렬한 결투를 벌이는 것으로 유명한데, 온 힘을 다해서 뿔을 충돌시키며 서로의 머리를 밀어댄다. 이 결투에서 승리한 수컷은 암컷 무리에 대한 지배권을 얻게 되지만, 이를 위해서는 엄청난 대가를 치러야 한다. 즉, 결투에서 엄청난 충돌을 견딜 수 있을 만큼 강한 뿔을 만들어 자신의 사회적 지위와 싸움 능력을 과시하려면 많은 미네랄과 에너지를 투여해야 한다. 가이스트는 야생에서 발견한 양의 두개골을 관찰하여 이와 같은 뿔을 갖추는 데 필요한 비용을 산출했다. 상대적으로 큰 뿔을 가진 수컷은 일찍 죽는 경향이 있었다. 이는 단순하게 뿔을 키우기 위해 필요한 생리학적 비용 때문으로 추정할 수도 있다. 하지만 가이스트가 추론한 것처럼, 대장 수컷은 자신의 지위를 지키기 위해 체내에 축적된 지방을 모두 소진해야 하고, 결국에는 고산지대에서의 추운 겨울을 견디는 데 필요한 지방까지 고갈되어, 사망률이 다른 수컷보다 5~8배나 높아졌을 수도 있다.

큰뿔야생양 무리에도 도둑 수컷이 있다. 그 녀석들은 싸움은 하지 않고 대장 수컷이 한눈을 파는 사이에 암컷 무리에 달려들어서 번개처럼 교미를 해버린다. 혹은 암컷 한 마리를 다른 암컷들의 하렘 속으로 합류하지 못하게 막고 격리해두기도 한다.

천적과 같은 포식자의 위협은 수컷들의 힘 과시 경쟁을 제약하는 또 다른 요인이다. 암컷을 두고 싸우는 수컷 가재의 무기는 커다란

수컷 가재의 집게발은
천적들로 인해 무한정 크게 진화하지 못한다.

집게발이다. 대부분의 경우 집게발이 큰 쪽이 싸움에서 승리한다. 그러나 새와 같은 가재의 천적들이 먹잇감을 찾을 때 이용하는 전략은 우리가 바다가재를 요리해서 먹을 때와 동일하다. 집게발에는 별다른 수고 없이 먹을 수 있는 고깃덩어리가 가득 들어 있다. 따라서 새들은 사냥감으로 집게발이 큰 놈을 선호하며, 그렇기 때문에 자웅선택에 전략적으로 도움이 되는 수컷의 집게발이 무한정 크게 진화하지는 못하게 된다.

화려한 겉모습이나 춤, 몸짓, 노래 등도 이와 비슷한 상황에 노출되게 된다. 즉, 암컷에게 더 가까이 다가가고 다른 수컷에게는 겁을 주는 수단이지만, 포식자도 끌어들이게 되는 것이다. 수컷 귀뚜라미의 노랫소리를 예로 들어보자. 누구나 한 번쯤은 수컷 귀뚜라미가 날개 끝을 진동시켜서 내는 고음의 노랫소리를 들어보았을 것이다. 귀뚜라미의 노랫소리는 여름의 소리다. 날씨가 더워질수록 노래의 박자가 점점 더 빨라진다. 이는 귀뚜라미가 상당히 정확하게 온도를 감지하며, 노래를 부르는 데 열에너지가 필요함을 시사해준다. 그러나 이렇듯 암컷에게 자신의 존재를 알리는 데 들어가는 비용은 단지 칼로리 소모에 그치지 않는다. 포식자들에게는 귀뚜라미의 노랫소리가 자신을 식탁으로 부르는 초대 소리로 들린다.

온타리오 브록대학 교수인 케이드(Bill Cade)의 관찰에 의하면, 노래하는 수컷의 몸에는 기생파리가 날아들어 유충을 낳아 번식시킨다. 이는 왜 몇몇 수컷 귀뚜라미들이 노래하지 않는지를 설명해준다. 노래하지 않는 녀석들은 노래하는 수컷 옆에 앉아 있다가 노랫소리를 들은 암컷이 수컷에게 다가올 때 중간에 가로챈다. 이러한 전략은 여러 종의 개구리에게서도 관찰할 수 있다. 이들 동물들은 소리를 이용하여 자신을 광고하지만 그 소리는 또한 포식자들을 불러들이는 역할도 한다. 따라서 두 가지 상반된 전략, 즉 노래하기와 침묵하기는 경우에 따라 매우 다른 성공률을 보인다. 포식자나 기생충이 많지 않을 때는 노래하기 전략의 성공률이 높고, 포식자나 기생충이 늘어나면 침묵하기가 유리하다.

놀랄 만큼 상반된 전략을 구사하는 동물들에 대한 관찰 결과를 보면서, 우리는 몇 가지 의문을 제기할 수 있다. 예를 들어, 블루길은 흔히 볼 수 있는 물고기이며 이 종의 생식생물학에 대해 이미 많은 연구가 이루어져 왔다. 박사학위 논문 주제로도 자주 다루는 물고기다. 그렇다면 최근까지 블루길에 대한 연구에서 왜 도둑 물고기를 관찰하지 못한 것일까? 이론에 의해 관찰 방식이 결정될 수 있다는 데서 단서를 찾을 수 있다. 초기의 행동생물학자들은 생물 종들을 비교하거나 종들이 지닌 특수한 행동 유형들을 비교하는 데만 관심을 기울였다. 그렇기 때문에 생물 군집 혹우 종에 속한 개체 모두에 공통적인 유형을 찾는 일이 중요했고, 생물 개체들 사이에서 관찰되는 차이점은 관심을 끌 만한 경우라 할지라도 공통점을 찾으려는 노력을 방해하는 예외적 골칫거리로만 다루어졌다.

생물 종의 진화에 대한 잘못된 이해에서도 그 이유를 찾을 수 있다. 생물체의 행동은 종의 생존을 높이기 위한 것이다. 초기의 행동생물학자들은 자연선택의 원리를 잘못 이해한 경우가 많았고, 생명체는 자신이 속한 종 전체의 이익이 되는 방향으로 행동한다고 해석했다. 예를 들어 저명한 행동생물학자 중 하나인 로렌츠(Konrad Lorenz)는 지배나 싸움과 같은 행동이 진화하는 이유는 최상의 개체만 생식에 성공해야 종의 생존을 굳건히 하고 종 전체에 도움이 되기 때문이라고 설명했다. 이것은 대표적인 오해다.

자연선택은 여러 가지 간단한 사실로부터 도출되는 일사불란한 원칙이다. 건강하게 유지될 수 있는 생명체 무리의 규모에는 제한이 있다. 하지만 무리 속의 각 개체들은 무리가 속한 환경이 먹여 살릴 수 있는 수보다 더 많은 자손을 생산한다. 어떤 개체들은 유전학적으로 생존 능력이나 생식 능력이 다를 수 있다. 번식을 가장 잘하는 개체들이 다음 세대들을 만들어내게 된다. 말하자면, 개체들은 자신이 속한 종의 생존을 위해 행동할 수 없다. 물론 간접적인 방법으로는 가능하다. 개체들은 유전자 속에 내재된 이기심에 따라 행동해야 한다. 유전적 경향이나 행동이 오랜 시간 동안 지속되기 위해서는 그러한 특성을 보유한 개체의 생식이 성공하여 다음 세대로 전달되어야 한다.

이러한 두 가지 서로 다른 관점은 매우 다른 예측으로 이어진다.

오피니콘 호수의 블루길을 다시 예로 들어보자. 개체들이 종 전체의 이익을 위해 행동하고 있다면 몸집이 가장 큰 수컷이 구역을 확보하고 생식하는 데 가장 적합할 것으로 기대할 수 있다. 이 녀석들은 무리가 생존할 수 있을 만큼의 충분한 자손을 번식시켜야 한다. 그리고 끝이다. 좀 더 구체적으로 말하면 커다란 수컷들은 자신들의 유전자를 다음 세대로 전달해줄 구역 확보를 위해 경쟁하고 생식은 평화롭게 진행된다. 집주인 수컷만이 생식에 성공한다고 생각할 때 나올 수 있는 결론이다. 그러나 이런 일은 일어나지 않는다. 성숙한 수컷은 크건 작건 모두 자신의 몫을 더 많이 차지하려 한다. 수컷들은 서로 싸우고 도둑질과 간통을 서슴지 않는다. 서로 속이고 알을 먹거나 바꿔치기 하기도 한다. 이러한 행동을 그 개체가 속한 종의 이익을 위한 일이라고 생각하기는 어렵다. 그러나 자연선택이라는 관점에서 보면 분명 의미 있는 일이다.

'종의 이익을 위한 행동'이라는 관점을 견지하게 되면 동식물의 행동을 잘못 이해할 수 있다. 하지만 이러한 개념은 매우 널리 퍼져 있다. 텔레비전을 비롯한 수많은 매체 속에서 동물 각 개체들의 행동이 지니는 의미는 무시한 채, 모든 것을 종의 생존을 높이기 위한 적응의 결과로 해설하고 있다. 집요할 정도로 지속되는 관점이다. 물론 '종의 이익을 위한 행동'은 호소력을 지닐 수 있다. 그러나 이것은 순전히 우리 인간이 지어낸 말이다. 자연의 영광은 개체 이기주의에 의해 만들어지며, 모든 다양성이 여기에서 출발한다.

# 6. 남자 같은 여자, 여자 같은 남자

곤충학자들은 조금 별종들처럼 생각되는 경우가 많다. 대부분의 곤충들은 국민소득이나 빵의 가격에 아무런 영향을 주지 않는다. 암을 치료하는 데 이용되지도 않고, 맛있거나 모양이 예쁘지도 않다. 그래서 일반 대중들은 곤충학자들에게 큰 관심을 갖지 않으며 곤충학자들은 대중들에게 자신의 일에 대해 설명해주기가 어렵다. 곤충학자가 사람들이 걸어다니는 길이나 도로에서 열심히 무언가를 관찰하고 있으면 지나가던 사람들이 묻는다. 차량들이 모여들고 창문이 열리면 운전자가 머리를 내민 채 소리친다. "지금 뭐하고 있는 거요?" 순진한 곤충학자들은 설명해주려고 하지만 설명을 듣는 사람들 얼굴에는 '이게 무슨 생뚱맞은 소리냐'는 표정이 떠오른다. 곤충학자의 설명은 그들과 아무런 상관이 없어 보이기 때문에 그들은 곧 차에 시동을 다시 걸고는 "별난 사람 다 본다."고 중얼거리며 떠나버린다. 이런 어처구니없는 연구에 자신의 세금이 낭비되는 것은 아닐까 하고 의심하는 사람도 있을지 모른다.

이런 일로 곤충학자들이 의기소침해지지 않기 위해서는 곤충들의 생활이야말로 철학적으로 심오하며 혁명적이라고도 할 수 있음을 떠올리면 좋을 것이다. 곤충들은 우리가 자연적이라 생각하는 체계를 뒤집어버릴 수도 있다. 대부분의 사람들은 어떤 특정한 행동양식에 대해 남성적 혹은 여성적이라 생각하는 것을 자연스럽게 여긴다. 예를 들어 남성들은 자연적·본능적으로 공격적이고 군림하려는 경향이 있으며, 여성들은 피동적이고 수줍어한다는 믿음이 있다. 이와 같은 인식이 보편화된 데는 초기 비교생물학의 권위자였던 아리스토텔레스의 영향이 컸다. 그는 이렇게 주장했다.

"본질적으로 볼 때, 수컷은 좀 더 효율적이고 적극적이며 암컷은 좀 더 수동적이라 볼 수 있다." 그러나 당시의 아리스토텔레스는 거대물장군이나 몰몬귀뚜라미에 대해 알지 못했다. 암수의 특성을 아리스토텔레스처럼 생각하고 있는 사람들이라면 거대물장군의 행태를 보고 깜짝 놀라게 될 것이다. 그리고 큰 곤충을 싫어하는 사람들은 소름이 돋을지도 모른다. 이 녀석들 중에는 우리가 알고 있는 보통 곤충들보다 훨씬 큰 것들이 많다. 남미의 연못에는 무시무시하게 길고 튼튼한 앞다리를 지니고 있을 뿐 아니라 주둥이에 독이 묻어 있는 녀석들이 있다. 어른 손바닥만한 크기다. 미국의 작가 딜러드(Annie Dillard)는《팅커 계곡의 순례자*Pilgrim at Tinker Creek*》에서 이 녀석들이 마치 풍선에서 공기를 빼버리듯이 개구리 몸을 빨아먹는 광경을 보고 느낀 놀라움을 표현한 바 있다. 그러나 이렇게 먹이를 먹는 행태는 그 녀석들의 성별 역할에 비하면 크게 놀라운 것이 아니다. 아리스토텔레스의 견해를 기준으로 본다면 이 녀석늘의 성 역할은 뒤바뀐 것이다.

물장군의 경우 구혼에 적극적인 쪽은 암컷이며, 수컷은 이에 소극적으로 응한다. 암컷이 수컷에게 관심을 갖는 이유는 수컷에게 짐을 지우기 위해서이다. 암컷은 수컷을 알로 덮어버린다. 수컷의 등 전체에 알을 낳아 가지런히 붙여놓은 모양은 마치 총알이 들어찬 탄창처럼 보인다. 수컷의 날개도 알로 덮인다. 이렇게 알로 덮여버린 수컷은 말 그대로 희생을 하는 셈이다.

거대물장군은 앉아서 느긋하게 기다리는 약탈자다. 물속으로 잠수해 수초나 나무 조각 뒤에 숨은 채 운 나쁜 올챙이나 둔감한 희생자들이 사정거리 안으로 헤엄쳐 오기를 조용히 기다린다. 이는 또한 자신을 보호하는 행위도 된다. 이렇게 하면 썩어가는 낙엽처럼 위장되어 보이므로 물새 등 포식자들의 눈을 피할 수 있다. 물장군은 공기로 숨을 쉬지만 대개 물 표면에는 아주 잠깐씩만 떠오른다. 그러나 부화하기 시작하는 물장군의 배아들은 많은 산소를 필요로 한다. 따라서 암컷이 수컷의 등에 산란해놓은 알들은 반드시 물 표면에 떠 있어야 하고, 알들을 보호해야 할 책임을 떠맡게 된 수컷은 항상 물을 출렁이게 만들어 산소가 잘 공급되도록 해야 한다. 그래야만 곰팡이의 공격을 피할 수 있기 때문이다. 수컷의 고난은 여기서 끝나지 않는다. 알의 무게가 만만치 않기 때문에 수컷은 물 표면에서 자유롭게 떠다닐 수 없다. 따라서 막대기나 돌 등에 의지해 있어야 한다. 게다가 날개까지 알로 덮여 있기 때문에 암컷처럼 날아다닐 수도 없다. 이는 작은 연못이나 개울에서 알을 부화시키는 수컷에게 매우 중요한 문제다. 알을 짊어진 수컷은 암컷보다 잡아먹힐 위험이 더 커지는 반면 먹이를 구하기는 더 어려워진다. 그리고 더 좋은 서식지를 찾아 떠나기도 어렵다.

암컷은 자신의 생식 성공률을 높이기 위해 구할 수 있는 만큼 최대한 먹이를 먹어 알 생산에 필요한 영양을 확보하고, 가능한 한 많은 수의 수컷들을 자신의 알로 덮는다. 암컷은 한 번의 교미만으로도 자신의 알을 수정시키는 데 필요한 모든 정자를 얻을 수 있기 때문에 시간을 절약할 수 있고—남는 시간은 먹이를 찾는 데 활용된다—수컷이 눈에 띄기만 하면 어느 때건 알을 낳을 준비가 되어 있다.

수컷은 이 과정에 아무런 권한이 없다. 단지 암컷의 편의를 위한 수단에 지나지 않는다. 하지만 알을 짊어지는 희생을 감수하는 수컷은 암컷에게 자신의 자손을 낳도록 요구하기도 한다. 즉, 수컷이 얻을 수 있는 최대한의 이익은 자신의 정자와 수정된 알을 짊어지는 것이다.

애리조나대학의 곤충학자이자 행동생태학자인 스미스는 소노라 사막의 개울이나 물탱크 등에서 흔히 발견할 수 있는 물장군의 구혼 행태를 연구한 바 있다. 그의 관찰에 의하면 구혼에 좀 더 조심스럽고 소극적인 쪽은 수컷이었다. 암컷이 구혼을 시작하는 경우가 많았고 수컷은 자신의 몸에 암컷이 알을 낳도록 허락하기 전에 먼저 교미할 것을 조심스럽게 요구했다. 실제로 수컷은 암컷이 자신의 등에 2~3개 정도 알을 낳은 후 또다시 교미할 것을 요구했다. 이러한 교미는 '보험성 교미'로 불린다. 알을 짊어질 수컷에게 구혼하는 암컷은 이미 다른 수컷과의 교미에서 정자를 확보한 상태다. 따라서 수컷은 교미를 요구함으로써 암컷이 이미 지니고 있는 다른 수컷의 유전자가 아닌 자신의 유전자를 가진 알을 낳을 가능성을 높이는 것이다.

스미스는 수컷의 실질적인 관심사가 이것임을 밝히기 위해 매우 성교한 방법으로 관찰했다. 우선 그는 유전학적 형질이 다른 대상들을 관찰했다. 즉, 등에 가로 줄무늬를 지닌 것들과 줄무늬를 지니지 않은 것들을 관찰한 것이다. 이는 암컷이 낳은 수정란이 줄무늬를 지닌 수컷과의 교미에서 생긴 것인지 줄무늬가 없는 수컷과의 교미에서 생긴 것인지 알려주는 표지가 되었다. 그리고 일부 수컷의 정관을 잘라낸 다음—내가 알기로는 다리가 여섯 개 이상인 동물에게 시행된 유일한 정관 절제수술일 것이다—암컷과 교미를 시켰다. 암컷은 이 수컷과 교미한 후 수정란을 덮어씌웠는데, 이는 이미 이전에 다른 수컷과의 교미에서 확보한 정자를 이용해 수정한 알이었다. 다른 말로 하면 암컷은 이미 수컷을 덮어씌울 수정란을 확보한 상태에서 수컷을 속이고 서방질을 한 셈이다.

스미스가 관찰한 물장군의 구혼 의식은 아리스토텔레스가 일반화한 이론에 반대된다. 암수 각자의 행동은 암수의 구분이 아니라 자손 양육에 들어가는 상대적 비용에 따라 결정된다. 이 경우에는 수정란을 양육함에 따라 발생하는 손해를 거의 대부분 수컷이 부담하게 된다. 물장군 수컷은 포유동물 암컷이 임신할 때 직면하는 문제들을 고스란히 떠안게 된다. 다시 말해 신체에서 필요로 하는 에너지는 늘어나는 반면 이를 충당하기 위한 먹이를 구하거나 천적으로부터 도망가는 능력은 더 감소한다.

우리는 이 사례를 지극히 예외적인 것으로 무시해버릴 수도 있다. 하지만 그렇지 않다. 몇 종의 새를 비롯한 다른 동물들에서도 이와 같은 행태가 관찰된다. 성 역할이 뒤바뀐 새 중에서 가장 유명한 종은 아메리카물꿩(*Jacana spinosa*)이다. 이 종은 물 위를 걷는 것처럼 보이기 때문에 '예수 새'라고 불리기도 한다(사실은 매우 넓게 생긴 발가락을 물 위에 펼쳐서 지지를 하며 뜰 수 있는 것이다). 남미 열대의 늪지대나 연못에서 주로 서식하며, 날아오를 때는 밤갈색의 몸에서 반짝이는 노란색 날개를 펼치는 매력적인 새다.

물꿩은 일처다부제 시스템 속에서 살아간다. 암컷 한 마리가 많게는 네 마리의 수컷과 교미한다. 수컷 각각은 별도의 알들을 품는다. 물꿩은 암컷이 더 공격적이며 여러 마리의 수컷을 관할하는 자기 구역에서 텃세를 심하게 부린다. 암컷이 수컷보다 몸집이 훨씬 크며 다른 암컷을 제압할 때는 물리력을 이용한다. 암컷은 다른 암컷을 몰아낼 뿐만 아니라 다른 암컷의 알을 파괴하고 그 자리를 자신의 알로 대체하는 경우도 있으며 다른 암컷의 새끼들을 죽이기도 한다. 이는 사자나 원숭이가 하렘을 물려받을 때 다른 새끼들을 죽임으로써 암컷이 빨리 발정기에 이르도록 유도하는 것과 비슷하다.

물꿩 암컷은 자신의 하렘을 키우기 위해 싸움을 벌인다. 암컷의 생식은 수컷이 암컷의 알을 얼마나 잘 품는가에 달려 있다. 늪지대는 침입자로부터 알을 보호하고 품는 데 어려움이 따르지만, 그럼에도 알을 만드는 데 필요한 영양을 공급해주는 먹잇감(곤충)이 풍부하기 때문에 매우 좋은 서식지다.

일부일처제이면서 성별 역할 역전을 보여주는 새들도 있다. 뜸부깃과에 속하는 쇠물닭은 암수가 짝을 이룬 다음 둥지를 틀 자신들의 구역을 확보한다. 둘 중에서 암컷이 싸움에 나서는데, 특히 그들 구역 내로 다른 암컷이 접근해올 때 격렬히 싸운다. 서로 발톱을 세워 상대방을 할퀴는 모습은 닭싸움을 연상시킨다. 이 경우에도 대개 덩치 큰 암컷이 승리한다. 그러나 암컷들은 무엇 때문에 싸우는 것일까? 일부일처제라면 모든 암컷에게 짝지을 수컷이 있을 것 아닌가? 암컷들은 덩치가 큰 수컷을 확보하기 위해 싸운다. 수컷의 덩치가 클수록 둥지를 만들고 알을 품는 능력이 더 우수하기 때문이다.

19세기 자연학자들은 지느러미발도요, 뻑뻑도요, 에뮤 등에게서도 성별 역할 역전 현상을 관찰했다. 그러나 이 현상에 대한 특별한 부연 설명 없이, 단지 예외적으로 성별 역할이 역전된 종들로만 분류했다. 다윈은 에뮤에 대해 이렇게 말했다.

"역할이 완전히 역전되었다. 부모 역할이나 알을 품는 일뿐만 아니라 암수의 통상적 특성들도 역전되어, 암컷이 거세고 공격적이며 시끄러운 반면 수컷은 얌전하고 착하다."

곤충학자 파브르가 관찰한 덱티쿠스 알비프론스(Decticus albi-frons)라는 귀뚜라미의 성별 역할은 더욱 놀랍다.

"수컷은 모래 위에서 거대한 배우자를 향해 누워 있다. 이때 배우자 암컷은 자신의 무기를 꺼내고, 뒷다리를 딛고 높이 선 채 수컷을 꽉 껴안는다. ……이 자세에서 수컷이 할 수 있는 일은 없다. 성별 역할이 역전된 모습 아닌가? 암컷은 피동적인 경우가 많지만 이 경우엔 주도권을 행사하며 거칠게 껴안고 ……수컷을 놓아주지 않은 채 힘차고 급하게 밀어댄다. 수컷 귀뚜라미는 바닥에 등을 대고 누워서 뒹군다. 암컷은 다리를 쭉 뻗고 선 자세에서 자신의 무기를 거의 수직으로 하여 교미 파트너를 덮친다. 자유로운 상태에 있는 다리 두 개는 고리 모양으로 서로 맞댄다. 그리고 곧 수컷의 허리가 격렬히 움직이다가 내장 덩어리를 쏟아내며 고통스런 표정을 짓는다."

파브르가 관찰한 그 덩어리는 정자와 영양분으로 가득 찬 수컷의 정포이다. 흔히 정자를 만들어내는 비용은 암컷의 알에 비해 싸다고 알려져 있다. 물론 이는 정자 하나와 알 하나를 비교했을 때 맞는 말이다. 그러나 파브르가 관찰한 예처럼 한 번의 사정 때 정자가 뭉치로 나오는 경우라면 많은 비용이 들 수도 있다. 이 귀뚜라미 수컷의 정포에는 정자뿐 아니라 단백질이 풍부한 영양분이 들어 있어 암컷이 먹거나 흡수할 수 있다. 여러 종의 귀뚜라미나 여칫과의 암컷들은 몸을 굽혀서 정포의 거의 대부분을 핥아먹으며, 나비 암컷들은 자신의 내장 기관을 통해 영양을 흡수한다. 두 경우 모두 암컷들은 알을 만드는 데 필요한 영양분의 상당 부분을 수컷들로부터 얻어낸다.

정포의 생산 비용은 상당히 클 수 있다. 수컷 몸무게의 절반 정도가 되는 경우도 있다. 그럴 경우 수컷은 정포를 받을 암컷을 신중히 선택해야만 할 것이다. 정포가 있는 나비들 가운데 일부 종에서는 수컷이 늙거나 날개가 찢어져 있거나 몸놀림이 둔한 암컷을 피하는 경향이 있다. 짝짓기 대상으로 삼기에는 너무 부실하다고 느끼기 때문이다. 과일파리 수컷들도 이와 비슷한 의미에서 처녀들과의 교미를 선호한다. 알을 더 많이 만들기 때문이다. 수컷이 정자를 무제한으로 생산할 수 있는 것은 아니다. 염소, 양, 황소, 설치류, 그리고 인간을 포함한 많은 포유동물들과 여러 종의 물고기, 영원류, 곤충들은 정자가 고갈될 수 있다. 한 번 사정을 하면 일정 기간 동안 수컷의 수정 능력이 떨어지고, 다시 그만큼의 정자를 생산하기 위해서는 회복기가 필요하다. 귀뚜라미와 여치처럼 정포가 몸무게의 상당 부분을 차지하는 종들 중에서도 수컷이 평생 동안 사정할 수 있는 횟수가 제한된 것들이 있다. 그리고 이는 성별 역할 역전을 초래할 수 있다.

여칫과의 교미 시스템을 연구한 그윈(Darryl Gwynne)의 관찰에 의하면 레케나 베르티칼리스(*requena verticalis*)라고 명명된 한 종의 암 컷은 수컷의 정포에 담긴 영양분을 이용해 알의 크기와 수를 증가시킨 다. 즉 수컷은 암컷을 위한 자원이 된다. 그렇기 때문에 수컷은 교미 상 대를 신중하게 선택할 수 있고 또 그렇게 해야만 한다.

그윈은 몰몬귀뚜라미 수컷도 거대한 정포를 가지고 있으며 수컷 의 선택이 존재한다는 사실을 확인했다. 암컷 두 마리가 수컷 한 마리 에 접근할 때는 암컷들 사이에 싸움이 벌어지는데, 이때 수컷은 교미할 준비가 되면 암컷들의 무게를 재어본다. 수컷은 무거운 암컷을 선택하 고 가벼운 쪽은 배제한다.

이와 같은 형태의 선택은 물고기에게서도 관찰된다. 큰가시고기 (*Gasterosteus aculeatus*)와 얼룩둑중개(*Cottus bairdi*) 수컷은 암컷을 선 택해야 하는 상황이 되면 덩치가 큰 암컷을 선호한다. 두 경우 모두 수 컷이 새끼 양육에 많은 기여를 한다. 이처럼 양육에 기여하는 수컷은 번식을 위해 필요한 희귀 자원이나 마찬가지다. 그렇기 때문에 암컷은 수컷을 얻기 위해 서로 싸우고 먼저 구혼을 하는 등 '수컷 같은 방식으 로' 행동한다.

그러나 수컷이 교미 상대를 까다롭게 선택하는 다른 이유도 있 다. 즉, 수컷이 새끼 양육에 전혀 기여하지 않을 때도 선택권을 쥔 경우 가 있다는 것이다. 이는 바로 암컷의 상태에 따라 수컷이 선택권을 행 사하는 경우다. 이때 수컷은 새끼 양육보다는 암컷의 첫번째 교미 상대 가 되기 위해 커다란 노력을 기울여야 한다. 존슨(Leslie Johnson)과 허 벨(Steve Hubbell)은 긴코바구미(snout weevil)들에게서 이러한 행태를 관찰했다. 긴코바구미들이 교미를 위해 벌이는 시합은 자연에서 볼 수 있는 가장 극적인 장면 중 하나일 것이다. 나는 코스타리카 과나카스테 주의 건조한 산림지대를 등산하던 중 인디언 나무를 본 적이 있다. 쓰러진 지 얼마 되지 않아 보이고 잎이 다 떨어진 나무였는데, 구릿빛을 띤 매끈한 껍질로 금방 알아볼 수 있었다. 아직 살아 있는 나무의 윗부분에는 검은 바탕에 밝은 노란색 줄무늬가 있는 바구미들이 마치 장식품처럼 붙어 있었다. 바구미들은 무리를 이루고 있었는데, 일부 수컷들은 길게 생긴 주둥이를 지렛대처럼 이용해 몸집이 크고 튼튼하게 생긴 암컷에게서 다른 수컷들을 떼어냈다. 수컷은 기회만 되면 언제나 암컷과 교미했으며, 암컷은 나무에 구멍을 파서 알을 낳았다. 수컷은 새끼 양육에 전혀 기여하지 않기 때문에 수컷이 암컷에게 선택권을 행사할 이유가 없어 보였다. 그럼에도 존슨과 허벨은 수컷들이 선택권을 행사하는 모습을 관찰했던 것이다.

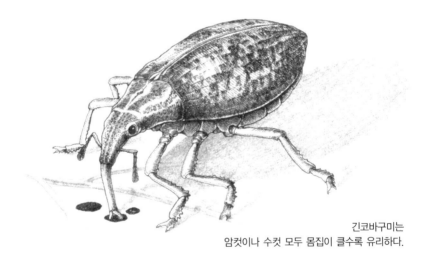

긴코바구미는
암컷이나 수컷 모두 몸집이 클수록 유리하다.

긴코바구미 수컷은 암컷과 마찬가지로 크기가 매우 다양하다. 어떤 성충은 다른 성충보다 몸집이 20배나 크다. 큰 수컷들은 엄청나게 긴 주둥이—실제로는 머리가 길어진 것이다—를 이용해서 암컷에게 접근한 다른 경쟁자 수컷을 때리고 던져버린다. 가장 큰 수컷이 교미에서 유리한 위치에 선다. 그러나 그렇다고 해서 무한 권력을 행사할 수는 없다. 아무 암컷에게나 자신의 정자를 무조건 전달해줄 수는 없고 그렇게 하지도 않는다. 선택권을 지닌 큰 수컷은 큰 암컷을 고르는데, 이는 몸집이 큰 암컷일수록 많은 알을 낳을 것으로 예상될 뿐 아니라 나무에 붙어사는 이 종들을 공격하는 기생충에 대한 저항성도 강해 보이기 때문이다. 존슨과 허벨의 관찰에 따르면, 몸집이 큰 수컷은 암컷의 선택을 위해 싸울 뿐만 아니라 작은 암컷들을 쫓아버리기도 한다. 즉 자신이 이미 교미를 한 큰 암컷 주위에서, 작은 암컷이 알 구멍을 뚫고 있으면 때려서 내쫓는 것이다. 수컷이 주위에 있는 작은 암컷들과도 교미하면 더 많은 유전자를 퍼뜨릴 수 있지 않을까 생각될 수도 있다. 그러나 유충들은 서로 경쟁 상대다. 작은 암컷의 유충은 결국 큰 암컷이 생산한 유충과 경쟁하게 될 것이다. 그러므로 수컷은 작은 암컷에 대해 자신의 유전자를 전달할 수 있는 또 다른 기회로 여기기보다는 위협으로 간주한다. 이는 수컷이 자손들의 수를 늘리기보다는 질을 높이기 위한 선택을 하는 사례로 볼 수 있다.

이러한 관찰은 여러 가지 면에서 매우 의미 있다. 암수에 따라 여성적 혹은 남성적 행동양식이 원래부터 존재한다는 생각을 뛰어넘게 만들기 때문이다. 구혼, 구역확보, 공격적 성향 등은 암수가 각각 투입하는 시간 및 자원의 상대적 크기에 따라 결정된다. 이러한 이론에서는

투자로 발생하는 비용과 이익에 따라 여성적 혹은 남성적 행동이 나타
난다고 본다.

이와 같은 인식을 형성하는 데 가장 큰 기여를 한 것은 곤충들에
대한 연구다. 곤충은 그 종류가 가장 많고 개체의 총 수도 다른 어떤 동
물들보다 더 많다. 그러므로 곤충의 세계에는 암수의 성별 역할에 관한
사례가 가장 많을 것이다. 그러나 어떤 이들은 곤충들의 행태가 자신들
과 전혀 상관없다고 생각한다. 미국의 풍자가 윌 쿠피(Will Cuppy)는 생
물학자들이 "바다 성게를 관찰해 오랑우탄의 심리를 속속들이 파헤친
다."며 비꼰 적이 있다. 이는 물론 어리석기 짝이 없는 말이다. 하지만
과학의 과제는 분명 '일반화 이론의 발견'이라는 사실을 부정할 수는
없다. 따라서 생물학적 진실은 종의 분류를 뛰어넘어야 한다. 생물학에
서는 일반화 이론을 만들고 검증하고 정교화하기 위해 다른 생명체들
을 비교한다.

존 스타인벡(John Steinbeck)의 소설 《통조림 공장가Cannery
Row》에서 독과 헤이즐은 검은색 방귀벌레 한 무리가 공중으로 꼬리를
흔들어대는 모습을 관찰하고 있다. 생물학자인 독은 이렇게 말한다.
"놀라운 것은 저 놈들이 꼬리를 흔들며 공중으로 독가스를 뿜어내는 모
습이 아니야. 실제로 믿을 수 없을 만큼 놀라운 것은 우리가 발견한 것
을 제대로 받아들이지 못한다는 사실이지. 우리는 단지 우리들의 잣대
로 모든 것을 바라볼 수 있을 뿐이야." 그 역도 진실이다. 우리가 인간
을 이해하기 위해서는 다른 생명체 종을 잣대로 이용할 수 있다.

# 7. 낙태와 영아살해

암컷에게는 자신의 새끼를 살해하는 습관이 있다. 벚나무에서부터 인간에 이르기까지 모든 종류의 생명체들은 배아를 낙태시킨다. 새끼를 질식시키거나 잡아먹거나 버린다. 이보다 더 불가사의한 현상을 찾을 수 있을까? 자신의 유전자를 후세에 전달해줄 생명체를 파괴하는 것이 가능할까? 그러나 낙태는 많은 종들의 생명 역사에서 한 부분을 차지하며 진화해왔다.

일부 학자들은 낙태가 개체수를 줄이기 위한 적응 행위이거나 사회적 스트레스로 인해 발생하는 부수적 현상이라고 설명한다. 이와 관련해 생물학자인 윈–에드워드(B. C. Wynne-Edwards)는 생물 집단이 자체 조절 기제를 진화시켜왔다고 주장한다. 사실 이는 인류학자들이 찾고 있던 이론이기도 하다. 인간은 앞날을 어느 정도 예측하는 능력을 가진 생명체다. 그런 인간이 만약 식량 부족으로 인한 절멸 사태에 직면하길 원치 않는다면 스스로 인구밀도를 조절하게 될 수 있다. 예를 들어 인류학자인 해리스(Marvin Harris)는 영아살해를 환경에 대한 적응행위로 본다. 즉, 인간이 스스로 인구밀도를 적정하게 조절하기 위해 영아 살해를 이용한다는 것이다. 또 다른 인류학자인 버드셀(J. B. Birdsell)은 이렇게 주장했다.

"대부분의 인구통계학자들은 정상적 출생률과 다른 요인들—예를 들어 여성의 기동성—의 기능적 연관성 때문에 낙태, 수유 금지 등의 행태가 생겨난다는 데 동의한다. 이는 실제로 인구 규모를 적정 지점, 즉 집단에서 부양 능력이 있는 수준 아래로 유지시키는 효과로 나타나며 그 지점을 상한선으로 인구 규모는 반전을 거듭한다."

이는 물론 그럴듯한 생각이지만, 진화는 자원을 관리할 때 적용되는 원칙에 의해서만 진행되는 것이 아니다. 인간은 자신이 속한 집단의 부양능력이 임계점에 다다르면 자신의 아이보다는 타인의 아이를 희생시키려 할 것이다. 과연 공동의 이익을 위해 자신의 아이를 먼저 죽이려는 사람이 있을까? 만약 인간의 낙태행위가 다른 종의 경우처럼 유전자에서 비롯된 것이라면, 각각의 세대에서 집단 전체의 이익을 위해 자신의 아이를 낙태시키는 사람은 그렇지 않은 사람에 비해 그 개체수가 점점 적어질 수밖에 없다.

인구 조절을 위한 낙태는 자신의 후손을 희생시키는 당사자에게는 생물학적인 의미가 없다. 이러한 선택을 하는 개체가 있다 하더라도 매우 드물 것이다. 즉, 개인의 희생, 이 경우에는 낙태를 토대로 집단의 이익을 추구하는 것은 지나치게 이타적인 전략이기 때문이다.

다른 관점을 취하는 인류학자들도 있다. 인간 생식에 관한 한 저명한 학자 중 하나인 포드(C. S. Ford)는 다음과 같이 말한다.

"대부분의 사회에 신생아를 죽여서는 안 된다는 규정이 있다는 것은 무얼 의미할까? 이는 달리 보면 아이를 가진 엄마들에게 자기 아이가 없었으면 하고 바라는 경향이 내재되어 있음을 말해주는 것이기도 하다. 그렇지 않다면, 다양한 사회 속에서 영아살해를 금지하는 사회적 규정이 보편적으로 발달해 있는 이유를 설명하기 어렵다."

그러나 자신의 자손을 살해하려는 경향이 본능 속에 내재되어 있다는 가정은 진화론적으로 아무런 의미가 없다. 그것은 프로이트학파가 인간 본성에 죽음의 본능이 있다거나 부모와의 근친상간 욕구가 있다고 주장하는 것과 마찬가지다. 인간이라는 기계에 그러한 부품들이 내재되어 진화한다는 것은 사실상 불가능한 일이며 적응의 관점에서도 전혀 의미가 없다.

따라서 낙태를 설명할 때 이와 같은 두 가지 관점, 즉 개체의 밀도를 유지하기 위한 이타적 낙태로 보는 관점과 자기 자손을 죽이려는 병적인 본능 때문이라는 관점은 모두 그대로 적용할 수 없다. 그 대신 우리는 낙태나 영아살해를 실행한 개체와 실행하지 않은 개체에게 어떤 결과가 나타났는지를 살펴보아야 한다. 이러한 접근방법은 인간뿐만 아니라 가래상어 같은 동물이나 아스클레피아스(박주가릿과에 속하는 유액 분비 식물) 같은 식물의 전략을 살펴보는 데도 도움을 준다.

병적인 본능이나 이타심과는 전혀 다르게, 많은 경우 암컷은 생식 성공률을 높이기 위한 전략으로 낙태를 한다. 모든 암컷과 수컷은 자신들이 만들고 양육할 수 있는 자손의 수보다 훨씬 많은 생식체(난자와 정자)를 만들어낸다. 암컷은 새끼를 임신하고 양육하기 위해서 상당한 생리학적 비용을 투여해야 하는데, 이때 자손의 수와 질 사이에 충돌이 발생할 수 있다. 즉, 임신의 증가와 양육의 과제가 대립되는 지점에 있는 것이다.

인간의 경우에도 질과 양 사이의 갈등은 극명하게 드러나는데, 특히 자원이 부족한 빈곤 계층에서 두드러지게 나타난다. 유니세프(UNICEF, 국제아동기금)의 자료를 보면 부적절한 시기에 임신할 경우 평생에 걸친 여성의 신체 건강에 악영향을 주는 것으로 나타났다. 또한 너무 어리거나 너무 나이 들어서 임신을 하면 영아사망률이 높게 나타났다. 예를 들어, 20세 이전의 여성에게서 태어난 아이는 25~29세 여성의 아이보다 영아사망률이 두 배 높다. 출산 간격이 짧은 경우에도 영아사망률이 높다. 예를 들어, 출산 간격이 1년 이하면 간격이 2~3년인 경우보다 영아사망률이 두 배 높다. 그리고 한 여성이 출산한 아이의 수가 늘어날수록 영아사망률도 높아진다. 자녀의 수가 다섯 명인 가족의 아이가 사망할 가능성은 자녀가 한 명인 가족의 아이보다 두 배나 높다.

임신을 너무 많이 하게 되면 영아의 생존이나 건강에 직접적인 영향을 미칠 뿐 아니라 임신 당사자인 엄마의 건강에도 문제를 발생시킬 수 있다. 인간처럼 상당 기간 동안 부모가 자녀를 돌봐야 하는 종에서는 엄마가 자녀 양육의 과제를 마칠 때까지 충분히 오래 사는 것이 중요하다. 역설적이게도 자녀를 많이 낳으면 낳을수록 그다음 세대에서는 더 적은 수의 자손이 생산될 가능성이 높아진다. 너무 많은 자녀를 낳으면 양육의 과제를 마치기 전에 죽을 수도 있기 때문이다. 그러므로 많은 수의 자녀를 낳는 여성이 적정한 수의 자녀를 낳는 전략을 채택한 여성보다 후손을 더 적게 만들 수도 있게 된다.

이용 가능한 자원의 양도 낙태와 영아살해에 영향을 준다. 토마토가 좋은 사례다. 토마토에 그늘을 씌우거나 잎을 제거해버리면 광합성을 통해 모을 수 있는 에너지의 양이 줄어들게 된다. 토마토는 이에 대한 반응으로 꽃이나 열매의 일부를 발육 정지시킨다. 발육 정지된 자손들은 유전적 결함으로 설명되지 않는다. 왜냐하면 발육 정지된 자손들을 모아서 영양이 풍부한 성장 배지로 옮겨 재배하면 크고 건강한 토마토로 자라기 때문이다.

포유류에서는 어미의 건강이나 영양섭취가 불량할 경우 배아를 다시 흡수해버리는 생식전략을 흔히 볼 수 있다. 토끼나 쥐, 비버 등은 수정된 배아를 생리적으로 죽여서 신체 내로 다시 흡수할 수 있다. 집쥐는 갓 태어난 새끼를 양육하는 시기에도 임신할 수 있지만, 갑자기 많은 젖이 필요하게 되면 착상된 배아를 흡수해버린다.

장래의 양육에 대한 투자비용을 줄이기 위해 영아살해를 하는 것은 그다지 효과적인 방법으로 보이지 않지만, 어쨌든 설치류는 이 방법을 흔히 실행한다. 생쥐가 기르는 새끼의 수는 다양하다. 영아살해나 체내 흡수는 대부분 새끼의 수가 평균 이상이어서 그 수를 감소시켜 '정상화' 해야 할 때 이루어진다. 새끼의 숫자와 성장속도, 어미의 수유능력 등을 연구하는 한 실험에서는 여덟 마리의 새끼를 가진 생쥐가 새끼 한 마리를 죽이고 나머지 일곱 마리에게만 젖을 나눠주는 것이 관찰되었다.

수렵채집 사회에서는 한 명 이상의 아기에게 충분한 양의 젖을 먹이기 어렵기 때문에 쌍둥이가 태어났을 경우 살해하는 풍습이 존재했다. 또한 이곳저곳을 떠돌아다니던 유목 사회에서는 여러 명의 아이들을 데리고 다니기 어렵기 때문에 쌍둥이 살해가 정당화되기도 했다.

이와 같은 풍습은 오랜 세월 동안 인간의 역사를 관통해 존재해왔으며, 지금도 수렵채집 사회에서는 엄격하게 적용되고 있다. 오스트레일리아 원주민 부족의 영아살해율은 20~40퍼센트에 달한다.

인간의 영아살해에서 두드러진 특징 가운데 하나는 살해 대상이 주로 여자아기라는 점이다. 이누이트족 사회에서는 남녀 성비의 편차가 매우 커서 남아 두 명당 여아 한 명꼴로 부양된다. 인도와 중국의 상류층 사회에서는 모든 여자아기를 살해하는 경우도 있다. 여아에 대한 선택적 살해는 남아메리카나 뉴기니, 그리고 오스트레일리아의 원주민 사회에서도 관찰된다. 이들 사회는 대부분 일부다처제로 지위가 높은 남성이 여러 명의 아내를 거느릴 수 있다. 이는 곧 결혼하지 못한 남성이 있음을 의미한다. 인구의 효율성이란 관점에서 볼 때 이렇게 남는 남성은 죽어서 없어져야 한다. 어느 정도까지는 이것이 사실이다. 이와 같은 사회에서는 국가 간 전쟁, 부족 간 싸움, 그리고 사냥 중의 사고 등으로 남성의 사망률이 여성에 비해 훨씬 높다. 그러나 이와 상관없이 여아를 대상으로 한 선택적 영아살해는 계속 행해진다.

부모가 가진 양육 자원의 한계 때문에 경제적 전략의 일환으로 여아살해를 채택하는 경우도 있다. 인도나 중국에서는 딸을 시집보낼 때 많은 지참금을 주어야 하기 때문에 여아살해 풍습이 성행된다. 역으로 아들을 키우게 되면 장차 지참금을 받는 입장이 될 것이다. 좀 더 '원시적인' 사회에서는 전통적인 여성 노동이 금전적 가치를 갖지 못하거나, 남성들이 사냥이나 임금노동 등을 통해 얻는 성과나 자원과 비교할 때 중요성이 훨씬 떨어진다. 그리고 가부장적 사회에서는 아들 위주로 구성된 가족이 딸 위주로 구성된 가족보다 강한데, 딸은 결국 시집

가서 다른 가족에게 편입되어 흩어질 수밖에 없기 때문이다.

그러나 영아살해나 낙태가 흔한 이유를 자원 하나만으로는 설명할 수 없다. 자손의 질에 대한 조절 역시 낙태와 영아살해의 원인이 된다. 일부 인류학자들에 따르면 결함 있는 개체를 제거하는 것이 집단을 순수하게 유지하는 방법이 되기도 한다. 그러나 이것은 사용할 수 있는 자원이 제한되어, 부모들이 결함 있는 자손보다는 건강한 자손에게 투자하기를 선호할 때 나타날 가능성이 많다. 인간 사회, 특히 흔히 말하는 원시사회에서는 여러 선천적 결함을 가지고 태어나는 아동 대부분을 제거하는데, 대개 부모가 이를 결정한다.

암수의 생식체가 수정되면 각 개체의 염색체가 섞이는 과정에서 많은 조합들이 생겨나는데, 이 중에는 결함 있는 조합도 포함되어 있다. 사실 이러한 결함은 너무나 흔히 나타나기 때문에, 인간의 자궁에는 일정 수준에 도달하지 못한 자손들을 걸러내는 기능이 있는 것으로 보인다. 영양 상태가 좋고 건강한 여성에게서도 자연유산이 흔히 발생하는 이유 가운데 하나가 바로 이것이다. 수정된 배아들 중에서 최소 25퍼센트에서 최대 75퍼센트 정도가 출생으로 이어지지 못한다. 여성은 도덕적·윤리적·문화적 신념과는 관계없이 자연유산을 경험한다. 그들의 신체가 수정된 배아를 생리적으로 거부하기 때문이다. 보통의 여성이라면 평생 동안 생산할 수 있는 난자가 400개 정도이지만, 최대 10여 명 정도의 자녀를 부양할 수 있는 자원을 가지고 있을 뿐이다. 그러므로 자궁은 선택을 해야만 한다. 자연유산된 배아의 유전자에는 이상이 있는 경우가 많다는 사실로 볼 때, 자궁이 유전학적으로 걸러내는 기능을 가지고 있다는 설명은 상당한 설득력이 있다. 산모의 연령이 높을수록 다운증후군 아기가 태어날 확률이 높아지는 것은 결함을 걸러내는 자궁의 기능이 노화되었기 때문에 나타나는 직접적인 결과로 해석될 수 있다.

유전적 결함을 걸러내는 기능은 모체의 자원을 효율적으로 투입하게 해줄 뿐만 아니라 자웅선택에 있어서도 중요한 역할을 한다. 이는 암컷에게 교미의 선택권이 없는 경우에 특히 중요하다. 암컷은 활용할 자원이나 수정 상대가 될 배우체를 어느 정도 선택할 수 있어야 한다. 동물들은 교미 상대의 질을 직접적으로 평가하거나 최소한 수컷들 사이의 경쟁을 통과한 승리자를 고르는 방법을 이용할 수 있다. 그러나 식물이나 굴, 조개 등 고착동물들은 교미 상대의 선택이 어렵다. 암컷은 꿀벌의 배에 묻어오거나, 파도나 바람에 실려 오는 상대와 수정할 수밖에 없다.

물론 식물 암컷은 꽃가루 사이에서 벌어지는 수컷끼리의 경쟁을 통해 선택할 수 있다. 즉, 꽃가루는 난모세포를 품고 있는 밑씨에 도달하기 위해 꽃가루관을 길게 뻗어 암술을 전속력으로 헤쳐 나간다. 용맹성을 겨루는 시합과 비슷하다. 그러나 이때 정핵을 난모세포에 수정시키기 위해 전속력으로 뻗어 나가는 꽃가루관의 성장은 암수 배우체들이 좋은 조합들을 만드는 데 효과적인 방법이 되지 못한다. 그래서 암컷이 선택한 해결책은 정핵과 난모세포를 필요한 것보다 더 많이 수정시킨 다음 나중에 결함 있는 것들을 죽여 버리는 것이다.

벚나무는 이러한 기능을 암컷의 생식생리 속에 포함시켰다. 벚나무의 모든 열매, 즉 버찌들은 두 개의 난모세포에서 시작된다. 두 개의 난모세포 모두 수정되지만, 그중 하나만 살아남아서 열매가 된다.

다른 하나는 열매가 사람에 따라 영양 결핍으로 죽게 된다. 이와 같은 방법을 극단적으로 사용하는 나무들도 있다. 열대 지역에서 자라는 케이폭 나무(*Ceiba pentandra*)는 씨앗을 싸고 있는 가벼운 솜털이 베개나 구명장비에 이용되는데, 열매 하나가 완전히 성숙될 때까지 1000개의 꽃이 떨어진다. 케이폭은 고도의 타화 수분을 하는 나무로 새롭고 다양한 유전자 조합들이 많이 만들어지고, 이 과정에서 발육이 정지된 채 죽어버리는 배아도 많이 발생한다. 반면 자화 수분을 주로 하는 식물은 수정을 통해 유전적 다양함을 얻지 못하기 때문에, 제거 대상으로 선택할 변종도 거의 없다. 자손의 유전적 질과 모체의 가용 자원 사이의 상호작용은 농작물에서도 관찰할 수 있다. 예를 들어 오이는 자화 수분, 교차 수분, 타화 수분이 모두 가능하다. 농부나 종자상이 자화 수분 씨앗을 얻길 원하면 교차 수분된 오이를 모두 떼어내야 한다. 만약 그렇게 하지 않으면, 오이 줄기는 교차 수분된 오이들에만 모든 영양을 공급하고 자화 수분된 오이들은 고사시켜버릴 것이다. 이것은 오이의 입장에서는 의미 있는 일이다. 일반적으로 자화 수분된 오이 열매는 교차 수분을 통해 유전적으로 다양해진 오이 열매보다 생명력이 약하고 강인하지 못하다. 오스트레일리아 원산의 마카다미아 나무 열매에서도 마찬가지다. 한 나무의 모든 씨앗들이 낮은 곳에 위치하여 자화 수분을 통해서만 열매가 맺힌다면 별 문제 없이 성장할 수 있다. 그러나 나무가 크고 숲을 형성한다면 교차 수분된 열매만이 살아남고 자화 수분된 열매들은 고사할 수밖에 없다.

　　이러한 연구에서 의문 하나를 제기할 수 있다. 식물들은 왜 자신이 키울 수 있는 능력보다 많은 수의 꽃을 피우는 것일까? 너무나 소모적이고 낭비인 것 아닐까? 자웅선택 과정에서 암수한몸의 식물이 과다 생산될 수 있다. 씨앗을 만들어 암컷 기능을 주로 하는 식물은 수정과 양육에 투입되는 과도한 비용으로 금방 열매가 고사되어버릴 것이다. 완두콩이나 대두처럼 호르몬 피드백 시스템을 갖춘 식물들은 콩의 꼬투리가 자라남에 따라 신호를 보낸다. 이러한 신호는 꽃의 생산을 중지시켜서, 자라고 있는 콩에 공급될 영양자원을 충분히 남겨둘 수 있다. 농부들이 콩 열매가 아직 어리고 부드러울 때 따주어야 하는 이유가 여기에 있다. 즉, 콩 줄기가 계속해서 꽃을 피우고 새로운 꼬투리를 맺게 하기 위해서다. 그러나 자웅선택은 이러한 전략을 넘어선다. 꽃의 수컷 기능, 즉 꽃가루 생산과 전파에 큰 가치가 있지만 비용은 적다면 그 식물은 열매가 고사하더라도 꽃을 만들어내는 데 주력할 것이다. 성공적인 꽃가루 전파는 정확히 같은 숫자의 유전자를 퍼트리는 데 성공했음을 의미하기 때문에, 계속해서 꽃을 만드는 일은 죽어갈 열매를 상쇄하고도 남는 가치가 있다.

자손의 성별에 따라 낙태가 선택되는 경우도 있다. 고도의 일부 다처제 체계에서는 나이 많고 크고 건강하며 영양 좋은 수컷만이 교미 구역을 독차지하지만, 암컷들은 그 생명력에 관계없이 모두가 다 교미 상대가 될 수 있다. 이런 상황에서 암컷의 건강 상태가 좋지 않고 어미로서의 자원도 부족하다면 그 암컷은 암컷 새끼에게만 투자한다. 반면 건강 상태가 최상인 암컷은 이와 정반대의 전략을 구사한다. 즉, 암컷이 살아가면서 생식과 양육에 필요한 자원을 많이 확보하게 되면 암컷이 아닌 수컷 새끼 낳기로의 전환이 일어난다. 이와 같은 성별 비율의 조절 전략은 설치류의 선택적 낙태 유형을 설명해준다. 암컷 생쥐에게 영양이 결핍된 먹이를 제공하면 새끼들의 크기가 줄어들고 주로 암컷 위주로 구성된다. 이는 생쥐가 임신 중에 수컷만 선택적으로 낙태시키고 베이를 흡수하기 때문이다. 출생 후에도 이러한 선택은 계속된다. 암컷 숲쥐(wood rat)는 먹이가 부족해지면 새끼 중에서 수컷을 선택적으로 굶겨 죽이고 암컷에게만 영양을 집중해 공급한다.

'안전한 선택'을 위해 과잉 생산한 후 환경에 따라 선택적으로 낙태하는 전략을 구사하는 경우도 있다. 환경이 예측 불가능하거나, 날씨의 변덕, 꽃이나 열매를 먹는 벌레의 공격, 질병의 위험 등에 노출되어 있는 상황에서는 부모가 키울 수 있는 자손의 수를 확신할 수 없다. 식물의 경우 여건이 좋은 해에는 모든 꽃들을 이용할 수 있지만 나쁜 해에는 대부분 고사시켜버릴지도 모른다. 따라서 선택적 낙태는 환경의 변동에 따라 투자를 조절할 수 있는 방법이 된다.

수정된 배아들은 성장할 때까지 모체의 영양분을 놓고 서로 경쟁하기 때문에 죽음에 이를 정도로 치열한 경쟁을 벌일 수밖에 없다. 매 같은 맹금류나 왜가리, 해오라기 같은 새들은 카인과 아벨 식으로 새끼를 키운다. 이들은 알을 두 개 낳지만, 부화된 새끼 중 하나가 다른 하나를 부리로 찍거나 먹이를 뺏고 심지어는 아직 날지 못할 때 둥지 바깥으로 밀쳐내어 죽인다. 부모에게서 자신과 가장 가까운 유전자를 물려받은 형제의 살해는 이들에게 매우 절실한 과제라고 보아야 한다. 이러한 새들은 어미가 보통 한 계절에 새끼 한 마리만을 키운다. 그럼에도 두 개의 알을 낳는 것은 '안전한 선택'을 위해서라고 할 수 있다. 여건이 좋은 계절에는 두 마리 새끼를 모두 키울 수 있다. 형제간 싸움의 대부분은 먹이를 둘러싸고 벌어지므로, 만약 먹잇감이 넘친다면 싸움도 줄어들 것이다. 또한 두 개의 알을 낳으면 그중 하나가 부화하지 못하거나 손상당했을 때를 대비할 수 있다.

　이론적으로 형제 살해는 근본적으로 부모–자식 갈등의 사례라고 볼 수 있다. 자식은 가능한 한 크게 성장하려고 노력하며, 이를 위해 형제까지 살해한다. 형제가 생겼을 경우 자기 혼자일 경우보다 유전적으로 얻을 수 있는 이익이 절반으로 줄어든다. 한편, 부모의 입장에서 본다면 자신들의 유전자를 후세에 최대한 전달하기 위해서는 하나의 거대한 자식보다 중간 크기의 자식 여럿을 생산하는 편이 좋다. 많은 조류들이 어미 새의 통제 아래 새끼의 수를 줄여간다. 어미 새는 시간차를 두고 알들을 낳기 때문에, 부화된 새끼들의 크기에 차이가 생길 수밖에 없다. 아주 예외적인 상황이 아닌 한 가장 어린 새끼는 죽어야 할 운명이다.

　북극지방에서 사는 흰멧새는 며칠에 걸쳐서 여섯 개의 알을 낳는데, 이때 태어난 새끼들은 각각 크기가 다를 수밖에 없다. 먹이가 부족할 때는 새끼들의 크기에 따라 먹이를 분배하기 때문에, 더 자주 먹어야 하는 막내는 오히려 충분한 영양을 공급받지 못한다. 먹이를 달라고 열심히 조르는 새끼들에게 더 많이 주게 된다. 이런 새끼들은 태어난 지 더 오래되고, 강하고, 눈에 띄는 녀석들일 수밖에 없다. 따라서 먹잇감이 부족한 해에 작은 새끼들은 굶주려야 한다. 이때 죽게 되는 작은 새끼들은 어미 새의 '안전한 선택'을 위해 생산된 것들이라고 할 수 있다. 예측할 수 없는 세계에 적응하기 위해 새끼를 희생시키는 것이다.

　어떤 종들은 수정된 배아들이 자라나기 시작할 때 형제 살해를 자행하기도 한다. 예를 들어 가래상어와 일부 도롱뇽은 어미의 자궁 안에서 형제들끼리 서로 잡아먹기 시작한다. 만약 이와 같은 형제 살해가 유전적으로 결정되어 있는 것이라면, 이는 더 강한 새끼를 얻기 위한 부모의 적응의 결과라고 볼 수 있다.

이번 장에서 살펴본 것처럼 영아살해나 낙태는 흔히 볼 수 있는 암컷의 생식전략으로, 자손의 질과 수 사이의 균형을 조절하기 위해 이용된다. 그러나 이러한 조절 행위가 암컷에게만 국한되는 것은 아니다. 중요한 점은 이런 행위를 통해 자기 자손을 파괴한다는 것인데, 보통의 경우 수컷에게는 자손을 죽일 기회나 동기가 거의 없다. 그러나 수컷이 자손 양육에 기여하는 바가 클 경우에는 수컷에게도 암컷과 같은 문제가 발생한다. 즉, 자원을 어떻게 배분할 것인가? 수컷에 의한 자손 살해는 큰가시고기 같은 물고기들에서 발생한다. 큰가시고기 수컷은 둥지를 만들고 암컷으로부터 받은 알을 보호한다. 수컷은 구혼의 성공 정도에 따라 여러 암컷의 알 무더기를 받는데, 이때 자신이 수정시킬 수 있는 알 무더기의 수를 증가시키기 위해 수정란 중 일부를 먹잇감으로 삼켜버린다. 만약 먹이를 구하기 위해 둥지를 떠나면 약탈자들이 들이닥칠 것이기 때문이다. 그러므로 수컷으로서는 장기적으로 전체 생산을 최대한 늘리기 위해 자손을 먹어버리는 단기적 희생이라도 치를 수밖에 없는 것이다. 북아메리카 앨리게니 산맥에 서식하는 장수도롱뇽 역시 자신의 알 가운데 일부를 먹는다.

예측 불가능한 자원으로 살아가는 동식물들에게는 낙태와 영아살해가 가지는 적응의 의미가 크다. 그러나 인간에게 적용해보면 모순되는 부분이 있다. 출산율이 낮고, 배우자를 선택할 기회가 많으며, 자

북아메리카 장수도롱뇽.
자신의 알로 만찬을 즐겨 얻는 이익은 무엇일까?

원을 합리적으로 이용할 수 있는 종에게 낙태는 큰 의미가 없다. 이것은 일부 사회에서 개인에게 이익이 될 경우에도 낙태라는 전략의 이용을 허용하지 않는 이유일 것이다. 반면 계속되는 싸움 속에서 살아가는 종족들, 예를 들어 기독교, 이슬람교, 유대교 등이 시작되었던 종족들에서는 집단적인 선택이 필요했다. 이들은 종족 간의 빈번한 싸움 과정에서 희생되는 손실을 보충하여 경쟁력을 확보하기 위해서라도 높은 출산율을 유지할 필요가 있었다. 공동체의 기능과 안전 그리고 완결성을 강화하기 위해서는 개인의 권리를 존중하기보다는 낙태를 통제하는 방향으로 발전해올 수밖에 없었던 것이다. 그럼에도 낙태는 여전히 인간의 생식전략에서 중요한 부분을 차지하고 있다. 그리고 이것은 개인의 이기심이 얼마나 강하게 작용하는지 보여준다. 사실, 낙태는 전 세계적으로 출산율 조절에 이용되는 가장 중요한 수단이다.

낙태는 '더 적은 것이 더 많은 것'이라는 받아들이기 어려운 역설을 안고 있기도 하다. 일부 사회, 그리고 일부 여성들은 성공적인 생식을 위해 낙태와 영아살해를 이용해왔고 지금도 그렇게 하고 있다. 믿기 어려운 일이지만 사실이다. 고아나 버려진 아이들에 대한 사회적 보호가 철저하고 영아사망률이 낮은 부유한 산업사회라 할지라도 잠재적 존재를 모두 사회의 일원으로 받아들이기란 쉬운 일이 아니다. 정자와 난자 세포의 각 쌍들마다 새로운 인간 존재가 될 잠재력이 있지만, 그 둘이 합쳐졌을 때는 잠재력이 실제의 인간 존재로 되기까지 숱한 난관들을 극복하는 긴 과정을 통과해야 한다. 물론 오늘날의 부유한 산업사회에서는 이러한 어려움들 중 상당 부분을 제거했지만, 과거에는 생명에 대한 권리가 천부적으로 주어졌다기보다 치열한 싸움을 통해 확보되곤 했다. 그리고 그 권리는 대개 사회나 생식세포나 배아가 아닌 부모에 의해 결정되었으며, 이는 단순히 자연선택의 논리에 따른 결정이었다.

낙태의 역설 뒤에 숨은 논리는 건강한 쌍둥이가 버려지고, 기형아가 살해되는 이유를 설명해준다. 이는 대기근의 시기에 늙은 개체들뿐 아니라 매우 어린 개체들까지 잡아먹히는 이유이기도 하다. 또 진딧물이 스트레스를 받으면 가장 작은 배아를 맨 먼저 체내에 흡수해버리는 이유이며, 먹잇감이 궁해진 말벌들이 맨 먼저 알을 먹고, 그다음에 애벌레를, 마지막으로 번데기를 먹어버리는 이유이기도 하다. 이와 같은 유형의 파괴행위가 지니는 의미는 분명하다. 생명은 그 생명이 만들어낼 것으로 기대되는 생식력 및 유전적 이익에 따라 가치가 매겨진다. 무척 잔인한 계산법으로 보일지 모르지만, 우리가 살고 있는 이 작고

붐비는 행성에서 그 계산법을 뛰어 넘을 수 없다는 것이 인간의 비극일
지도 모른다.

# 8. 여자 대 여자

나는 헬렌 발레로라는 한 여자가 실제로 겪은 흥미 있는 모험 이야기를 읽은 적이 있다. 그녀의 가족은 브라질 리오네그로 북부의 야생 지역에 정착해 살던 농민이었다. 헬렌이 아직 어린아이였던 1937년, 그녀의 가족은 야노마모 인디언족의 습격을 받았다. 다른 가족들은 모두 살해되었지만 그녀만은 산 채로 납치되었다. 야노마모족에게는 여자를 납치해가는 풍습이 있었으며, 그것이 헬렌을 살려둔 이유였을 것이다.

　　야노마모족은 다른 부족을 공격할 때 언제나 남자들을 모두 죽인다. 왜냐하면 남자들을 살려둘 경우 언제 복수해올지 모르기 때문이다. 따라서 남자들이 보이면 어린아이까지도 잔인하게 살해한다. 야노마모족은 일부다처제라서 여러 명의 아내를 둔 남자들이 많다. 이는 그 집단 내에 아내를 갖지 못하는 남성들도 있음을 의미한다. 야노마모족을 관찰한 인류학자들에 의하면, 이 부족은 집단 간의 다툼이나 전쟁을 수행하는 데 필요한 공격성이나 잔인성을 중요하게 여기며 여자를 두고서도 극단적으로 경쟁한다. 남자들은 직접적인 전쟁이나 사냥을 통해서 공격성과 용맹성을 과시할 뿐만 아니라, 집단 내 서열을 높이기 위해 피투성이가 될 때까지 서로 가슴을 때리거나 머리를 부딪치는 시합을 벌인다. 이렇듯 치열한 경쟁을 통해 만들어지는 남성상은 분명 주목할 만한 일이지만, 그렇다고 해서 이것만이 야노마모족 내에서 벌어지는 생식 경쟁의 유일한 형태는 아니다.

헬렌 발레로는 성장하여 야노마모족 전사의 아내가 되었지만, 후일 다시 샤푸노족에게 납치당해 끌려갔다. 그곳에서 그녀는 다시 침입자의 아내가 되었다. 하지만 헬렌을 납치해간 남자에게는 이미 아내가 여러 명 있었고, 그녀들은 헬렌을 비롯해 납치되어온 여자들을 달가워하지 않았다. 헬렌은 그때의 상황을 이렇게 설명한다.

"샤푸노족 남자의 아내들은 남편이 새로 데리고 온 여자들에게 한결같이 이렇게 말한다. '이제 너희들은 내가 시키는 대로 해야 한다. 나를 위해 땔감을 모아 오고 물을 길어 와야 한다. 만약 그렇게 하지 않으면 때릴 것이다.' 질투심 많은 아내는 남편이 다른 여자들을 왜 데리고 왔는지를 잘 알고 있다. 따라서 남편이 자리를 비우면 노골적으로 다른 여자들을 괴롭힌다. 예를 들어 그녀들이 사용하는 그물침대를 불태워버리거나 몸을 치장하는 데 쓰는 천연염료를 내동댕이치는 것이다. 남편이 바나나를 짊어진 다른 여성과 함께 돌아오자 아내는 그녀를 막대기로 때렸다. 남편은 조용히 지켜보기만 했다. 아내가 그녀의 머리를 세게 내리치자 피가 뿜어져 나왔다. 그러자 남편은 좀 더 큰 막대기를 손에 쥐더니 맞고 있는 여성에게 주었다."

이 사례는 여성의 생식전략이 남성의 전략과는 다르다는 것을 보여준다. 일부다처제는 일반적으로 여성에게 불리하다. 즉, 여성은 남성이 제공해주는 자원을 많든 적든 서로 공유할 수밖에 없다. 야노마모족의 경우 아내들은 남편이 사냥해온 고기와 밭에서 수확해온 열매를 나누어 가져야 했다. 그래서 아내들은 집안에 새로운 여자가 들어오는 것을 반대하고 질투한다.

　　일부다처제는 보통 여성에게는 손해지만 남성에게는 이익이 된다. 그의 하렘에 속한 여성들이 많아질수록 남성의 생식 성공률은 높아진다. 그러나 여성의 경우는 그 반대가 된다. 이러한 유형은 여러 동물집단에서도 관찰되었으며, 인간사회의 일부다처제 생식전략에 대한 연구에서도 확인되었다. 시에라리온에서 고도의 일부다처제 사회를 연구한 인류학자들의 관찰에 의하면 남성들의 절반 이상이 여러 아내를 거느렸으며 일부 남성들은 다섯 명이 넘는 아내를 두기도 했다. 일부일처제의 남성들은 평균 두 명의 자녀가 있었으며, 두세 명의 아내가 있는 남성의 자녀수는 서너 명이었고, 네 명 이상의 아내를 가진 남성은 약 일곱 명 정도의 자녀가 있었다. 여성은 그와 정반대의 경향을 보였다. 일부일처제 가구의 여성들은 대략 두 명의 자녀가 있었지만, 가구에 소속된 아내의 숫자가 늘어나면 아내 한 명당 평균 자녀수는 한 명 이하로 감소했다. 여성 한 명당 출산율도 낮아졌지만 영아생존율도 떨어졌다. 이는 일부다처제 하에서 부모가 자녀 한 명에게 제공하는 양육보호의 크기가 줄어드는 것을 의미한다.

　　어떤 인간 사회에서나 일부다처제와 출산율에 관계되는 변수들은 다양하고 복잡하다. 하지만 다른 모든 변수들을 잘 통제한 상태에서 수행된 19세기 미국의 일부다처제에 관한 연구에서는 동일한 유형을 확인할 수 있었다. 그와 같은 유형은 비교적 안정된 사회생활을 하는 다른 포유류들에서도 관찰된다. 들다람쥐의 일종으로 로키산맥의 초원 지대에서 많이 서식하고 있는 노란배 마못들의 생식 체계는 대부분 일부다처제다. 한 수컷의 구역에는 한 마리에서 네 마리 정도의 암컷들이 있으며, 다른 수컷들은 이 암컷들과 교미할 수 없다. 그동안의 연구 결과에 따르면 수컷과 암컷의 생식 성공률—즉 생산된 자손의 수—은 생식체계에 따라 상반되게 나타났다. 즉, 일부일처제의 수컷들은 생식 성공률이 가장 낮게 나타났지만, 일부일처제의 암컷들은 일부다처제에 속한 암컷들보다 거의 네 배나 높은 생식 성공률을 보였다.

수컷이 일부다처제를 선호하는 이유는 분명하다. 그러나 암컷은 왜 일부다처제의 하렘에 소속되는 것일까? 이에 대한 가장 분명한 설명은 수컷의 관할 구역이 질적으로 큰 차이가 있다는 주장이다. 암컷들로서는 빈약한 일부일처제 구역에서보다는 풍족한 일부다처제 구역에서 더 많은 것을 챙길 수 있다. 인류학자들은 오스트레일리아 원주민 가운데서 관찰되는 고도의 일부다처제를 설명하며 이와 같이 주장했다. 남성들은 나이, 지위, 힘 등에서 많은 차이가 나기 때문에 여성들은 영향력이 적은 총각을 택하기보다는 많은 아내를 거느리고 있더라도 강력한 남성을 선택하는 경향을 보인다. 그리고 자매가 한 남성의 아내들이 될 경우, 일부다처제가 비교적 안정 상태를 유지하는 것으로 보인다. 자매는 유전적 관련성이 높기 때문에 협조가 더 잘 된다. 그리고 다수의 여성이 일부다처제 가구 속으로 편입될 때에는 가장 먼저 들어온 순서대로 아내들 사이에 서열이 형성된다. 가장 오래된 아내가 영향력을 행사할 수 없을 만큼 늙어버리면 그다음으로 오래된 아내가 지위를 이어받는다. 그러나 일부다처제가 여성들에게 모종의 이익을 준다고 할지라도 이에 순응하는 것이 옳은지는 분명치 않다. 왜냐하면 남성이 여성들에게 정자 이외에 다른 어떤 것을 제공해야 할 경우 여성들 사이에서는 이 자원을 두고 경쟁이 벌어질 수밖에 없기 때문이다. 게다가 그 자원이 모든 여성들에게 충분히 돌아가는 경우는 거의 없다. 사정이 이러함에도 불구하고 여성들 사이의 경쟁에 관해 발표된 연구 성과는 너무나 빈약하다.

많은 생태학자들은 붉은어깨검정새가 일부다처제를 선호하는 이유를 찾기 위해 수천 시간 동안 습지 속을 걸어다니면서 습지의 깊이, 먹잇감의 분포, 둥지의 높이, 그리고 다른 여러 변수들을 관찰했다. 수십 년 동안의 연구 끝에 1984년에 이르러서야 그 결과가 논문으로 발표되었는데, 암컷들은 자신들의 구역 내에 다른 암컷들이 정착하지 못하도록 적극적으로 행동한다는 사실을 보여주었다. 붉은어깨검정새의 암컷들은 다른 암컷들의 정착을 방해하기 위해, 사람들의 귀에도 뚜렷이 들릴 정도로 매우 공격적인 노래를 부른다.

긴팔원숭이 연구에서도 암컷이 목소리를 이용하는 현상이 관찰된다. 일부일처제를 채택하고 있는 보닛긴팔원숭이는 동남아시아의 우림지역에 산다. 매달리는 능력으로 유명한데, 거의 하루 종일 팔을 이용해 나무에 매달려 몸을 흔들다가 손을 놓고 창공으로 훌쩍 뛰어오르곤 한다. 미타니(J. Mitani)는 《행동생태학과 사회생물학*Behavioral Ecology and Sociobiology*》에서 이 원숭이 종의 특징을 이렇게 묘사했다.

"극동의 정글 속에 사는 이 종은 약간 우울하면서도 즐거운 듯 크고 맑으며 순수한 소리로 반복적으로 노래해 영혼을 사로잡아 버린다. ……이중창으로 부르는 맑은 노래는 암수 쌍의 결합력을 유지하고,

그 일부일처제 가족 집단의 구역으로 다른 이웃 집단이 들어오지 못하게 하는 기능을 한다."

이들의 노래는 둘이 함께 부르기 때문에 무척 조화롭고 즐겁게 들릴 수도 있다. 그러나 암컷은 자신의 이기심에 따라 노래를 부르거나 반응하기도 한다. 보넷긴팔원숭이 수컷은 마치 새처럼 이른 아침부터 노래를 부르기 시작한다. 그리고 암컷은 이에 맞춰 듀엣으로 하모니를 이룬다. 이들의 노래는 실로 강력한 메시지를 전달하는 느낌을 주는데, 처음에는 단순한 음정들에서 시작해 점차 복잡해지다가 한 시간 정도 지나면 음이 정교하게 떨리면서 1킬로미터 떨어진 곳에서도 들을 수 있을 정도가 된다. 이중창을 부를 때 대개 암컷의 역할이 더 크며, 경우에 따라서는 암컷 혼자 노래할 때도 있다. 흥미로운 것은 이 노래에 암컷과 수컷이 서로 다른 반응을 나타낸다는 사실이다. 암컷과 수컷은 구역 내로 침입한 낯선 암수 쌍의 노래가 들리면 이들을 몰아내기 위해 서로 협조하는 반응을 나타낸다. 하지만 암수 쌍의 이중창이 아니라 암컷 혼자 부르는 독창 소리가 들리면, 이를 몰아내기 위해 가는 것은 암컷뿐이다. 보넷긴팔원숭이 암컷의 이와 같은 행동은 다른 암컷의 독창 소리에 반응함으로써 수컷에게 자신과의 일부일처제를 확인시키고 강요하는 의미가 있다.

이와 같은 관찰 결과는 매우 드물기 때문에 여기에 인용했다. 수컷들 사이의 경쟁에 대한 연구 결과는 많이 발표되었지만, 암컷들 사이의 경쟁을 주제로 한 연구는 거의 없다. 암컷들의 공격성이 나타나는 경우와 그 중요성은 간과되어버리는 경향이 있다. 홀리(A. J. F. Holley)와 그린우드(P. J. Greenwood)는 《네이처》에 갈색산토끼(*Lepus*

*Capensis*)들이 보이는 특이한 행동에 대해 보고했다. 이 녀석들은 서로 쫓고 쫓기는 추격전을 벌이다가 권투하듯이 상대방의 얼굴과 귀에 날카로운 주먹을 날린다. 이전까지의 연구에서는 이러한 권투시합이 암컷을 둘러싼 수컷들 사이의 싸움으로 생각되었다. 그러나 비디오테이프를 이용해서 자세하게 관찰한 결과 이 권투 시합은 수컷을 둘러싸고 암컷들이 벌이는 싸움으로 밝혀졌다. 암컷들 사이의 경쟁이나 공격적 성향에 대해서는 일반적으로 낮게 평가되어 왔는데, 대개 암컷들이 사용하는 경쟁 방법들이 장기적이고 겉으로 보기에는 비교적 덜 과격하기 때문이다.

수컷들 사이의 경쟁과 암컷의 선택권을 강조하는 이론적 바탕은 베이트먼(William Bateman)이라는 유전학자가 1948년에 발표한 유명

갈색산토끼 암컷끼리의 권투시합.
이들은 수컷을 차지하기 위해 공격적인 싸움을 벌인다.

한 실험에서 시작되었다. 당시의 다른 유전학자들과 마찬가지로, 베이트먼도 인공 먹이를 채운 유리병 속에서 과일파리의 교미 행태를 연구했다. 그는 과일파리 암컷과 수컷들이 각각 서로 다른 횟수의 교미가 가능하도록 설정했다. 그리고 눈의 색깔 등 뚜렷한 유전학적 표지를 가지고 있는 과일파리를 이용해 자손들을 구분할 수 있었다. 관찰 결과, 예상대로 수컷의 생식 성공률은 교미 상대가 될 수 있는 암컷들의 수에 직접적으로 비례했다. 그리고 더 중요한 현상으로, 수컷들 사이의 생식 성공률 차이는 암컷들 사이의 생식 성공률 차이에 비해 그 편차가 네 배나 되었다. 진화와 자연선택이 다르게 작용한 것이다. 여기에서 베이트먼은 이렇게 결론 내렸다. "일반적으로 수컷들에게는 상대와 상관없는 열정이 있고, 암컷들 사이에는 상대를 가리는 수동성이 있다." 그 이유는 열심히 노력하여 교미를 많이 하는 수컷이 진화의 선택을 받기 때문이다.

그 실험 이후, 모든 암컷들은 정자를 받는 입장이므로 가장 몸을 사리고 상대를 골라 선택하는 암컷만이 적극적일 뿐 아니라 진화론적으로 가장 적합한 수컷의 정자를 얻을 수 있다는 시각이 보편화되었다. 그러나 암컷들이 모두 수동적으로만 선택하는 것은 아니다. 수컷들 사이에서 벌어지는 생식 경쟁의 목적은 주로 암컷에게 접근하기 위한 것이며, 이렇듯 수컷끼리 경쟁을 벌일 때 대개 암컷들은 경쟁하지 않는다. 그러나 암컷의 생식 성공이 정자를 얻는 데만 달려 있는 것은 아니다. 예를 들어 알의 생산, 임신 유지, 자손 양육 등에 필요한 자원이 생식의 성공을 좌우할 수 있다. 이때 암컷 역시 서로 경쟁할 수 있으며, 이를 얼마나 잘 수행해내느냐에 따라 진화론적 성공 여부가 결정될 수 있다. 그러므로 암컷들이 서로 밀접한 관련 속에서 살아갈 때는 암컷끼리의 경쟁이 중요한 역할을 할 수 있다.

사회생활을 하는 새들의 무리에서는 암컷들 사이의 경쟁이 특히 심하다. 암컷들은 자기 이익을 위해서 다른 암컷이 생산한 새끼를 죽이기도 한다. 남미 열대지방 두견의 일종인 큰부리-아니(Groove-billed Ani, *Crotophaga sulcirostris*) 역시 같은 둥지에서 여러 암컷들이 나누어 번식하는 종이다. 통통하며 검은색 뻐꾸기와 비슷하게 생긴 큰부리-아니는 집단으로 번식하는데, 최대 네 쌍 정도가 일부일처제를 이루어 살아가며 일부는 짝을 찾지 못한 채 살아간다. 이들은 야생말과 같은 대형 포유동물 옆에서 먹이를 구하는데, 이렇듯 커다란 동물 근처에 자주 나타나기 때문에 쉽게 관찰된다.

미국의 행동생태학자 샌디(Sandy Vehrencamp)는 공동체를 이루며 사는 큰부리-아니의 둥지를 관찰했다. 그리고 이들 공동체 내에서 암컷들의 생활이 평화와는 완전히 동떨어진 것임을 발견했다. 암컷들은 엄격한 지배·피지배의 위계질서를 형성한다. 이러한 질서가 특별히 폭력적인 방식으로 이루어지는 것은 아니지만, 생식의 성공에 중요한 영향을 미치는 것만은 분명하다. 암컷들은 함께 사용하는 공동의 둥지에서 알을 낳고 다른 알은 둥지 밖으로 밀어낸다. 이때 서열이 높은 암컷일수록 알을 밀어낼 권한을 더 많이 가지게 된다. 따라서 최고 서열의 암컷은 다른 암컷들의 알을 대부분 밀어내버림으로써 생식 경쟁에서 성공을 거둔다. 특정 암컷의 생식 성공은 자신의 파트너가 아닌 다른 수컷들의 생식을 방해하는 것이기도 하다. 즉, 다른 수컷들의 유전자를 알과 함께 내던져버리는 셈인 것이다. 이런 행동은 자신의 알이 경쟁자들의 알보다 훨씬 많아질 때까지 계속된다.

도토리딱따구리(*Melanerpes formicivorus*) 무리에서도 알 밀어내기가 관찰된다. 이들은 다른 딱따구리 종들과는 달리 10여 마리씩 무리를 이루어 생활을 한다. 미국의 남서부 지역에서 주로 번식하는데, 이지역에는 그들의 주된 먹잇감인 도토리 등 여러 견과류 나무들이 많이 서식한다. 도토리딱따구리는 각 무리마다 도토리나무 한 그루씩을 차지한 후 수만 개의 구멍을 뚫어 견과류나 각종 씨앗들을 겨울나기에 대비해 보관해둔다. 이들은 식량창고에 저장한 견과류에 곰팡이가 피지 않도록 이리저리 옮길 뿐 아니라 다른 무리들이 훔쳐가지 못하도록 지극정성으로 지킨다. 식량을 저장하고 함께 보호하는 일은 이 새들의 사회생활에서 핵심을 이룬다. 그러나 도토리딱따구리 무리가 순수하게 서로 돕는 관계인 것만은 아니다.

암컷은 보통 하루에 한 개씩 알을 낳는데, 번식을 할 때는 거의 5일 정도 연속해서 알을 낳는다. 이때 암컷은 다른 암컷과 한 둥지에서 공동생활을 하면서 알을 낳기 시작한다. 보통 처음에 낳은 알은 밀려나는데, 아직 알을 낳지 않은 암컷들이 그 알을 없애버린다. 조류학자 스테이시(William Stacey)는 관찰을 통해 도토리딱따구리 암컷이 다른 암컷의 알을 나뭇가지로 옮긴 후 부리로 쪼아서 깨트린다는 것을 발견했다. 이때 둥지에 다른 암컷들이 있으면 모두 합세하여 알을 먹어치운다. 다른 암컷들도 알을 낳아서 겉으로 봐서는 어느 것이 자기 알인지 알 수 없게 되면 마침내 파괴행위가 끝난다. 싸움의 최종 승자는 자원이 충분해서 많은 알을 낳을 수 있었던 암컷이 된다. 그리고 그 알들은 둥지에서 공동으로 돌보게 된다.

반면 도토리딱따구리 수컷은 무리의 사회생활과 생식에서 큰 역할을 하지 않는다. 이들의 생활을 연구한 다른 학자는 이렇게 적고 있다. "한 둥지에서 공동생활을 하는 암컷들 사이에는 치열한 경쟁과 방해 행위가 일어나며, 그 집단의 번식에 수컷보다 훨씬 큰 영향을 미친다."

　　플로리다 어치 역시 사회생활을 하는 종인데, 관할 구역을 새로 개척하는 과정에서 벌어지는 무리들 간의 충돌은 대부분 암컷들이 시작하는 것으로 관찰되었다. 암컷들은 이용할 수 있는 자원이 한정되어 있을 때 특히 공격적인 모습을 보인다. 구멍이나 통로들이 좋은 예다. 앵무새 등 구멍에서 생활하는 새들의 암컷은 수컷처럼 덩치가 크고 화려한 빛깔을 띤다. 암수 쌍은 둥지를 만들 좋은 자리를 확보하기 위해 다른 암수 쌍들과 싸워야 한다. 따라서 암컷들은 자신의 지위나 싸움 능력을 과시하기 위해 덩치가 커지고 밝은 색으로 진화했다. 그러나 이는 물론 다른 동물이 공격할 때 쉬운 표적이 될 수 있는 위험이 있다. 캐나다 퀸스대학 생물학 교수인 로버트슨(Raleigh Robertson)은 온타리오 주 동부에서 제비와 푸른 울새 둥지를 오랫동안 관찰한 바 있다. 그는 관찰 결과 암컷들 사이에서 격렬한 싸움이 벌어지며, 심지어 싸움에서 입은 상처 때문에 죽는 암컷까지 생긴다고 보고했다.

　　영장류에서 암컷들의 생김새는 그들끼리의 경쟁과 관련된 경우가 많다. 암컷들의 색깔과 경쟁력 사이에 어느 정도 관련성이 있다는 증거도 많이 나와 있다. 파나마와 컬럼비아 우림지역에 사는 솜머리비단원숭이는 암컷의 색깔이 가장 화려한 영장류다. 암컷들은 검은색과 흰색이 섞인 밝은 색조를 띠는데, 암컷들끼리 서로 생식을 방해한다.

암컷들은 무리 내에서 결정된 서열에 따라 각기 다른 냄새를 풍긴다. 또한 무리에는 암컷이 여러 마리 있지만, 특정 시기에는 그 가운데 한 마리만 생식할 수 있다. 한편 수컷 비단원숭이는 영장류 중에서 자녀 양육에 가장 큰 기여를 하는 종의 하나다. 그러므로 암컷들은 수컷이 가능한 한 새끼 양육에 헌신하도록 경쟁적으로 유도한다. 이를 위해 암컷들은 냄새나 생김새를 통해 무리 내에서 자신이 차지하는 서열을 알리고 과시한다.

그리고 또한 중요한 것은 암컷들의 그와 같은 행동이 수컷에게 일부일처제를 강제하는 효과도 있다는 것이다. 포유류들의 경우, 일부일처제는 자녀 양육에 대한 수컷들의 기여 때문이 아니라 암컷들 사이의 공격적 경쟁으로 인해 수컷들이 가진 본래 성향과 관계없이 정착되는 경우가 많다. 회색바다표범, 고리무늬바다표범, 땅굴을 파고 사는 설치류 등이 대표적이다.

다수의 포유류들, 특히 땅굴을 파는 데 많은 힘이 드는 설치류 같은 종들은 암컷들이 공격적 성향을 보이는 경우가 많다. 두더지나 땅굴다람쥐, 비버 등은 텃세를 심하게 부릴 뿐 아니라 다른 암컷이 들어오면 맹렬하게 쫓아낸다. 이들에게는 거주 공간이 매우 중요하기 때문에 대개 딸들에게 물려주고, 다른 암컷들이 들어와 살려고 하면 공격하여 상처를 입힌다.

생식으로 자신의 유전자를 퍼트리는 데 드는 비용과 이익은 암수에 따라 다르게 나타나는데, 이는 암컷들 사이의 공격성과도 관련되는 것으로 보인다. 무리 생활을 하는 종에서 수컷이 종을 퍼트리는 역할을 담당한다면 그 종의 수컷들은 암컷들보다 빨리 죽는 경향이 있다.

이런 종에서 수컷들이 무리에 끼어들자면 싸움을 통과해야 한다. 이는 다람쥐에서 사자에 이르기까지 다양한 포유류들에게서 관찰되는 유형이다. 수컷들은 더 많은 싸움을 치르고, 이 때문에 암컷들보다 일찍 죽는다. 그러나 이와는 반대되는 유형을 보이는 포유류도 있다. 무리를 지어 생활하는 미국 들개들은 서로 혈연관계로 맺어진 수컷들로 구성되어 있지만, 정작 종을 퍼트리는 역할은 암컷이 담당한다. 암컷들은 더 맹렬하게 싸우고 더 일찍 죽는다. 암컷들 사이에서 벌어지는 경쟁의 목적은 수컷의 자녀 양육 기여를 확보하는 것이다. 대부분의 다른 포유류 수컷들과 달리 들개는 수컷들이 새끼를 먹이고 보호해준다. 수컷은 보모의 역할을 잘 수행하는데, 새끼가 젖만 떼면 암컷 없이도 잘 키운다. 그러나 수컷은 한 번에 한 마리의 새끼만 키울 수 있다. 그래서 한 수컷에게서 두 마리의 암컷이 동시에 새끼를 낳으면 대개 서열이 높은 암컷이 다른 암컷의 새끼를 죽인다.

　이와 같은 행동 유형은 늑대나 코요테처럼 개과에 속하는 다른 종에서도 관찰된다. 이러한 살해 행위는 유전자의 이기심에 의해 예정된 결과다. 유전학적으로 밀접히 관련된 암사자들(자매나 사촌 사이)은 무리 속에 있는 다른 암컷의 새끼들에게 해코지를 하지 않고 돌봐준다. 그러나 들개 암컷들은 여러 다른 무리들로부터 와서 서로 혈연관계가 없기 때문에 싸움이 잦다. 코넬대학의 생태학자인 셔먼(Paul Sherman)은 동물들의 이와 같은 행동 유형에 대해 연구했다. 그는 캘리포니아 시에라네바다산맥 초지에서 사는 벨딩땅다람쥐(*Spermophilus beldingi*)에게서 이러한 유형을 관찰했다. 같은 땅굴 내에서 자매나 딸처럼 밀접한 혈연과 함께 사는 암컷들은 거의 싸우지 않는다. 암컷들은 구역에 낯선 침입자가 들어오면 몰아내기 위해 서로 협조해서 싸운다. 약탈자가 나타나면 경고음을 내서 서로 알려준다. 반면 이웃한 구역에 다른 암컷들이 땅굴을 파고 새로 이주해오면 침입해 들어가 그 안에 있는 새끼들을 전부 죽여버리곤 한다. 셔먼의 해석에 따르면, 이는 유전적으로 자신과 관련 없는 새끼가 앞으로 경쟁자로 성장하지 못하도록 싹을 잘라버리는 것이다.

땅굴을 파는 암컷들에게 이와 같은 폭력은 흔히 일어난다. 유럽 토끼 암컷은 땅굴을 지키기 위해 목숨을 걸고 싸운다. 수컷도 싸우지만 그 상대는 주로 다른 무리에 속한 수컷들이고, 암컷은 같은 무리 속의 다른 암컷들과도 싸운다. 얼룩다람쥐, 생쥐, 햄스터들을 비롯한 설치류들의 경우 암컷은 자신의 땅굴에 다른 암컷이나 수컷이 나타나면 침입자를 몰아내기 위해 맹렬하게 싸운다.

암컷들 사이의 경쟁이 좀 더 은밀한 형태로 진행되는 경우도 있다. 북방코끼리바다표범(*Mirounga angustirostris*)은 무리의 수컷들이 거대한 하렘을 형성한다. 암컷들은 사회적 서열이 다양하고 그 서열에 따라 새끼들의 복리도 달라진다. 서열이 높은 암컷의 새끼는 낮은 암컷의 새끼보다 어른들에게 덜 물어 뜯긴다. 또한 어미를 잃은 고아들은 서열이 높은 새끼들에 비해 세 배나 많이 물어 뜯긴다. 새끼들에 대한 학대가 어른이 되었을 때의 지위로 이어지는지에 대해서는 알려져 있지 않지만, 다른 여러 영장류들에 대한 연구에서는 그럴 가능성이 높다는 사실이 관찰된 바 있다.

많은 영장류의 암컷들은 무리의 다른 암컷들 및 그 새끼들의 복리에 영향을 주는 행동을 한다. 일부 영장류에서는 어미의 지위가 그

딸들의 사회적 지위에 영향을 준다. 사바나개코원숭이(*Papio cynoce-phalus*) 암컷들은 서로 연대를 하여 다른 암컷들을 학대한다. 이처럼 다른 암컷들로부터 집단 공격을 받은 암컷들은 배란이 억제된다. 하지만 힘을 합친 암컷들이 다른 암컷들의 배란을 억제하면, 그 하렘을 지배하는 수컷에게는 불리하다. 따라서 너무 많은 암컷들이 무리에 합류할수록 암컷 한 마리당 수컷의 생식 효율성은 감소하게 된다.

영장류 암컷들 사이에서 벌어지는 사회적 경쟁은 임신 기간뿐만 아니라 그 자손들의 삶에까지 이어지며 계속된다. 그러나 그와 같은 행동은 아주 교묘한 형태로 진행되기 때문에 연구하기가 어렵다. 짖는원숭이(*Alouatta sp.*)를 처음 관찰했던 학자들은 수컷을 중심으로 연구할 수밖에 없었다. 이 원숭이들이 짖는 것은 늑대나 원숭이가 내는 소리와는 의미가 다르다. 이 원숭이들은 으르렁거리며 이를 가는 것 같은 소리를 내는데, 남미의 열대 숲에서 기괴하게 울려 퍼진다. 빅토리아시대의 자연학자였던 베이츠(Henry Bates)는 《아마존 강의 자연학자*Naturalist on the River Amazon*》에서 이처럼 무섭게 울리는 소리가 가지는 위협효과에 대해 이렇게 적었다.

"아침저녁으로 울려 퍼지는 짖는원숭이의 무서운 괴성으로 인해 마음의 평정을 유지하기 어렵다. 이처럼 무시무시한 소리는 내가 거친 야생의 세계에 들어와 있다는 느낌을 한층 증폭시켜준다."

암컷들에 비해 덩치가 큰 수컷들은 성대가 굵어 낮고 울림이 큰 소리를 낸다. 망토짖는원숭이(*Alouatta villosa*) 수컷들은 대부분 비슷한 역할을 하는 것으로 보인다. 즉, 수컷들은 무리의 지배자가 되기 위해 서라면 목숨을 걸고 싸운다. 그렇다면 암컷들은 어떻게 행동할까?

좀 더 최근에는 밀턴과 크로커(Carolyn Crocker) 등 여러 명의 학자들이 짖는원숭이에 대해 연구한 바 있다. 특히 크로커의 관찰에 의하면, 붉은짖는원숭이(*Alouatta seniculus*) 무리 내에서는 암컷들 사이의 경쟁이 치열하게 벌어지며 서로 물리적인 싸움까지 일어나는 것으로 보인다. 암컷들은 서로를 괴롭히며 어린 암컷을 무리에서 내쫓기도 한다. 쫓겨나 혼자가 된 암컷은 다른 무리를 몇 년 동안이나 따라다니는데, 마침내 싸움에서 이기면 그 무리 속에 합류할 수 있다. 암컷들은 다른 암컷의 새끼를 죽이는 경우까지 있다. 크로커는 자신의 관찰을 종합하며 이렇게 말한다.

　　"이는 과거에 우리가 생각해왔던 영장류들의 사회와는 크게 다르다. 즉, 지금까지는 영장류 어미들이 유순하게 귀여운 새끼들을 키우는 모습만 그려왔지만, 짖는원숭이들은 이와 같은 생각을 바꿔놓았다. 유순하게만 생활하는 암컷의 모습은 단지 우리의 추측에 불과했다."

　　물론 우리가 자연적이라고 믿고 있는 암수의 특징들은 대개 오랜 시간 동안 집중적으로 관찰해온 결과 도출된 것들이다. 수컷들 사이의 경쟁은 주로 번식기에 발생하고, 이 시기 동안 암수의 교미 횟수는 잦아지며 이렇듯 짝짓기에 몰두하다 보면 경계가 느슨해지기도 한다. 따라서 짧고 격렬한 발정에 모든 에너지가 집중되는 이 시기 동안 짝짓기를 하는 암수를 관찰하는 것은 비교적 쉬운 일이다. 수컷이 교미 상대의 수와 교미 횟수를 최대한 늘려 생식 성공률을 극대화하려 한다면, 암컷은 가능한 한 많은 양의 먹이를 확보해 자신이 키울 수 있는 새끼의 수와 질을 높여야 한다. 이는 여러 포유동물들을 비롯한 많은 종들이 매년 맞닥뜨리게 되는 과제다. 그러므로 이를 관찰하기 위해서는 서로 다른 잣대가 필요하다.

영장류에 관한 논문에 흔히 인용되는 유명한 저서 《집단 속의 남성Men in Group》의 저자이자 인류학지인 타이거(Lionel Tiger)에 따르면, 남성들 사이의 상호작용이나 위계질서, 그리고 소위 말하는 '남자들 사이의 의리' 등을 통해 영장류 수컷들—특히 인간 남성들—은 정치적 동물이 된다. 하지만 그는 여성들 사이의 경쟁에는 큰 의미를 두지 않는다. 타이거는 다음과 같이 결론 내린다.

"조만간 여성의 힘으로 사회 시스템을 변화시켜서 전쟁을 뿌리 뽑을 수 있을 것이라거나 여성들이 사회의 행복을 위한 더 큰 실천을 할 수 있을 것으로 낙관하는 것은 사실 불가능한 일을 상상하는 우둔한 짓이다. ……여성들은 연대를 형성하지 못한다. 대부분의 여성들이 남성들의 벌이와 유전자에 의존하고 있기에 여성들의 연대는 금방 파괴되어버린다."

타이거의 이와 같은 태도가 영장류의 행동에 관한 그의 논문들에 나타나 있는 독특한 관점에 영향을 주었을 수도 있지만 그것은 문제되지 않는다. 이제 그의 결론은 배척되어야 한다. 여성 혹은 암컷들의 경쟁 전략은 우리가 잘 모르고, 좀 더 은밀한 형태로 진행되고 있지만, 우리가 관찰하려고만 하면 분명히 그 자리에 존재한다.

# 9. 젖과 꿀

'기름진 음식은 참 맛있어.' 배고픈 사람이 바비큐나 튀김요리를 먹을 때마다 혀와 뇌는 이런 메시지를 주고받는다. 이것은 꿀처럼 달콤한 먹을거리가 우리 미각신경의 맛 수용체를 자극할 때 만들어지는 즐거운 감각이다. 꿀이나 튀김요리 속에 이런 맛을 포함하는 특별한 분자가 있는 것은 아니다. 우리의 감각체계가 그것을 그렇게 느끼도록 설계되어 있을 뿐이다. 하지만 비만으로 고민하는 사람들에게는 참으로 이상하고 잔인한 설계로 여겨질 것이다. 즉, 많이 먹어서는 안 될 음식이 가장 맛있다. 우리 몸은 과식하도록 설계되어 있다. 이러한 설계는 물자가 넘쳐나는 현대의 인간들에게는 잘못된 적응 체계로 보일지 모르지만, 불과 수천 년 전만 해도 인간들에게 유익했다. 지나간 역사 속에서 대부분의 시기 동안 인간에게는 정제 기름이나 설탕이 없었다. 고(高)칼로리의 꿀이나 동물지방은 귀한 먹을거리였다. 나무 열매를 채취하거나 동물을 사냥하는 등 힘든 노동을 통해서만 얻을 수 있었던 것이다. 따라서 인간의 몸집은 작았으며, 기름지다는 것은 이를테면 성공의 상징이었다.

    흥미로운 것은 '기름지다'는 것이 풍요와 다산에 관련되어 있음을 나타내는 기록이 많이 남아 있다는 점이다. 《성서》의 〈창세기〉에서는 인간 후손들의 번창을 상징하는 말로 '기름진 땅'이라는 용어를 사용한다. 호메로스의 《오디세이아》에는 부를 기원하는 희생 제물로 기름지고 살찐 가축을 바치는 장면이 자주 등장한다. 아메리카로 항해하는 바이킹들의 이야기를 그린 서사시인 《빈란드의 전설*Vinland Sagas*》에는 바이킹 원정대—바이킹들은 아이슬란드와 스칸디나비아에 인구가 늘어나면 원정을 떠나곤 했다—의 지도자인 토르발트가 인디언들의 화살에 맞는 장면이 있다. 토르발트는 자기 배에 박힌 화살을 뽑아내고는 이렇게 말했다. "우리가 발견한 이곳이 정말 풍요로운 땅임에는 틀림없군. 내 창자 주위에 기름이 잔뜩 끼어 있잖아."

    선사시대의 미술이나 문학작품에서는 지방질이 더욱 중요한 상징으로 등장한다. 1909년 오스트리아 빌렌도르프에서 발견된 조각상인 〈빌렌도르프의 비너스〉는 커다란 가슴과 엉덩이, 그리고 지나치게 살찐 모습을 하고 있다. 약 3만 년 전쯤 매머드를 사냥하던 선사시대 사람들이 새긴 것으로 보이는 이 조각상은 이미 오래전부터 인류가 기름지고 살찐 모습을 찬미했음을 보여준다. 이 조각상의 종교적·예술적 의미에 대해서는 미술사가들 사이에서도 의견이 분분하지만, 어쨌든 그 생물학적 의미만은 명백하다. 우리 조상들은 체내 지방의 축적량과 생식력의 연관성을 알고 있었기 때문에, 그처럼 살찐 체구를 아름다운 여성의 상징으로 표현한 것이다.

    하버드대학 인구연구센터의 프리시(Rose Fricsh)는 여성의 체내

지방과 생식력 사이에 얼마나 큰 연관성이 있는지를 연구했다. 그녀의 연구에 따르면 여성이 월경을 시작하기 위해서는, 다시 말해 임신이 가능해지기 위해서는 체내에 일정량 이상의 지방이 축적되어야 한다. 이는 인류 문명이 물질적으로 풍요로워짐에 따라 초경, 즉 첫 월경을 하는 나이가 점점 빨라지는 이유도 설명해준다. 격렬한 신체 활동이 점점 줄어들면서 지방 축적이 빨라지고, 이에 따라 초경도 빨라지는 것이다. 미국에서 여성은 1세기 전에 비해 3년이나 빨리 신체적으로 성숙된다.

풍요로운 사회에서는 여성의 초경이 열두세 살에 일어난다. 초경 연령은 주로 경제적 여건에 의해 결정되는 것으로 보인다. 하버드대학에서는 엄마와 딸의 초경 연령을 비교하는 연구를 시행했다. 연구 결과 엄마와 딸이 성장기를 기준으로 동일한 사회경제적 계층에 속한 경우에는 초경 연령에 차이가 없었으나, 딸의 사회경제적 여건이 상승하여 엄마보다 높은 계층에 속하게 된 경우에는 딸의 초경 연령이 엄마 때보다 더 빨랐다. 딸들이 신체적으로는 노동을 적게 하면서도 더 많은 영양분을 섭취함에 따라 엄마 때보다 빨리 지방이 축적되었기 때문이라고 볼 수 있다. 또한 그 역도 사실이다. 만약 여성이 어떤 이유로 굶게 되거나 쇠약해졌다면, 예를 들어 신경성거식증에 걸리거나 극심한 신체 활동을 장기간 했을 경우 월경이 멈출 수 있다. 한편 도시 여성이 농촌 여성보다 신체적으로 더 일찍 성숙하게 된 것은 르네상스 시기 때부터로 알려져 있다.

프리시에 의하면, 여성은 초경이 시작되기 전에 체중의 약 17퍼센트를 지방질로 축적해야 하며, 임신이 가능해지려면 22퍼센트의 지방질이 필요하다. 물론 선진국 여성들에게는 임신에 충분할 정도의 지방질을 섭취하는 것이 더 이상 큰 관심사가 아니다. 하지만 칼라하리 사막에서 떠돌이 생활을 하는 쿵족 여성들이나 뉴기니 고원지대의 열악한 환경에서 생활하는 원주민 여성들은 초경이 16~18세나 되어야 시작된다. 쿵족 여성들은 체내 지방이 평균 20.6퍼센트이며 출산율이 매우 낮다. 또한 초경이 시작된 후에도 4~5년 동안은 임신을 하지 못한다.

인류학자들은 수렵채집으로 생활하던 선사시대에는 지방 섭취가 부족해 여성들의 생식력이 낮았을 것이라는 데 동의한다. 떠돌이 생활을 하는 쿵족은 계절에 따라 체중이 변한다. 사냥감이 풍부한 계절이 지나면 체중이 최고에 달한다. 그리고 출산율은 그로부터 9개월 후에 최고가 된다. 섹스 빈도는 계절에 따라 달라지지 않기 때문에, 이와 같은 사실은 먹을거리 섭취가 생식 성공률을 좌우한다는 것을 말해준다. 쿵족 중에는 정착생활을 하면서 젖을 짤 수 있는 가축을 키우는 집단도 있는데, 이들은 계절에 따른 출산율 차이가 적다. 사계절 내내 먹을거리를 공급할 수 있기 때문이다. 열악한 환경에서 살아가는 집단의 여성은 자신의 생식 가능 기간 중 거의 절반이 지나야 초경이 시작되고, 그로부터 4~5년이 지나야 임신이 가능해지며, 폐경도 일찍 온다. 극한의 환경에 적응하며 살아온 집단 중에서 '신부 살찌우기' 풍습을 자주 목격할 수 있는 이유는 바로 이 때문이다.

아프리카 서부 해안의 시에라리온에서는 소녀가 사춘기에 달하면 고칼로리 음식과 식물성 기름을 잔뜩 먹인다. 가나에서는 사춘기가 된 여성에게 기름진 고깃국을 먹이는 의식을 치르는데, 그들은 살찌고 피부에 기름기가 흐르는 여성을 아름답다고 생각한다. 스리랑카 타밀족의 생활을 관찰한 인류학자 매코맥(Carol MacCormack)은 "젊은 여성에게 별도로 날계란, 계란 껍데기, 먹구슬나무 기름, 찐쌀, 코코넛 가루, 그리고 참기름을 먹인다. 그 밖에 참기름, 과자, 설탕, 그리고 푸딩 등을 섞은 카레도 믹게 한다."고 말했다.

　　여성의 지방 축적은 호르몬에 의해 조절된다. 사춘기 이전에는 남녀의 지방, 근육, 그리고 뼈의 구성 비율에 거의 차이가 없다. 그러나 사춘기가 되면 남성은 근육과 뼈가 커지기 시작하는 반면, 여성은 지방이 많아지기 시작한다. 그래서 여성은 지방이 체중의 약 30퍼센트 정도까지 늘어나는데, 이는 남성의 약 두 배나 된다. 여성이 이렇게 저장된 지방을 구체적으로 어떻게 이용하는지에 대해서는 아직 화학적으로 자세하게 규명되지 않았다. 하지만 에너지로서의 가치는 분명하다. 프리시의 계산에 따르면, 체중의 28퍼센트가 지방인 여성은 임신을 유지하고 분만 후 3개월 동안 아기에게 젖을 먹일 수 있을 정도의 에너지를 저장하고 있는 셈이다. 여성은 정상적으로 임신 상태를 유지하기 위해 9개월 동안 5만 칼로리 이상의 에너지가 필요하다. 아기에게 젖을 먹일 때는 추가로 하루에 1000칼로리가 필요하다. 다윈뿐 아니라 수많은 농부들이 지적했듯이, 송아지에게 젖을 먹이는 중인 암소를 살찌우기는 매우 어렵다. 이는 역사 속의 많은 문명들에서 쌍둥이의 출산을 불행한 사건으로 간주하고 아기를 죽이기까지 한 이유를 설명해준다. 예를 들어, 뉴기니 엥가 지방의 원주민들은 여성이 두 명의 아기를 동시에 키우게 되면 두 아기 모두 건강을 해치게 된다고 믿는다.

　　여성의 호르몬 체계는 임신과 육아에 소요되는 비용에 따라 조절된다. 따라서 여성이 아직 아기를 양육 중일 때에는 또 임신이 되지 않도록 산모를 보호한다. 아기가 태어나면, 산모의 유두(乳頭) 신경 및 호르몬 민감도가 급격히 높아진다. 아기가 유두를 빨아서 자극시키면 옥시토신(oxytocin)이라는 호르몬이 나오는데, 이 호르몬은 젖의 분비를 유도하고 장기적으로는 젖 생산을 조절하는 호르몬인 프로락틴(prolactin)의 분비를 촉진한다. 이러한 호르몬들이 증가하면 배란 조절 호르몬들에게 영향을 주게 된다. 따라서 여성이 모유 수유를 많이 할수록 배란 가능성은 점점 낮아진다.

생식학의 권위자인 영국의 쇼트(R V. Short)는 모유 수유를 '자연 피임법'이라고 말했다. 그러나 모유 수유를 거의 하지 않으며 영양 상태가 좋은 여성들에게는 효과적인 피임법이 아닐 수도 있다. 어쨌든 모유 수유가 줄어든 것은 현대에 와서 생긴 현상이다. 쿵족의 전통적인 여성들은 자신의 아기에게 하루에 열 번 이상 젖을 먹인다. 아기를 안고 자며 밤에도 젖을 먹인다. 이런 과정이 평균 3.5년 이상 계속되는데, 이는 다른 피임법 없이도 이들 여성의 출산 터울이 4.1년이나 되는 이유를 말해준다. 한 연구 실험에서는 하루 다섯 번 이상 그리고 모두 합쳐 한 시간 이상 모유 수유를 하면 배란을 완전히 멈추게 할 수 있음을 보여주었다. 수유와 임신이 이렇듯 밀접하게 연관되어 있기 때문에, 여성이 임신 터울을 조절하는 수단으로 모유 수유를 선택해 진화했고 이는 매우 효과적인 방법이었다.

또한 이는 인간 여성의 가슴과 엉덩이가 커진 것이 임신 및 수유에 필요한 지방을 저장하기 위해 진화된 것임을 시사해준다. 그러나 이 문제는 다른 포유류들과 비교하게 되면 결코 간단하지만은 않다. 일부 다른 포유류의 암컷들도 임신 및 수유 기간이 길고 많은 에너지를 필요로 하지만, 인간과 같은 신체 형태로 진화되지 않았다. 단지 우리 인간 여성들만이 커다란 가슴과 엉덩이를 가지고 있다. 따라서 생물학자들은 여성의 신체가 임신 및 수유 이외에도 남성을 성적으로 유혹하기 유리한 형태로 진화했을 것으로 추정한다. 이에 관한 이론은 영국의 의학자이자 문명비판가였던 엘리스(Henry Havelock Ellis)가 쓴 《성 심리의 연구*Studies in the Psychology of Sex*》에 처음으로 등장한다. 엘리스에 따르면, 여성의 아름다움에 관한 가장 기본적이고 원시적인 기준은 생식능력, 가슴, 그리고 엉덩이에 있다고 한다. 한편 영국의 시인 초서(Geoffrey Chaucer)는 '엉덩이는 넓고 가슴은 둥글고 큰' 여성이 가장 아름답다고 표현했다. 이는 다시 말해 아기를 임신하고 젖을 먹이기에 가장 적당한 체형이다.

수렵채집 사회에 관한 문헌들을 보면 당시의 남성들은 비만 여성들을 선호했다는 증거를 확인할 수 있다. 인류학자인 홀름버그(Allan R. Holmberg)가 볼리비아 우림지역에서 유목 생활을 하는 시리오노 인디오들의 삶을 연구할 때, 한 인디오 남성이 그에게 이렇게 말했다. "이상적인 섹스 파트너가 되려면 살이 쪄야 합니다. 특히 여자는 넓은 엉덩이와 커다랗고 단단한 가슴을 가지고 있어야 하고 성기 부위에 지방질이 있어야 합니다." 존스홉킨스대학의 인류학자인 그레이(Brenda Grey)에 따르면, 뉴기니 엥가 원주민들은 "윤기 있는 피부와 통통한 체구를 여성의 가장 중요한 신체적 자산으로 간주한다. ……소녀들은 매일 새벽 자신의 몸에 지방이 많아지고 피부에 윤기가 흐를 수 있도록 기도한다. 뚱뚱한 여자들이 오래 산다고 믿으며, 또 그 자녀들은 살아남을 가능성이 더 많아진다."

열악한 환경의 고립된 문명에서도 이와 비슷하게 비만 여성에 대한 숭배를 볼 수 있다. 어떤 경우에는 이러한 인식이 깊게 자리 잡아 그들이 사용하는 언어로 표현되기도 한다. 인류학자인 헨리(Jules Henry)는 유랑생활을 하는 브라질의 카인강족에 대해 연구했는데, 이들은 굶주림으로 위험에 처할 때가 많다. 그는 이들 부족에 대한 연구를 바탕으로 식량과 생식력의 관계에 대해 다음과 같이 지적한다.

"카인강족은 식량이 부족해 굶주리게 되면 섹스를 통해 허기를 어느 정도 이겨낸다. 카인강족의 마음속에 식량과 섹스는 매우 밀접하게 섞여 있어, 그들은 이 두 가지에 대해 같은 용어를 이용하기도 한다. 예를 들면, 밥 먹자는 말과 섹스하자는 말이 같다."

콜롬비아 바우페 강 유역에 살고 있는 투카노족을 관찰한 돌람토프(Reichel Dolamtoff)에 의하면, 이 부족에서 사냥하러 가자는 의미로 사용하는 '바이메라 가마타리'라는 말을 문자 그대로 해석하면 '동물과 섹스하자'는 뜻이 된다고 한다.

이러한 현상은 남성 인류학자들이 유랑족을 대상으로 한 연구에서만 등장하는 것이 아니다. 저명한 여권운동가인 저메인 그리어(Germaine Greer)는 《섹스와 숙명》에서 이렇게 말한다.

"대부분의 사람들이 열악한 상황에서 생존해갈 수밖에 없었던 시기에는 뚱뚱한 신체가 부와 성공의 상징이었지만, 미적 취향의 뿌리는 그보다 더 깊은 곳에 있었다. 가장 보편적인 아름다움으로 간주된 것은 생식력이었다."

이러한 비판은 현대 서구 문명에서 깡마른 패션모델들을 선호하는 경향에 대한 반발에서 비롯되었다. 또한 이는 더 나아가서 자웅선택과 아름다움의 문제에 있어서 가장 중요한 것은 상대를 유혹하기 위한 장식적 요소에 있다는 다원적 발상에 대한 비판이기도 하다. 즉, 인간도 마치 동물들이 자웅선택을 위해 치장하듯이 문신을 하고, 립스틱을 바르고, 머리 모양을 손질하고, 하이힐을 신고, 치아를 교정하는 등 자신의 외형을 바꾸기 위해 노력한다. 다윈이 지적했듯이, 이러한 종류의 아름다움은 문화적으로 형성된 것이지만, 그렇다고 해서 성적인 매력을 높이기 위한 행동들이 모두 다 인위적이고 자의적인 것이라 볼 수만은 없다—나는 여성의 가슴과 엉덩이에 대한 관심이 보편적인 현상임에도 다윈이 이를 공개적으로 언급하지 못한 것은 정숙을 강조하던 빅토리아 시대의 경향 때문일 것이라고 생각한다. 패션은 성적인 매력을 높여주는 도구 이상으로 사회적 지위와 재산, 그리고 총명함의 상징이다. 인간 사회에서 지위, 친족관계, 재산, 태도 등은 모두 섹스 상대를 선택하는 데 있어 중요한 고려사항이다. 이와 같은 체계에서는 사회적 상위 계층에 속함을 드러내기 위해서라면, 모든 종류의 패션이 문화적으로 선택될 수 있다. 사실 우리 사회에서는 많은 사람이 과체중 상태에 있으며, 소수의 부유층에 맞춘 패션은 늘씬함을 강조하게 된다. 수렵채집 사회의 기준으로 볼 때 현재 미국인의 평균 체중은 터무니없을 정도로 무거울 것이다.

그러나 인간의 신체 형태나 건강한 신체에 대한 평가방법은 패션을 고려하기 훨씬 전부터 진화해왔다. 패션이나 외형적 아름다움의 기준은 그것이 인간의 생식 성공 여부에 거의 영향을 주지 않기 때문에 변덕이 많다. 이와 관련하여, 새커리(William Thackeray)가 쓴 《허영의 시장Vanity Fair》에는 '아름다움'에 대한 흥미로운 구절이 있다. 이 소설에서 스티븐 시프라는 인물은 아름다움에 대해 이렇게 결론 내린다.

"여성의 의복이나 여성 모델의 스타일은 지난 30여 년 동안 변해왔지만 ……벌거벗은 여성의 몸은 전혀 변하지 않았다."

로렌츠는 '어리다'는 의미를 전달해주는 형태학적 특징들에 대해 탁월한 분석을 한 바 있다. 크고 둥근 머리, 살짝 들어간 턱, 커다란 눈을 가진 개는 성견이 아니라 강아지임을 말해준다. 인간이든 바다표범이든 어려 보이는 대상에게 우리는 '귀엽다'는 느낌을 받는다. 굴드는 '어리다'는 느낌이 가져다주는 감정적 반응을 미키마우스 만화 캐릭터의 발전에 적용시켜 분석했다. 그에 따르면, 미키마우스의 얼굴 형태와 행동은 함께 진화해왔다. 미키마우스는 원래 긴 코와 구슬 모양의 눈을 가진 청년에서 시작하여 점차 부드러운 모양으로 변하더니 마침내 커다란 머리에 넓은 눈을 한 깜찍한 어린아이의 모습을 갖추게 되었다. 이에 대해 굴드는 이렇게 주장했다.

"어린아이가 지닌 여러 특징은 사람들 사이에 강력한 감정적 반응을 일으킬 수 있으며, 이는 다른 동물을 표현할 때도 마찬가지다. 나는 미키마우스가 진화해온 경로가 성장과정의 반대방향이었던 것은 디즈니 만화가들의 무의식 속에서 생물학적 발견이 있었음을 반영한다고 생각한다."

이와 마찬가지로 남성이 여성의 가슴과 엉덩이에 변함없이 큰 관심을 가진다는 데서 역으로 여성의 신체 형태가 남성의 본능적 반응을 야기한다고 생각해볼 수도 있다. 빙하시대의 인간들도 여러 그림과 조각 속에 여성의 특징적인 체형을 표현했으며, 오늘날 코르셋과 브래지어 등 여성 속옷 생산자들이나 할리우드의 영화 제작자들, 그리고 포르노영화 촬영자들 등도 그러한 여성 체형의 특징을 백분 활용한다.

물론 이러한 생각에 반대하는 의견도 있다. 미국의 인류학자 시몬스(Donald Symons)는 인간의 특징적인 해부학적 구조가 동물들처럼 자웅선택의 결과 생겨났다는 증거는 없다고 주장한다. 시몬스에 따르면 여성은 상대를 선택하는 데 있어 그다지 많은 역할을 하지 않는데, 건강하고 아름다운 알몸과 섹스를 일종의 협상카드로 이용하는 것 정도가 여성이 할 수 있는 역할이었다. 그는 인간의 경우 성별 내에서의 경쟁, 특히 남성들 사이의 경쟁의 결과가 성별에 따른 해부학적 구조의 차이를 만들었다고 궁색하게 설명한다. 그러나 이것만으로 인간 여성이 다른 영장류들이나 포유동물들과 확연히 차이 나는 신체적 특징을 가지게 된 이유를 설명할 수는 없다.

인간 여성의 외모를 이해하기 위해서는 먼저 남성의 진화에 대해 조금 더 생각해볼 필요가 있다. 인간은 모든 영장류들 중에서 남녀의 외모 차이가 가장 적다. 인간 남성은 고릴라나 원숭이 수컷처럼 싸움을 유리하게 이끌 수 있는 큰 체구와 날카로운 송곳니를 가지고 있지 않다. 이는 인간이 남성끼리의 싸움을 통해 승리한 자가 상대를 선택하는 교미 시스템이 아님을 시사해주는 것이다. 이로부터 체구가 큰 근육질 남성들 사이의 싸움 능력보다는 사냥 능력이 선택에 더 큰 영향을 주었다고 유추할 수도 있다.

수렵채집 사회에서 사냥 능력은 남성의 생식 성공에 중요한 요인이었다. 홀름버그는 무자비한 사냥꾼이었던 시리오노족 남성의 사례를 보고했다. 그는 사냥에 실패하여 아내를 잃고 조롱당했다. 홀름버그는 이 남성에게 엽총 사용법을 알려주었다. 그러자 그가 잡아온 고기의 양은 극적으로 증가했고, 결과적으로 그는 두 명의 아내를 거느리게 되었다. 홀름버그가 총을 다시 돌려받아 미국으로 돌아간 후 이 남성에게 무슨 일이 생겼는지는 모른다.

사냥은 단지 신체 크기에 좌우되는 것이 아니라 강력한 상체의 힘을 필요로 하는 것이다. 이는 남성이 여성보다 체구가 약간만 더 큰 이유이기도 하다. 대부분의 문명에서 남성이 사냥했으며 여성은 사냥하지 않았다. 인간의 경우 지능이 우수하고 뇌의 크기가 커지는 방향으로 진화하면서 생긴 또 다른 변화는 여성의 골반이 매우 커졌다는 것이다. 이러한 여성의 신체구조는 달리기에 적합하지 않았다. 특히 아기를 키울 때는 사냥하기에 더욱 부적합했다. 반면 남성은 싸우거나 사냥하는 것 외에는 할 일이 없었다. 분명한 점은 여러 자료들을 종합해볼 때 인간 남녀의 신체 구조 차이는 남성들 사이의 싸움보다는 그들이 담당한 사냥에 더 많은 관련이 있다는 것이다. 생활방식이 수렵채집에서 농경 중심까지 다양한 북아메리카의 원주민 부족 다섯 군데를 조사한 연구에 따르면, 사냥에 대한 의존이 큰 부족일수록 신체 골격의 남녀 차이가 큰 것으로 나타났다.

물론 여기서도 사냥은 부차적 문제다. 중요한 점은 남성이 생식에 성공하기 위해서는 단지 남성들과의 싸움에만 의존하는 것이 아니라, 고기와 같은 자원을 모으는 능력을 향상시키기 위해 노력해야만 했다는 것이다. 남성은 아내와 자녀를 부양하는 데 큰 역할을 담당했으며, 이는 지난 역사 속에서 대부분의 기간 동안 남성의 생식 성공에 가장 중요한 요인으로 작용했다.

남성이 자신의 배우자와 자손을 부양하는 데 기여함에 따라, 이제 남성은 여성의 생존과 생식을 위한 일종의 자원이 되었다. 그렇다면 경쟁자들보다 더 많은 자원을 소유한 남성을 두고 여성들끼리 경쟁한다고 볼 수도 있다. 실제로 많은 인류학자들과 생물학자들은 여성의 역할을 폄하한 시몬스와 반대되는 관점을 취했다. 그들은 여성이 자신의 생식 능력을 과시하고 경쟁했으며, 커다란 가슴과 엉덩이는 생식을 위한 지방을 많이 비축하고 있음을 보여주는 것이었다고 주장했다. 여러 종의 포유류와 조류에서 수컷은 크기가 작으며 성적으로 유혹하는 화려한 모습을 하고 있다. 그러나 인간은 여성이 더 많이 치장한다. 이는 남성 한 명이 부양할 수 있는 여성들의 수가 한정되어 있었기 때문일지도 모른다. 그렇기 때문에 남성은 배우자를 선택할 때 가장 많은 자녀를 낳아줄 수 있는 여성을 고르려 했을 것이다.

오랫동안 인간은 자신의 독특한 생식 시스템을 당연한 것으로 받아들여왔다. 밀턴(John Milton)은 〈투사 삼손〉에서 이렇게 썼다. "오 주여, 이 사람은 누구입니까?/이렇게 아름다운 장식으로 몸을 꾸민 것으로 보니 여인으로 생각됩니다/이 여인을 제게 보내주셨나이까?" 하지만 단지 인간 남성들만이 이와 같은 방식으로 생각한다. 그리고 인간은 자연사에 관한 제한된 지식을 지닌 유일한 동물이다. 자연에서는 멋을 내고 몸을 장식하는 쪽이 수컷이다.

여기에 아이러니가 있다. 남성에게 자녀 양육에 더 많은 기여를 하도록 만드는 보이지 않는 압력이 작용해왔듯이 여성의 경우도 선호되는 신체적 전형을 만들어가도록 보이지 않는 압력이 작용해왔을지도 모른다. 물론 과거에 뚱뚱하고 생식력 높은 여성에 대한 남성들의 선호가 여성의 신체 형태에 영향을 주었다는 가정은 쉽게 증명될 수 없는 이론이다. 그러나 그와 같은 가정을 비난하는 사람들은 그것이 단지 추측에 불과하다는 점을 망각한 것이다. 그리고 그들은 뚱뚱하거나 생식력이 높은 여성들을 선호하는 남성을 시대에 한참 뒤떨어졌다고 치부해 버릴 것이다. 오늘날 우리 사회는 칼로리를 천하게 취급하고, 뚱뚱하면 예쁘지 않다고 생각하고, 많은 사람들이 비만 때문에 신음하는 세계이기 때문이다.

# 10. 발정기의 생식학

인간 여성은 자신의 생식에 관해 예측하기 어렵다. 다른 생물 종들과 비교할 때 그렇다는 말이다. 쉽게 말해 여성은 발정기— 생식 생리로 보았을 때 배란과 수정의 가능성이 가장 높아지고 또 이를 적극적으로 알려야 할 시기— 를 그냥 넘겨버린다. 대부분의 포유동물 암컷들은 규칙적이고 예측 가능한 발정기가 있고, 이때 암컷은 화려하게 치장한다. 애완용 개나 고양이를 가진 사람이라면 포유동물의 발정기를 예측하는 방법을 알 것이다. 암고양이는 눈에 띄게 몸을 긁거나 생식기를 바닥에 문지르며 돌아다닌다. 한편 암캐는 수 킬로미터 밖에 있는 수캐를 유혹할 정도로 강한 냄새를 풍긴다. 동물의 경우 생식과 관련해 암컷의 몸 상태가 모호할 때는 없다. 수컷은 암컷이 발정기일 때 어김없이 달려들고, 발정기가 지나면 전혀 관심을 두지 않는다.

　　이와 비교할 때 인간은 여성의 발정기를 판단하기 어렵다. 남성은 여성이 배란 준비 중인 시기를 알 수 없다. 혹 여성이 준비가 되었다는 신호를 보낼지도 모르지만, 사실을 말하자면 여성 자신도 배란의 순간을 모르는 경우가 보통이다. 여성은 배란 주기를 알 수 있는 단서를 거의 보내지 않는다. 발정기가 표면적으로 드러나지 않는다는 것은 여성과 남성 모두에게 생물학적으로 특이한 일임에 틀림없다. 그렇다면 여성은 왜 발정기를 알지 못하는 방향으로 진화해온 것일까?

동물의 경우 발정기에는 자신의 상태를 알린다. 즉 자신을 꾸민다. 발정기는 암컷이 수컷에게 행동으로 보내는 신호라 할 수 있다. 이렇게 생각할 때 인간의 경우, 여성의 발정기가 사실상 사라진 미스터리를 풀기 위해서는 여러 가지 면들을 고려해보아야 한다.

우선 인간과 가장 유사한 동물 종, 즉 영장류를 살펴볼 필요가 있다. 영장류는 발정기에 매우 다양한 형태로 자기를 선전한다. 교미 시스템도 다양하여 엄격한 일부일처제에서부터 무질서한 난교, 극단적 일부다처제까지 거의 모든 형태가 있다. 먼저 발정기 신호 보내기가 종의 교미 시스템과 어떻게 연결되는지 생각해보아야 한다. 암컷이 보내는 신호의 강도가 센 경우는 여러 마리의 암컷과 수컷들이 난교하는 시스템과 관련된다. 침팬지 무리에서 흔히 볼 수 있는 형태다. 침팬지 암컷은 약 35일 간격의 규칙적 생리주기를 가진다. 그중 약 절반의 시간이 발정기인데, 암컷은 이 시기 동안 자신이 발정기임을 드러내기 위해 사타구니 피부가 화려한 핑크색으로 변하고 붉게 부풀어 오른다. 발정기의 암컷은 일반적으로 여러 마리의 수컷들과 반복해서 교미한다.

발정기에 피부가 부풀어 오르는 모습은 다른 영장류들에게서도 관찰할 수 있는데, 주로 암컷이 여러 수컷과 교미하는 난교 시스템에서 볼 수 있다. 동물학자인 하비(Paul Harvey)와 클러튼브록(Tim Clutton-Brock)은 암컷이 수컷들끼리의 경쟁을 유도하기 위해 피부를 부풀려 선동한다고 설명했다. 수컷들끼리의 경쟁이 심해질수록 교미에 부적합한 수컷을 탈락시키기가 쉬워지기 때문이다. 하지만 영장류학자인 허디 (Sarah Hrdy)는 이러한 시각의 문제점을 지적했다. 여기서의 경쟁은 성자들의 경쟁이다. 많은 암컷과 교미하는 수컷이 많은 자손을 낳게 된다. 그러나 이것으로 수컷의 전체적 질을 판단하기는 어렵다. 암컷은 이미 수컷과 거의 대부분의 시간을 함께 보내고 있기 때문에 수컷의 사회적 지위나 연령 등에 관해 많은 정보를 접할 수 있다. 그렇기 때문에 이러한 방식의 선동은 필요하지 않다. 따라서 허디는 암컷이 단순히 효율성을 추구하기 때문에 피부를 부풀린다고 보았다. 암컷이 스스로 발정기임을 선전하면, 교미 상대의 선택이라는 까다로운 과제를 수컷들 스스로 해결하도록 전가시킬 수 있다는 것이다.

그러나 여전히 풀리지 않는 의문이 남는다. 그렇다면 암컷은 왜 불필요하게 많은 교미를 하는 것일까? 허디를 비롯한 여러 영장류학자들은 수컷으로 하여금 자신의 자손이 누구인지 확신하기 어렵게 만드는 것이라고 보았다. 이렇게 되면 수컷이 자기 자손이 아니라는 이유로 다른 여러 자손들을 차별할 수 없게 되기 때문이다. 수컷의 차별 행위는 심할 경우 자기 자손이 아닌 새끼들을 죽여서 그 어미를 다시 발정기 상태로 돌리려는 데까지 이른다. 그러므로 암컷으로서는 부자 관계 확인을 어렵게 하여 수컷이 하는 아버지로서의 기여 행위가 암컷 집단 내에서 고르게 배분되게 하는 편이 좋다. 암컷의 이런 행동은 수컷이 새끼를 죽이지 못하게 할 뿐만 아니라 아버지로서 하는 기여 행위의 전체 양을 증가시키는 효과도 있다. 물론 부자 관계 확인이 전적으로 불가능하면 대부분의 경우 수컷이 아버지로서의 기여 행위를 하지 않을 것이다. 그러나 비교적 안정된 구조를 갖춘 사회적 동물 무리에서는 부자 관계의 개연성을 확인하는 것이 전혀 불가능한 일은 아니다. 최소한 자신과 교미한 암컷들에게서 자신의 자손이 생산되었다는 개연성을 가질 수는 있는 것이다. 중요한 것은 아버지의 양육 기능이 필요하다면 수컷으로 하여금 자손 양육 역할을 완전히 방기해버리게 해서는 안 된다는 점이다. 그러면 자손들에게 고통이 돌아갈 것이 확실하다. 대신 수컷과 교미를 한 암컷들의 자손들 모두에게 고르게 수컷의 양육 노력이 배분되는 편을 택하는 것이다.

캘리포니아대학의 영장류학자인 타우브(David Taub)는 바바리원숭이의 예를 통해, 암컷의 난교는 적응행위이며 수컷의 자손 양육 기여를 증가시킨다고 설명한다. 원산지가 북아프리카인 이들 원숭이는 암컷의 발정기 동안 매우 활발해진다. 암컷들은 며칠에 걸쳐 한 시간에 4회 가까이 교미하며 무리 내의 모든 수컷들을 상대하는 경우가 보통이다. 하지만 이것이 수컷이 부모로서의 역할에서 완전히 벗어난 상태임을 의미하는 것은 아니다. 수컷이 아버지로서 하는 기여가 특정 암컷에게 집중되지 않음을 의미할 뿐이다. 수컷은 여러 암컷들에게서 난 새끼들을 업고 다니며 보호해준다. 즉 자신의 자손일 확률이 고르게 분포되어 있으므로 아버지로서의 기여도 모든 새끼에게 고르게 나누어주는 것이다. 도토리딱따구리 암컷의 행동도 같은 방법으로 설명할 수 있다. 이 종의 암컷들은 무리의 리더뿐 아니라 다른 수컷들과도 교미한다. 또한 암컷과 교미한 수컷은 서로 밀접한 쌍을 이루지 않더라도 둥지 짓기를 도와준다.

정직한 자기광고를 하는 수컷들 가운데서 선택을 해야 할 때 암컷이 교미 횟수를 늘릴 수도 있다. 암컷의 입장에서는 교미 횟수를 늘리면 자기광고를 하는 수컷의 실제 신체적 상태를 제대로 검사해볼 수 있다. 교미나 정사생산에 생리학적 비용이 많이 필요하다면, 교미를 통해 속일 수 없는 단서를 얻을 수 있을 것이다. 사자의 생식에 대해 연구한 영국의 동물학자 버트램(Brian Bertram)은 사자가 자신의 유전자를 지닌 새끼를 얻기 위해 교미에 치러야 하는 비용이 얼마나 되는지를 추산했다.

"사자가 3일 동안 15분마다 교미한다고 가정하면, 3일간의 교미 행위를 다섯 번 되풀이해야 그중 한 번만이 새끼로 태어난다. 새끼들은 평균 2.5마리가 태어나며 이들의 영아사망률은 80퍼센트에 이른다. 이렇게 되면 수컷은 새끼 한 마리를 다음 세대로 성장시키기 위해 평균 3000회의 교미를 해야 한다."

일부 고양이들과 설치류들은 여러 차례의 교미를 통해 자극을 주어야만 수태에 필요한 신경 및 호르몬의 변화가 일어난다. 한 번의 사정으로 암컷을 수정시킬 수도 있지만, 배란을 자극하고 착상을 유도하기 위해서는 교미를 반복할 필요가 있다. 이런 시스템은 수컷의 관할 구역이나 사회적 지위를 평가하는 수단이 될 수 있다. 여러 번 교미를 하는 수컷은 일과성의 침입자일 가능성이 적다. 침입자 수컷은 새끼를 돌보지 않기 때문에, 그 수컷이 떠나면 태어난 새끼가 다른 수컷들에게 살해당할 수도 있다. 따라서 해당 구역의 수컷인지 아닌지를 판단하는 것도 중요한 일이다. 그리고 여러 차례 교미를 하면 그 수컷의 생리학적 능력도 검증된다.

수컷에게 교미가 값비싼 비용을 치르는 일일 경우, 암컷이 교미 횟수를 늘리는 것은 수컷의 정직한 자기광고를 검증하기 위한 적응행위로 볼 수 있다. 여러 차례 사정을 하기가 어렵다면 건강하지 못한 수컷은 교미 경쟁에서 탈락할 수밖에 없다. 게다가 사회적 관계를 형성하는 무리 내에서의 교미는 눈에 띌 수밖에 없고 지배관계의 영향을 받는다. 하위계급에 속하는 개체가 자신의 서열을 노출시키지 않고 교미하기는 어렵다. 그러므로 암컷은 여러 수컷과 교미를 자주하여 지배계급과 교미하게 될 가능성을 높인다. 즉 암컷은 자손들의 아버지가 되려는 수컷들에게 정직하게 자기광고를 하도록 만드는 셈이다.

일부일처제, 즉 단혼제의 구조에서는 암컷의 이러한 전략이 소용없게 된다. 수컷은 하나뿐인 배우자를 보호하여 자신이 아버지임을 보장받고 자신의 투자에 대한 결실을 얻으려 한다. 암컷이 수컷과의 친밀성을 유지하거나 새끼들의 양육과 적으로부터의 보호 등에 수컷이 기여하도록 하는 데 발정기는 별 역할을 하지 못한다. 밤원숭이, 티티원숭이, 비단원숭이 등은 인간처럼 일부일처제로 살아가는데 주로 수컷이 새끼 양육에 많은 기여를 한다. 비단원숭이는 쌍둥이를 낳는데, 새로 태어난 새끼를 안고 운반하는 일은 아버지가 담당하며 젖을 먹일 때만 어미에게 맡긴다. 수컷이 이와 같이 열정적으로 새끼 양육에 기여하면 암컷은 더 많은 새끼를 낳을 수 있다.

한편 비단원숭이는 발정기에 강한 신호를 보내지 않는다. 발정기에 신호를 보냄으로써 교미와 수정의 효율성을 높일 수 있을지도 모르지만, 정작 암컷의 삶에서는 중요한 역할을 하는 것 같지 않다. 단지 수컷에게만 편리할 수 있는데, 발정기가 되었음을 알리는 강력한 신호를 보내면 수컷이 암컷에게 구애하고 교미하기가 더 쉬워지기 때문이다. 만약 어떤 암컷이 아직 가임 기간이 아님을 쉽게 알 수 있다면, 수컷은 그런 암컷은 상대하지 않고 발정기인 암컷들만 찾아다닐 수 있다. 그렇게 되면 수컷은 새끼 양육에 많은 기여를 할 필요가 없게 된다.

무차별한 자기광고는 반갑지 않은 손님을 불러들일 수도 있다. 생식의 기회가 많지 않은 영장류 암컷들에게 임신은 매우 중요한 일이기 때문에 결코 가볍게 처리할 수 없다. 건조기나 질병이 확산되기 직전에 임신하게 되면 심각한 문제를 일으킬 수 있다. 그러므로 자기광고를 제한하는 것이 임신 시기를 조절하는 방법 중 하나가 된다. 즉, 암컷으로서는 자신이 교미의 결정권을 가지는 편이 유리할 수 있다.

수컷 강간범의 위협이 도사리고 있을 때 암컷은 발정기를 숨겨야 한다. 동남아시아 우림지대에 서식하는 오랑우탄의 암컷은 수컷들의 텃세 구역 전체에 걸쳐 넓게 분포하며, 혼자서 먹이를 구하러 돌아다닌다. 새끼들의 아버지는 암컷을 도와주지 않으며 다른 수컷의 공격으로부터 보호해주지도 않는다. 다 자란 수컷은 자신의 텃세 구역에 침입자들이 들어오지 못하도록 방어하지만, 자기 구역 없이 떠돌아다니는 젊은 수컷들이 구역 안으로 들어와서 암컷을 강간하는 일이 종종 발생한다. 오랜 시간 오랑우탄을 연구했던 갈디카스(Birute Galdikas)는 이런 강간행위를 자주 목격했는데, 모두 젊은 수컷에 의한 것이었다. 암컷이 발정기 신호를 보내지 않을 때는 강간 사례가 줄어드는 경향이 있었다. 강간에는 당연히 암컷과의 신체적 싸움이 수반되고, 구역의 대장 수컷에게 발각될 위험도 있다. 따라서 만약 암컷의 생식주기를 예측하기 어렵다면 강간이 일어날 가능성이 적을 것이며, 강간이 일어난다 해도 임신으로 연결될 가능성이 적다. 오랑우탄 암컷은 발정기 신호가 거의 없는데, 관할구역이 넓고 교미를 감시할 방법이 없기 때문에 이런 환경에 대한 적응으로 발정기가 없어졌다고 볼 수 있다.

진화생물학자인 스트래스먼(Beverly Strassman)은 인간 여성의 감각생리 속에 강간의 위협을 감지할 수 있는 힘이 내재해 있다고 말한다. 그녀의 생리학 연구 결과에 의하면, 배란이 다가오면 여성은 청각과 시각이 예민해지고 후각도 남성의 페로몬을 맡을 수 있을 정도로 발달한다. 스트래스먼은 이런 능력이 "숨어서 슬금슬금 다가오는 강간범을 피할 수 있는 힘을 키워줄 수 있을 것이다."라고 말한다.

인류학자 시몬스는 발정기가 없어지면 암컷은 보다 직접적이고 실제적인 이득을 챙긴다고 보았다. 그는 암컷이 수컷과 교미를 하는 대가로 먹이를 얻기도 한다고 주장한다. 그는 수컷 침팬지가 사냥에서 얻은 먹이를 암컷과 나누는 경우를 많이 관찰했다. 수컷은 이렇게 암컷에게 먹이를 나누어주면서 유혹하여 교미를 했다. 다른 학자들 역시 이와 비슷하게 수컷이 암컷에게 무언가를 제공하고 암컷은 그 보답으로 교미를 해주는 관계를 관찰한 사례가 있다.

한편 손힐은 발정기가 없어짐에 따라 암컷이 파트너 몰래 다른 수컷과 교미할 수 있게 되었다고 주장한다. 이렇게 함으로써 암컷은 자신의 후손들이 유전적으로 다양한 형질을 갖게 할 수 있다. 유전적으로 다양한 후손을 만드는 것은 교미의 가장 중요한 목적 중 하나다. 특히, 수컷이 암컷으로 하여금 둥지를 떠나지 못하게 하거나 관할 구역 내로 다른 수컷이 들어오지 못하게 하는 등 강력히 일부일처제를 강제하는 경우에는 파트너 몰래 하는 교미가 매우 중요한 의미를 지닌다. 하지만 암컷의 생식주기를 예측하기 어렵다면, 구역을 지배하는 수컷이 암컷의 간통을 감시하는 데도 한계가 있다. 과거에는 일부일처제로 생각되었던 푸른 울새 무리에서 일처다부제 사례가 많이 관찰되는 이유도 여기에 있을 것이다. 얼룩다람쥐는 일처다부인 경우가 훨씬 많다. 수컷 얼룩다람쥐는 새끼 양육에 아버지로서 별 기여를 하지 않기 때문에 파트너를 감시하기보다는 교미 대상을 찾는 데 더 많은 노력을 바친다.

부계의 불확실성은 인간 사회에서도 존재한다. 따라서 자신의 자녀임을 확신하는 아버지가 자녀 양육에 더 많은 기여를 한다. 베네수엘라 우림지대의 야노마모족에서부터 미국 중서부 농촌 주민들까지 다양한 인구집단을 표본으로 한 연구 결과를 보면, 자신의 혈통이라고 믿고 돌보는 자녀들 중 적어도 10퍼센트는 다른 남자의 자녀인 것으로 나타났다. 유전자 검사 기술이 발달함에 따라 친자 확인이나 양육 책임을 둘러싼 다툼이 종종 엉뚱한 결론에 도달할 때도 있다. 한 학자는 양육 책임과 관련된 소송에서 혈액 검사 없이 자신이 아버지라고 시인한 67명의 남성을 대상으로 유전자 확인을 해보았다. 그 결과 자신이 아버지라고 시인하여 자녀에 대한 법적 책임을 지게 된 경우의 28퍼센트가 실제로는 다른 남자의 자녀인 것으로 나타났다. 이는 생식주기를 예측할 수 없는 암컷과 교미한 수컷이 맞닥뜨리게 되는 어려움을 말해준다. 즉, 암컷은 항상 자신의 자손임을 확신할 수 있지만 수컷으로서는 단지 추측만 할 수 있을 뿐이다.

인간의 발정기 소실이 다른 환경적 요인 때문에 나타난 부수 현상이라고 보는 설명들도 있다. 그중 하나는 인간이 식량을 찾아 두 발로 걸어서 장기간 이동해야 하는 유목인이었을 때, 여성이 이러한 생활을 견뎌내기 위해서는 근육을 강화해주는 호르몬인 안드로겐이 필요했는데, 이 호르몬에 발정기 발현을 억제하는 기능이 있다는 것이다. 그러나 혹독한 환경에서 살아가는 다른 영장류 암컷에게서는 발정기가 나타나는 것을 볼 때, 이러한 설명에는 무리가 있는 것 같다. 발정기 발현이 자신에게 득이 된다면 인간이라고 해서 이를 드러내지 않아야 할 생리학적 이유가 없다.

인간이 직립보행을 하게 됨에 따라 발정기에 부풀어 오른 생식기가 두드러지게 드러나지 않게 되었다고 설명하는 학자들도 있다. 즉, 여성이 발정기 발현을 하지 않게 된 이유는 단지 시각적으로 별 효과가 없었기 때문이라는 것이다. 그러나 만약 남성이 해독해야 할 중요한 메시지가 있다면 몸을 구부려서라도 관찰했을 것이기 때문에 그다지 설득력 있는 설명은 아닌 듯하다.

인류학자인 벌리(Nancy Burley)는 《아메리칸 내추럴리스트*American Naturalist*》에 기고한 글에서 여성은 자기 자신에게 배란을 감추는 방향으로 진화해왔다고 주장한다. 여성이 임신과 출산에 대한 두려움을 갖고 있다면 출산율을 낮추는 쪽으로 적응해갈 수밖에 없는데, 만약 여성이 배란을 예측할 수 없다면 출산율을 좀 더 높일 수 있다는 것이다. 그러나 나는 이러한 숨김의 기제가 진화할 수 있다고 생각하지 않는다. 게다가 출산과 관련된 여성의 다른 특징적 행동들도 있다. 건강하지 않거나 좋지 않은 환경에서 태어나는 자손을 피하기 위해 피임, 낙태, 영아살해 등의 방법을 동원하기도 하는 것이다. 또한 인간이 출산과 관련해 직면했던 문제들은 대개 너무 적은 임신보다는 너무 많은 임신이었다.

인간의 발정기 소실을 설명하기 위해서는 인간 특유의 경향을 다루어야 한다. 인간의 경우 총명하고 자립심 강한 자녀를 만들기 위해서는 아버지의 자녀 양육 기여가 매우 중요하다. 이러한 기여는 단지 아기를 돌보는 것만이 아니다. 양육에 필요한 물질적 자원, 자녀에게 물려줄 지식과 사회적 영향력도 확보해야 한다. 일단 부모가 되면 남녀 모두 양육에 필요한 모든 자원을 얻기 위해 많은 희생을 치러야 한다. 우발적으로 아무 남녀와 섹스를 할 수도 없고, 자유를 누리기도 힘들며, 마음대로 보금자리를 옮길 수도 없다. 분명한 것은 자녀 양육 기여라는 화두가 여성이 이용할 수 있는 남성의 약점 가운데 하나라는 점이다.

셰익스피어의 희곡 《사랑의 헛수고 Love Labour's Lost》에는 다음과 같은 노래가 있다. "나무들마다 쿠쿠(Cuckoo, 뻐꾸기)가 쿠쿠 노래하네/결혼한 남자들을 조롱하네/쿠쿠 하며 노래하네/쿠쿠, 쿠쿠, 오 무서운 단어여/결혼한 사람들의 귀를 어지럽히네." 간통(cuckoldry)과 뻐꾸기(cuckoo)의 발음이 비슷한 점에 착안해 만든 노래일 터인데, 어쨌든 간통은 결혼해서 자녀 양육에 막대한 노력을 쏟아 붓는 사랑을 물거품으로 만들어버린다.

전적으로 생물학적인 차원에서만 본다면 발정기를 숨길 경우 여성(암컷)이 다른 남성(수컷)과 간통을 할 가능성은 더욱 높아진다. 또한 배우자 남성은 여성을 언제 감시해야 할지 짐작할 수 없게 된다. 이를 이용해 여성은 남성에게 일부일처제를 강제할 힘을 키울 수 있다. 사회생물학자인 알렉산더(Richard Alexander)와 누난(Katherine Noonan)은 만약 남성이 섹스 파트너의 생식주기를 알지 못한다면 그는 파트너를 지키고 있어야 한다고 지적했다. 이는 그가 다른 섹스 파트너를 찾기 어렵게 됨을 의미한다. 결국 그는 자신이 지켜서 얻어낸 자식의 자녀 양육에 최대의 노력을 기울이게 된다. 또한 일부일처제는 집단 내에서 남성들 사이의 싸움을 줄여준다. 많은 인류학자들과 생물학자들은 인간의 진화에서 집단 내의 협력은 매우 중요한 요소였다고 생각한다. 만약 특정 집단이나 혈통들이 서로 싸우고 있다면, 즉 종족 사이의 전쟁을 통해 직접 싸우거나—농경 사회 이전에는 흔히 발생했던 사건들이다—내적 성장을 도모해 간접적으로 경쟁하고 있다면, 각 집단은 내부의 결속력을 강화하는 방향으로 적응해가게 된다. 어떤 남성은 여러 명의 아내를 거느리고 다른 남성은 한 명의 아내도 얻지 못할 수 있는 일부다처제와 비교할 때 일부일처제는 집단 내 남성들 사이의 싸움을 줄여야만 한다.

하지만 자연에서는 집단 선택이 개체 선택보다 중요한 요소가 되는 경우가 거의 없기 때문에 이와 같은 설명은 설득력이 약할 수 있다. 하지만 발정기 소실이 평균적인 개별 남성과 여성들에게 실제로 이익이 된다는 것은 사실이다. 물론 일부다처제를 통해 잃을 것이 없는 남성의 경우에는 못마땅한 일일지도 모르지만, 평균적인 혹은 거기에 약간 못 미치는 남성이나 대부분의 여성들에게는 이와 같은 경향이 유리하게 작용한다.

사회적 경쟁으로 인해 자녀 양육에 많은 노력을 기울여야 하는 상황에서 남성이 생식 성공률을 높이기 위해 취할 수 있는 전략은 두 가지뿐이다. 즉, 일부다처제와 간통이다. 일부다처제는 대부분 여성들에게 불리하다. 이 경우 여성은 남성이 자신과 자신의 자녀에게 많은 시간과 노력을 할애하도록 유도해내야 하는데, 이때 발정기 소실은 여성의 간통 가능성을 높임으로써 일부다처제에 대항하는 무기로 사용할 수 있게 해준다.

물론 인간의 경우 이러한 설명은 단지 추측에 지나지 않으며, 여러 사례들을 하나씩 열거해볼 수 있을 뿐이다. 인간을 포함한 영장류들은 발정기 발현이나 자녀 양육 기여, 그리고 부계의 확실성 정도가 매우 다양하다. 영장류들에 대한 비교 데이터가 쌓여감에 따라, 이러한 주장이 인정받을지 혹은 폐기될지 결정될 것이다. 하지만 어떤 영장류들의 경우는 관련 데이터가 아직 거의 없는 실정이다. 아메리카나 아프리카, 그리고 아시아 등지에서 자연적으로 살아가는 종들에게 극심한 생태학적 변화가 오기 전에 그러한 데이터를 모을 수 있을지는 의문이다. 이 이론이 언제까지나 추론 수준에서 머물게 될지라도 나는 어느 정도 안도감을 가진다. 왜냐하면 남성에게 억압당한 여성의 역사에 대한 주장들이 상당 부분 정당함에도 불구하고, 여성의 생식생리가 남성의 희생을 바탕으로 하여 승리를 거두었다는 생각이 내게 적지 않은 위로를 가져다주기 때문이다.

# 11. 오르가즘과 무기력

대부분의 동물들은 매우 게으른 것처럼 보인다. 하루의 많은 시간을 누워서 졸거나 햇볕을 쬐면서 빈둥거리며 보낸다. 부지런하다면 그 시간에 먹이를 찾거나 삶의 질을 향상시키기 위해 다른 일을 할 수도 있다. 텔레비전 다큐멘터리에 나오는 야생동물들의 삶에 감동한 사람들이 만약 직접 자연으로 나가 사진을 찍거나 동물들을 관찰하게 된다면 지루해서 진저리를 칠지도 모른다. 사자 무리가 야생 영양 한 마리를 잡아서 끌고 가는 사진 한 장을 촬영하려면, 축 늘어진 자세로 있는 사자에게 카메라를 고정시켜놓고 몇 시간 동안 혹은 며칠 동안 지켜보고 있어야 한다. 동물들의 행동을 연구하려는 사람이 많지 않고, 자연이 텔레비전에 나오는 것처럼 매혹적이지 않은 이유가 여기에 있을지도 모른다. 전공자들 가운데에서도 동물 행동을 주제로 박사논문을 쓰려고 마음먹었다가 자연의 실상, 즉 동물들이 잠자거나 몸을 긁는 모습만 수백 시간 내지 수천 시간 지켜보아야 하며 정작 관심사인 행동을 관찰하는 시간은 극히 짧은 순간에 지나지 않는다는 사실을 알면 논문 쓰기를 포기하는 사람들이 많다.

이와 같은 게으름에는 분명한 적응론적 이유가 있다. 위장이 가득 차 있거나 먹잇감이 없으면 사냥에 나설 때가 아니다. 혹시 생길지 모를 사고나 에너지 낭비를 피하기 위해서는 가만히 누워 있는 게 상책이다. 그러나 그렇다고 해서 온종일 꼼짝도 않고 아무 생각 없이 있어서는 안 된다. 동물들은 대부분의 시간을 이렇게 빈둥대며 보내다가도 배가 고프면 움직이기 시작하고 그 결과가 만족스러우면 다음번엔 더욱 전력을 다하게 된다. 예를 들어 고양잇과 동물들에게 고기는 맛있는 먹이다. 고양잇과 동물들이 그 맛을 보고 즐거움을 얻으면 적응 과정의 일부가 된다. 이는 이른바 근접 기제(proximate mechanism)라고 부르는 과정이다. 근접 기제는 생식에 필요한 영양소를 얻는다는 궁극적 목표를 이루기 위한 동기유발 장치의 기능을 한다. 이렇게 동물들은 불만에서 시작된 동기유발, 행동, 만족, 게으름, 그리고 다시 불만이 반복되는 적응 과정을 거치게 된다.

오르가즘 역시 동기유발 장치다. 수컷의 경우는 교미를 자주 할 때 얻는 오르가즘 자체가 보상이 되기 때문에 교미를 회피한 채 누워 잠자면서 보내는 경우보다 적합성이 더 높아진다. 그러나 이렇게 간단한 논리를 암컷에게도 적용하는 데는 어려움이 따른다. 다음과 같은 난제가 있다. 만약 수컷이 모든 암컷들에게 정자를 제공하고도 남을 정도라면 암컷으로서는 교미를 많이 유도하는 장치가 필요 없게 된다. 사실, 무작정 자주 임신하게 되면 암컷의 전체적 적합성이 떨어지고 그렇게 되면 오르가즘이 오히려 위해 요인이 될 수 있다. 그리고 우리는 오랫동안 단지 인간 여성만이 오르가즘을 경험한다고 생각해왔기 때문에,

암컷의 오르가즘이 어떤 역할을 하는지 이해하기 어려웠다.

　인류학자 시몬스에 따르면 암컷의 오르가즘은 수컷의 오르가즘에 대한 강력한 진화적 선택 결과 생겨난 부산물이다. 즉, 암컷의 오르가즘은 암컷 자체만의 적응 결과가 아니라는 것이다. 교미 행위에는 이와 같은 선택 작용과 신경 정보가 필요하고, 이는 또한 암수의 생식기가 모두 감각적으로 민감해지도록 만들었다. 시몬스는 만약 충분한 자극이 있다면 단순히 신경 자극이 축적되고 발산되는 것만으로도 모든 영장류 암컷들이 오르가즘을 경험할 수 있다고 주장한다. 따라서 그는 "인간 여성이 오르가즘을 경험할 수 있는 능력은 읽을 수 있는 능력과 마찬가지로 필요에 따른 적응의 결과에 지나지 않는다."고 말한다.

　시몬스는 "인간 여성도―다른 포유류 암컷들과 마찬가지로―보통은 성적 결합을 즐긴다는 증거가 많이 있다."는 주장에 동의한다. 그럼에도 그는 "우리 조상 세대에, 오르가즘을 경험하지 않은 여성보다 경험한 여성의 생식 성공률이 평균적으로 더 높았다는 증거가 있을 때만 여성의 오르가즘을 자체적인 적응의 일환으로 볼 수 있을 것이다."라고 말한다. 시몬스가 암컷의 오르가즘을 적응으로 보는 견해에 반대한 이유 중의 하나는, 그와 같은 주장이 주로 '암수 한 쌍 결합관계'를 근거로 하고 있기 때문이다. 시몬스는 일부일처제인 인간에게는 강력한 '암수 한 쌍 결합'이 있다는 가정에 근거한 여러 생물학자와 심리학자들의 주장을 강력히 비판했으며, 이는 정당한 것이었다.

　영국의 동물행동학자인 모리스(Desmond Morris)는 이렇게 주장했다. "식욕이나 소비욕구 충족을 위한 행동과 마찬가지로 영장류에서는 성욕을 충족시키기 위한 다양한 경로의 진화가 일어났으며 이때 '암수 한 쌍 결합'이 진화의 기본 양태로 작용했다." 한편 아이베스펠트(Eibl-Eibesfelt)는 여성의 오르가즘이 "섹스 준비 상태를 고조시키고, 파트너와의 정서적 결합력을 강화시켜준다."고 주장했다. 사회생물학자인 배러시(David Barash)는 섹스가 남성과 여성을 묶어주는 도구라고 보았는데, 섹스는 양쪽 파트너의 적합성을 높이고 또 "생식적 기능 외에도 섹스 자체가 즐거운 것으로 선택되었기 때문이다. 이는 유일하게 인간 여성에게만 오르가즘이 존재하는 이유를 설명해준다."고 주장한다. 이러한 접근방법이 틀렸다는 시몬스의 주장은 쉽게 이해할 수 있다. 그러나 여성의 오르가즘이 부산물에 불과하다는 데까지 동의할 수는 없다.

활발한 성행위나 암컷의 오르가즘이 암수 한 쌍 결합을 유지하는 데 중요하다는 견해를 뒷받침해주는 증거는 발견되지 않았다. 포유류학자인 클레이먼(Devra Kleiman)은 일부일처제로 살아가는 포유동물을 관찰한 결과, 이들은 교미가 "빈번하지 않으며, 그렇기 때문에 암수의 교미가 결합력 유지에 큰 기여를 하지 않는다. ……또한 더 오랜 기간 암수 한 쌍의 결합력을 유지하는 종이라고 해서 일부다처제로 살아가는 종보다 더 밀접한 사회적 · 성적 관계를 형성하고 있지는 않다."고 말한다. 이는 물론, 많은 포유동물들을 연구해서 개략적으로 일반화시킨 결론이기 때문에 전적으로 옳다고는 볼 수 없다. 그러나 인간과 가까운 종인 영장류들에게는 잘 적용되는 이론이다. 예를 들어 긴팔원숭이, 비단원숭이, 타마린 등은 일부일처제 파트너 사이에 교미가 빈번하지 않다. 반면 일부다처의 여러 수컷들로 구성된 피그미침팬지 무리에서는 교미가 매우 빈번히 일어난다. 인류학자인 할리(Diana Harley)는

"영장류에서 빈번한 성행위가 암수 쌍의 결합을 장기적으로 지속시키는 데 반드시 필요한 조건이라고 할 수는 없다. 오히려 그 반대의 관련성이 존재할 수 있다."고 결론지었다. 그렇다면 인간 및 다른 영장류에서 여성(혹은 암컷)의 성욕이나 오르가즘을 이해하기 위한 쌍의 결합력이라는 개념은 더 이상 중요한 위치를 차지하지 못한다.

　　암컷의 오르가즘에 대한 논의는 방법론적으로 많은 문제가 따른다. 즉, 오르가즘을 생리학적·실험적으로 재현하는 것은 극단적으로 비자연적인 환경에서 개체를 동여매놓고 오르가즘을 측정하는 것이나 다름없다. 그리고 야생의 자연에서 관찰된 현상을 인간이 나타내는 현상과 비교하여 판단하는 것도 어려운 일이다. 예를 들어 암컷 비비가 교미 중에 큰소리를 지르고 몸을 떨어대는 모습을 오르가즘이 나타났다는 신호로 볼 수 있을까? 짧은꼬리원숭이는 얼굴을 찡그리며 수컷을 움켜쥐는데 이 역시 오르가즘을 표현하는 것일까? 암컷 원숭이가 골반을 흔들며 생식기를 내놓은 채 마스터베이션을 하면 오르가즘을 느낀다는 것일까?

　　많은 영장류학자들은 영장류 암컷이 대부분 오르가즘을 경험하며 오르가즘의 기능이 있다고 생각한다. 생태학자인 밀턴이 대표적인 학자인데, 그녀는 다음과 같이 말한다. "오르가즘에 도달한 암컷은 다음과 같은 행동을 한다. 첫째, 파트너 수컷 몸 뒤로 팔을 감는다. 둘째, 파트너 수컷을 쳐다보거나 얼굴을 찡그린다. 셋째, 수컷이 절정에 도달하여 사정할 즈음에 소리를 지른다. ……어떤 종에서는 수컷이 절정에 도달할 즈음에 암컷에게서 눈에 띄는 반응이 나타난다―예를 들어 히말라야원숭이, 짧은꼬리원숭이, 고릴라, 인간. 수컷이 절정에 도달하고 사정할 즈음에 나타나는 암컷의 이와 같은 행동은 단지 우연이라기보다는 생식에서 어떤 기능을 하는 것으로 보인다. 암컷의 이러한 행동이 영장류에게서 거의 보편적으로 나타난다면, 교미할 때 암컷이 수동적인 파트너 역할만 한다고 보는 견해는 옳지 않다. 오히려 여러 종의 영장류 암컷들은 교미할 때 수컷을 유혹하고 이끌어가는 적극적 역할을 담당하는 것으로 보인다."

오르가즘이 수컷에게 교미 동기를 부여하는 것과 마찬가지로 암컷 역시 오르가즘으로 인해 교미에 관심을 기울인다고 가정한다면, 암컷의 오르가즘이 교미의 빈도를 증가시키는 역할을 한다고 추정해볼 수도 있을 것이다. 그렇다면 암컷의 교미 횟수 증가가 어떻게 암컷의 적응력을 강화시켜주는 것일까? 일부다처제에서 암컷의 교미가 늘어날 때의 영향은 여러 가지 형태로 나타날 수 있다. 발정기 소실에서 언급한 것처럼 많은 수컷을 상대할 때는 부계의 불확실성이 증가하게 된다. 수컷은 어떤 자손이 자신의 후손인지 확인하기 어렵기 때문에 자신의 후손이 아닌 다른 새끼들에 대해서 차별적 행위를 할 수 없게 된다. 이는 암컷의 적응력을 평균적으로 증가시키는 결과를 가져온다. 사자들이 자주 교미를 하는 이유도 이 때문이다.

한편 다른 견해에 따르면 암사자가 여러 수컷들과 자발적으로 수백 차례의 교미를 하는 것은 발정기 암컷과 교미하기 위해 수컷들 사이에서 벌어질 싸움을 원하지 않기 때문이라는 것이다. 그렇게 되면 교미하지 못해 자존심이 상한 수컷이 암컷에게 해를 입히거나 새끼들을 죽일 위험이 없어진다. 수컷의 자존심 경쟁은 대개 밀접히 연관된 혈연집단 내에서 형성되므로, 이러한 전술은 혈연집단 내에서 경쟁관계에 있

수사자는 무리를 지키지만,
사냥에 나서지는 않는다.
따라서 인간에 비유한다면 자녀 양육비를 대지 않는 아버지인 셈이다.

는 수컷이 난폭하게 행동하지 못하도록 만드는 전술로 채택될 수 있다.

수사자는 새끼를 양육하고 보호해준다. 만약 모든 암사자가 동일한 게임을 한다면 수컷에게서 더 많은 새끼 양육 노력을 이끌어낼 수 있다. 수사자 한 마리가 암사자를 독점하는 경우가 없는 것을 보면 이러한 전략이 안정적이고 암컷에게 이득이 됨을 알 수 있다. 이와 같이 난교를 행하는 무리 속의 수컷은 가능한 한 많은 암컷들과 교미하려 든다. 난교하지 않는 암컷이 수컷의 새끼 양육 노력을 독점하기 위해 교미 횟수를 줄이고 부계의 불확실성을 없애고자 한다면 이는 수컷의 난교 전략과 대립되게 된다.

오르가즘이 암컷의 교미 욕구를 증가시키는 장치라는 주장이 옳다면 오르가즘은 교미가 잦은 동물 종에서 가장 발달되어야 하며, 그러한 종에서는 암컷이 교미를 주도하여야 한다. 그리고 암컷의 교미 빈도가 매우 낮은 종에서는 교미 유혹 행동이나 오르가즘이 거의 없을 거라고 추정할 수 있다. 실제로, 일부일처제이며 수컷의 새끼 양육 기여가 많은 것으로 알려진 타마린, 비단원숭이, 티티원숭이 혹은 밤원숭이들의 생활에서는 교미가 빈번하지 않다. 반면 짧은꼬리원숭이, 침팬지 등 난교성 원숭이들은 교미를 할 때 인간 여성의 오르가즘 표현과 가장 유사한 행동을 한다. 그러나 그런 행동과 오르가즘의 연관성이 확실치 않으며 다른 종들에게서는 발견하기 어렵기 때문에 이들 종이 오르가즘을 느낀다고 단정할 수는 없다. 고릴라 암컷의 오르가즘 표현을 관찰한 한 연구 보고서에서는 암컷의 오르가즘과 빈번한 교미가 수컷을 테스트하는 수단이라는 주장에 반대하기도 했다.

이와 같은 여러 시나리오들은 모두 약점을 지니며 어떤 것도 암컷의 오르가즘에 관해 일반화된 이론으로 받아들여질 수 없다. 그보다는 좀 더 기계론적 설명이 일반적으로 적용된다. 예를 들어 학자들은 실험을 통해 인간 여성의 오르가즘이 자궁 내 공기압력의 급격한 변화를 초래한다는 사실을 발견했다. 즉 오르가즘에 도달하면 급격하게 몸 안쪽으로 빨아들이는 압력이 형성된다는 것이다. 이는 정자를 자궁 안으로 끌어들여서 수정의 기회를 높이는 효과가 있다. 다른 말로 하면, 오르가즘은 여성의 배우자 선택 전략 중 하나라고 할 수 있다. 다시 말해 여성은 오르가즘을 통해 어떤 사람의 정자를 자신의 난자에 수정시킬지 어느 정도 통제할 수 있다는 것이다. 자궁은 정자에게는 난공불락의 성벽이 될 수 있다. 이때 여성의 통제 하에 있는 오르가즘은 남성이 사정한 정자의 운명을 여성 자신의 이해관계에 따라 결정지을 수 있는 효과적인 장치가 된다.

　　만약 이 설명에 따른다면 오르가즘에 대한 모든 논의는 불필요하고 오르가즘은 단지 선택적으로 빨아들이는 압력에 불과한 것이 된다. 그러나 그렇다고 해서, 진화에 있어서 여성 오르가즘이 얻어낸 성과물을 평가절하할 수는 없다. 오르가즘은 여성이 궁극적인 생식과 적응의 목표를 성취해가는 즐거운 과정이 될 것이다.

# 12. 냄새

나는 잘 알아차리지 못하는 냄새를 잘 맡는 친구가 하나 있다. 바로 얼마 전, 그녀는 수백 미터나 떨어진 곳에 있는 열대나무의 냄새를 맡고는 향기가 좋다며 큰소리로 말하여 주위 사람들을 깜짝 놀라게 했다. 나는 그 나무에 피어 있는 흰색의 어린 꽃잎을 내 코 바로 앞에 대고 나서야 약한 사향 냄새가 난다는 것을 알 수 있었다. 버섯을 채취하러 갈 때도 마찬가지였다. 그녀는 우리 중에서 가장 먼저 말뚝버섯 향기를 알아차렸다. 말뚝버섯은 말뚝이라는 이름에 걸맞게 아주 특징적인 모양을 하고 있는데, 말 그대로 말뚝처럼 땅에서 곧바로 솟아올라 있어 버섯처럼 보이지 않는다. 말뚝버섯의 향기는 파리를 불러들이고, 버섯의 포자는 파리의 끈끈한 발에 붙어 멀리 퍼져나간다. 나는 보통 향기를 맡는 즉시 그 버섯을 찾아낼 수 있다. 후각 민감도 차이는 사실 코의 크기와는 상관없이 단지 남녀의 차이에서 온다. 남성이 거의 맡기 어려운 냄새도 여성은 감지할 수 있다. 내가 알아채지 못한 나무의 향기를 내 친구의 코에 있는 신경말단에서 감지했던 일은 우연이 아니다. 그 나무의 수정을 매개하는 것은 대개 박쥐인데, 박쥐가 수정을 돕는 대부분의 식물들처럼 사향 냄새가 난다. 사향은 굉장히 성적인 냄새이다. 따라서 이런 냄새를 함유하고 있는 향수를 찾는 사람들도 많다. 남아프리카의 생물학자인 마레(Eugene Marais)는 《흰개미의 마음과 원숭이의 마음 *The Soul of the White Ant and the Soul of the Ape*》에서 이렇게 말한다.

"여러 성분을 정교하게 혼합한 진한 향수를 이용하는 이유를 젊은 여성들에게 물어보라. 아마 그녀는 대답하지 못할 것이다. 왜냐하면 그녀는 무의식 속에서 그런 향수를 찾는 이유를 알지 못하기 때문이다. ……자신이 사용하는 향수의 기본 재료가 여러 동물들의 생식기 분비물이란 것을 알면 그녀는 크게 놀랄 것이다. 즉 향수는 고양이, 사슴, 고래 등이 교미 과정에서 분비한 물질이다."

사향에 대한 민감도는 남녀에 따라 다르다. 여러 화학물질에 대한 남성과 여성의 후각 민감도를 비교한 한 연구에서는, 남성 페로몬에서 나는 사향과 비슷한 화합물에 대한 후각 민감도는 여성이 남성보다 100배 강함을 보여주었다. 이와 같은 냄새에 대한 민감도는 배란기 여성에게서 최고로 높게 나타난다. 그리고 여성에게서 난소를 제거해내면 민감성이 완전히 사라지고, 여성호르몬인 에스트로겐을 주입하면 민감성이 다시 회복된다. 오늘날처럼 수퇘지를 거세시키지 않고 그냥 집안에서 기르던 옛날에는 저녁 식탁에 앉은 여성들이 고기에서 돼지 냄새가 난다며 불평하는 경우가 흔했다. 다 자란 수퇘지 고기에 남은 사향에 민감하게 반응했던 것이다. 성별에 따른 후각 민감도가 이처럼 확연히 차이 나는 것으로 볼 때, 냄새의 교류가 인간의 성적인 상호작용에서 일정한 역할을 한다고 볼 수 있지만 다른 동물에 비해서는 그다지 큰 비중을 차지한다고 보기 어렵다. 다른 포유류들에게서는 성적인 교류 과정에서 가장 먼저 일어나는 일이 바로 냄새 맡기이다. 어떤 포유동물들은 단지 한 가지 화합물 냄새를 맡는 것만으로도 암컷과 수컷 모두에게서 성적인 욕구가 갑자기 유발된다. 발정기가 아닌 암캐에게 '디-메칠수화벤센산' 이라는 화학물질을 발라주면 근처에 있는 수캐가 모두 다 깨어난다. 포유동물은 고유의 냄새를 이용하여 자신의 생식주기 상태에 대한 신호를 보내고, 다른 개체들이 보내는 정보를 후각과 미각으로 해독한다. 어떤 분비물들의 구조는 매우 복잡하다.

비버의 페로몬에는 50여 종의 분자가 포함되어 있는데, 그 구성비가 각 개체들에 따라 다르다. 이는 이론적으로 지구상에 살고 있는 모든 비버들이 각자 고유한 화학적 서명을 가지고 광대한 양의 정보를 만들 수 있다는 것을 의미한다. 실제로 비버는 외부에서 온 비버의 냄새를 알아차린다. 따라서 비버를 잡을 때는 호수나 댐을 따라 설치된 덫 근처에 비버의 분비물이 묻은 나무막대를 놓아두는 방법을 이용한다. 비버는 낯선 비버의 냄새를 맡자마자 흥분하여 공격적인 태세를 갖추고는 침입자를 찾아내려 꼬리로 두들겨댄다. 거주자 수컷은 침입자 수컷을 쫓아내기 위해서, 암컷도 다른 암컷을 쫓아내기 위해서이다.

낙타, 말, 사슴 등 대형 발굽동물들은 교미 상대를 정하기 위해 오줌 냄새를 맡거나 맛본다. 수컷은 암컷이 오줌을 눌 때까지 발길질을 하는데, 때로는 암컷이 자발적으로 오줌을 배출하기도 한다. 암컷이 오줌을 누면 수컷은 이를 마신 뒤 입술을 오므리고 코를 벌름거리며 얼굴을 찡그린다. 이는 감각을 예민하게 하기 위한 동작으로 보이는데, 마치 와인 감정가가 향을 더 잘 맛보기 위해 입 안에 와인을 넣고 굴리는 모습과 비슷하다. 수컷은 암컷의 오줌을 맛보고 생식주기 상태를 평가할 수 있다.

수컷 역시 냄새를 풍긴다. 예를 들어 숫염소는 자신의 수염에 오줌을 뿌리거나 사정을 한다. 이는 자신의 냄새를 풍겨서 교미 준비가 되었음을 알려주려는 행동이다. 흰꼬리사슴과 말코손바닥사슴 수컷은 땅에 오줌을 뿌리고 사정을 한 후 그 위에서 몸을 뒹구는데, 이 역시 숫염소와 비슷한 목적의 행동이다. 한편 산미치광이 수컷은 교미 도중에 오줌을 싼다. 다음은 이들의 교미 과정을 관찰한 학자의 기록이다.

"수컷은 암컷이 땅에 눕도록 유도한다. 그 자리에서 수컷은 뒷발과 꼬리로 지탱하며 일어서서 낮은 소리로 '으르렁거린다.' 그다음 수컷은 갑자기 발기된 페니스에서 상당량의 오줌을 암컷에게 뿌려댄다. 그리고 뒤엉키는 단계가 지난 후, 다시 소리를 내고 더 많은 오줌을 쏟아낸다. 교미가 끝난 것이다. 다른 대부분의 포유동물들과 마찬가지로 교미 과정에서 수컷이 주도적인 역할을 한다. 그러나 통상적 교미와는 달리 뒷발로 서서 한다. 이를 받아들이는 암컷은 몸통의 뒷부분을 들고 꼬리를 등 위로 구부려서 수컷이 앞발이나 가슴을 여기에 기대게 한다. 그러면 수컷이 앞발을 자유롭게 움직일 수 있게 된다. 생식기 삽입 시간은 짧으며 수컷은 격렬하게 사정한다. 그 후 수컷은 암컷에게서 떨어져 몸을 털고 깨끗이 한 후 다시 교미한다. 둘 가운데 하나가 나무로 기어 올라가서 괴성을 지르면 교미가 끝나게 된다."

토끼도 교미에 오줌을 이용한다. 눈덧신토끼 수컷은 공중으로 크게 뛰어오르며 암컷을 유혹한다. 수컷은 공중에 뜬 상태에서 암컷에게 오줌을 쏟아 붓는다. 이렇게 하여 수컷은 암컷에게 자신의 호르몬 상태에 대해 알려준다. 마치 올림픽에 출전한 운동선수가 오줌 샘플을 제출해서 테스토스테론(testosterone) 등 호르몬 약물검사를 받는 것과 같다.

사람들은 이와 같은 발견을 상업적으로 이용하기 시작했다. 예를 들어 나스코 농장에서는 돼지들의 교미를 유도하기 위한 스프레이를 판매하고 있다. 농부들은 이것을 암돼지에게 뿌려서 등을 앞으로 굽힌 자세를 취하게 만드는데, 이는 수돼지가 자신들과 교미할 수 있게 해주는 자세다. 캔 내에 포함된 성분은 안드로스테론(Androsteron)이다. 안드로스테론은 돼지의 침에서 발견되는 화합물로 암돼지와 수돼지 사이에서 교미를 위한 의사소통 수단으로 이용된다.

인간에게서는 약 30년 전에 이 화합물이 처음 발견되었다. 최근에는 인간의 겨드랑이에서도 발견되었다. 인간의 겨드랑이는 모든 포유동물 중에서 가장 발달했다. 겨드랑이의 취선(臭腺, scent-gland)은 인간, 고릴라, 침팬지 등 두 발로 서 있는 시간이 많은 동물들에게만 존재한다. 이 자세에서는 겨드랑이가 화학물질 전달에 좋은 위치가 된다. 겨드랑이에서 자라는 털들은 나방과 나비가 교미 페로몬을 날려 보낼 때 꽁무니에서 내미는 가느다란 털들과 비슷하다. 이러한 털들은 표면적이 넓기 때문에 화학물질 분자들을 공기 중으로 빠르게 날려 보내는 방출기로 작동한다.

우리 겨드랑이의 땀샘에서는 알도스테론(aldosterone)이나 사향이 나는 다른 여러 화합물질들이 직접적으로 분비되지는 않는다. 땀 자체에는 냄새가 없으며 다른 영향이 없는 한 2주 동안은 그 상태로 유지된다. 하지만 땀이 겨드랑이에 존재하는 각종 박테리아들과 접촉하면 여섯 시간 이내에 진한 냄새가 발생한다. 특정 박테리아들이 냄새를 발생시키는데, 어떤 사람들에게는 다른 사람들보다 이 균이 더 많이 존재하여 냄새가 진하다. 겨드랑이는 이러한 박테리아들이 살기 좋은 장소로 박테리아를 없애기 위해 여러 방법을 동원해도 잘 사라지지 않는다. 이는 오래전부터 이러한 박테리아의 존재가—혹은 박테리아가 만들어내는 냄새가—우리에게 어떤 이익이 되었기 때문이라고도 생각해볼 수 있다.

박테리아의 작동 대상이 되는 물질 중 하나가 콜레스테롤이다. 콜레스테롤은 흥분하거나 스트레스를 받을 때 겨드랑이에서 분비되는데, 예를 들어 교감신경을 흥분시키는 아드레날린을 주사하면 분비가 급증한다. 콜레스테롤은 우리 신체가 프로게스테론(progesterone)이나 테스토스테론 같은 성호르몬들을 만드는 데 이용되는 전구물질이다. 또 콜레스테롤로부터 안드로스테론과 같은 물질이 만들어지는데 겨드랑이에서는 박테리아가 이 과정을 돕는다.

인간은 안드로스테론 냄새에 매우 민감하여, 1마이크로리터당 0.001~0.005나노그램 정도만 존재해도 이를 감지해낸다. 인간의 코가 감지해낼 수 있는 한계는 가스–크로마토그래피나 매스–스펙트로그래프 분석기 등과 같이 가격이 수만 달러 이상인 정교한 화학분석기의 측정 능력보다 훨씬 우수하다. 그러나 인간이 안드로스테론에 대한 이러한 민감성을 실제로 활용하고 있는지는 분명하지 않다.

셰익스피어 작품 속에서 리어왕은 이렇게 말한다. "내게 사향 1온스와 약제사를 보내다오. 나의 상상을 달콤한 현실로 만들고 싶구나." 일부 화장품 회사들에서는 안드로스테론을 함유한 화장수나 화장품 판매에 나섰다. 그러나 인간에게 나타나는 안드로스테론 효과를 측정하기는 어렵다. 극장의 좌석에 안드로스테론을 뿌려두고 남성에 비해 여성이 그 좌석을 더 찾는지 관찰한 연구도 있다. 다른 연구에서는 남성과 여성에게 인물사진을 보어주고 사진 속의 사람을 얼마나 매력적으로 생각하는지 물었다. 인물사진 평가에 참여한 사람들에게는 이것이 냄새와 관련된 실험이라는 사실을 말해주지 않았지만, 사진을 보고 평가하는 방 가운데 한 군데에는 안드로스테론을 뿌려두었다. 남성과 여성 모두 안드로스테론이 뿌려진 방에서 사진을 볼 때 사진의 인물을 더 매력적이라 평가했다. 다른 비슷한 연구에서는 취업을 위해 면접시험을 치르는 남성들이 여성 면접관들에게 주는 인상에 안드로스테론이 영향을 줄 수 있음을 확인했다.

안드로스테론이 인간에게 미치는 영향을 측정하기는 매우 어렵다. 인간의 인상이나 반응에 영향을 줄 수 있는 요인들은 안드로스테론 외에도 너무나 많기 때문이다. 한 연구에서는 학생들을 두 그룹으로 나누어 한 그룹은 안드로스테론을 함유한 마스크를 쓰게 하고, 다른 그룹은 장미향수를 함유한 마스크를 쓰게 한 뒤 에로틱한 글을 읽게 했다. 하지만 두 그룹의 학생들 모두 전혀 흥분되지 않았는데, 실험 조건이 너무 인위적이었기 때문이다.

이와 유사하게, 권위 있는 과학 잡지인 《사이언스》는 〈월경 주기 중 사람의 질 냄새 강도와 그에 따른 호감도의 변화〉라는 논문을 게재했다. 그 논문에 의하면 질에서 나는 냄새의 강도는 배란이 다가옴에 따라 감소했고 그때는 남성과 여성 모두 좋은 냄새가 아니라고 말했다. 그러나 연구자는 다음과 같이 결론 내렸다. "이 데이터는 인위적인 검사 환경에서는 그러한 냄새가 사람들에게 특별히 유혹적으로 작용할 수 없음을 말해준다." 이 말은 에어컨이 작동중인 방에서 질의 분비물을 묻힌 막대의 냄새를 맡는 일이 썩 기분 좋은 일은 아님을 의미한다.

인간 여성의 질 냄새에는 최소한 30종의 성분이 섞여 있다. 그 성분들은 대략적으로 질 음순의 피지샘, 땀샘, 바르톨린샘에서 분비된 물질, 자궁경부에서 분비된 점액, 자궁내막 및 난관샘, 질벽을 통해 나온 삼출액, 질 점막에서 떨어져 나온 세포들에서 비롯된다. 이러한 성분들 전부 혹은 대부분은 박테리아에 의해 분해되어 냄새물질이 되거나 냄새물질을 만들 수 있는 재료가 된다. 그러나 그와 같이 강력하고도 복잡한 냄새가 다른 좋은 냄새들, 즉 치즈 향이나 와인 향 등 식욕을 촉진하는 수많은 냄새들보다 더 향기롭다고 여겨지지는 않는다. 그렇기 때문에 어떤 데이터를 가지고 특정 냄새가 성적으로 유혹적이거나 흥분시키는 역할을 한다고 단정적으로 말할 수는 없다. 인간의 감정에 대해 연구한 문헌들은 특정한 관점을 과학적으로 입증하기보다는 주로 단편적 사례를 열거하는 경향이 있다.

지금도 겨드랑이 냄새 제거제가 1년에 수십 톤씩 팔려나가고 있는 반면, 화장품 회사들은 인간 페로몬의 특허를 얻고 상품화하려는 노력을 꾸준히 전개하고 있다. 질 분비액 속의 지방산인 코풀린(copulin)이라는 물질은 특허를 취득했지만 아직 상품화되지는 않았다. 왜냐하면 약간 생선 비린내처럼 느껴지는데다가, 이 향기가 엉뚱하게 원숭이나 숫염소 등 다른 포유동물들을 유혹해 끌어들이기 때문이기도 하다. 인간에게 나타나는 효과는 증명되지 않았다.

안드로스테론에 대해서는 논란이 많다. 앞에서 언급했듯이, 암돼지와 수퇘지의 침샘에서 안드로스테론이 나온다. 송로버섯에서도 같은 화합물이 방출되는데, 이는 척추동물을 유혹하여 자신을 먹게 함으로써 포자를 퍼트리기 위해서일 것이다. 그래서 수퇘지들은 송로버섯을 잘 찾아내고, 사람들은 많은 비용을 지불하면서까지 송로버섯의 향을 즐겨보려 한다. 그러나 돼지들의 교미를 유도하기 위해 만든 스프레이 같은 것을 사서 자신의 섹스에 이용하려고 하는 사람이 혹시라도 있다면, 안드로스테론이 극장 좌석 선택에 미치는 효과에 대한 실험에 참여했던 여성들의 월경주기에 혼란이 생겼다는 사실을 기억해야 할 것이다. 그리고 돼지를 이용해 연구를 하는 회사의 여성들은 더욱 조심해야 한다.

성과 관련된 또 하나의 신비한 현상이 있는데, 이는 냄새가 우리의 신체생리와 행동에 미치는 영향에 대해 우리가 전혀 의식하지 못하고 있음을 잘 말해준다. 냄새에 의한 의사소통과 동물의 생식생물학에 대한 전문가인 매클린톡(Martha McClintock)은 한 집에 함께 거주하는 여성들의 생식 주기가 같아지는 현상에 대해 연구한 최초의 학자다. 그녀의 관찰에 따르면 한 집에서 여러 여성들이 함께 생활할 경우 그들의 월경 주기가 거의 동일했다. 게다가 새로 합류해 생활하게 된 여성도 그 집에 있던 사람들과 원래는 월경 주기가 달랐어도 함께 생활하면서 차츰 거의 같은 시기에 월경을 하게 되는데, 월경 주기가 네 차례 정도 지난 후 점차 같아졌다. 이와 같이 배란이 동시에 일어나는 현상은 인체의 땀에 함유되어 있는 냄새 신호가 각 개인들의 호르몬 주기를 동일하게 만들어주기 때문에 나타난다. 이러한 현상은 여러 학자들에 의해 확인되었지만 그 의미는 아직 확실하지 않다.

월경 시기는 더 중요한 현상, 즉 배란의 동시성을 말해주는 지표일 뿐이다. 일부 생물학자들은 배란의 동시성을 인간의 일부다처제에서 비롯된 적응으로 설명한다. 벌리는 일부다처제의 남성이 아내들의 배란 시기를 예측할 수 있게 해주기 위해 배란 시기가 같아진다고 보았다. 그에 따르면 여러 아내의 배란 시기가 각각 다르면 남성으로서는 배란 시기 예측이 너무 어려워져 모든 아내들을 임신시키기가 어렵게 된다. 반면 임신 가능 시기를 동일하게 만들면 자손을 임신할 가능성이 높아지게 된다. 또한 배란 시기를 같게 만든 여성들은 배란 주기가 다른 여성들보다 생식 경쟁에서 유리한 위치에 있게 된다. 그러나 이와 같은 해석에는 몇 가지 문제점이 있다. 첫째, 인간 사회에서 극단적 일부다처제 결혼방식은 일부일처제에 비해 비율이 매우 낮다. 둘째, 배란 시기 예측 문제 때문에 임신이 어려워진다는 주장에는 설득력이 없다. 오히려 그 반대가 사실이다. 여성들은 너무 자주 임신하지 않기 위해 더 많은 노력을 기울인다.

생물학자인 킬티(Richard Kiltie)는 월경의 동시성을 오히려 부수적인 현상으로 보고, 그 동시성에 포함되지 않은 여성은 다른 아내들의 월경 기간 동안 유일하게 수정이 가능하기 때문에 임신의 가능성이 가장 높은 여성이라고 주장했다. 즉, 동시성 현상에 포함되지 않는 여성이 선택된다는 것이다. 한편 킬티에 따르면 이러한 여성들과 함께 거주하는 남성들 또한 매달 체온의 변화나 여러 호르몬 배출의 변화가 동시성을 보이며, 남성들은 자신의 이러한 변화를 아내들의 월경 주기와 동시화하는 것으로 나타났다. 그는 이와 같은 동시성이 인간의 오래된 진화 흔적에 불과하다고 주장하며, 고대에는 신체주기를 동시화하는 경향이 있었음을 보여준다고 주장한다.

월경 시기의 동시성에 대한 또 다른 설명도 있다. 월경의 동시성은 여성들이 남성들 사이에서 일어나는 싸움으로 인해 초래되는 악영향이나 영아살해를 최소화하기 위한 전략이라는 주장이다. 남성의 공격적 성향은 여성이 낳은 자손들의 높은 사망률로 이어질 수 있다. 만약 여성들이 같은 시간에 모두 임신이 가능하다면 영아사망률은 감소될 수 있다. 다른 한편으로 동시성은 여성들 사이의 경쟁 결과 나타날 수도 있다. 이는 지배자 남성에게 접근하여 생식의 권리를 얻기 위한 경쟁이다. 여러 관찰 결과에 따르면 비비, 늑대, 타마린원숭이, 그리고 설치류 등의 암컷들은 다른 암컷의 배란과 생식을 방해한다고 한다.

동시성은 지배자와 피지배자 모두에게 하나의 적응 전략이 될 수 있다. 만약 모든 암컷들이 동시에 발정기가 된다면, 지배자 암컷은 지배자 수컷을 독점하고 은신처나 음식 등 생식에 필요한 자원을 더 효과적으로 독차지할 수 있다. 설치류에 대한 관찰 연구는 이와 같은 관점을 뒷받침해준다. 피지배 계급의 암컷은 자신의 생식주기를 지배자의 생식주기에 일치시킨다. 그러므로 배란의 동시성은 냄새를 이용한 강압으로도 볼 수 있다.

냄새를 이용한 강압은 생쥐나 집쥐 등 사회적 생활을 하는 여러 설치류에서 관찰되는 특징이다. 사회적 동물인 이들을 관찰하면 냄새에 의한 강압이 월경의 동시성을 진화시켰음을 알 수 있다. 설치류는 특히 오줌에 포함된 냄새 신호에 민감하기 때문에 이들은 자신들이 해독한 냄새 신호에 맞추어 자신들의 생식주기를 조정한다. 아직 어린 생쥐 암컷이 성숙한 수컷의 오줌을 접하고 나면, 그렇지 않은 다른 암컷들보다 발정기에 도달하는 시기가 20일 빨라진다. 또한 성숙한 암컷 생쥐가 수컷의 오줌을 접하게 되면 20분 이내에 자궁의 무게가 급속히 늘어나고 생식 호르몬이 작동하기 시작한다.

특히 북아메리카에 서식하는 대초원들쥐의 경우는 이와 같은 효과가 매우 뚜렷하여 암컷 자궁의 무게가 2일 이내에 두 배 증가한다. 다만 주변에 두 마리 이상의 암컷이 있다면 그 효과가 감소된다. 수컷의 오줌이 있을 때 암컷의 오줌은 7일 동안 다른 암컷의 발정기를 방해하며, 주위에 수컷이 없다면 그러한 방해 작용은 4주까지 지속되기도 한다. 수컷에게도 그와 같은 효과가 나타난다. 암컷의 오줌은 수컷의 성숙을 촉진시키는 반면 다른 수컷의 오줌은 수컷의 성숙을 억제한다.

매클린톡의 연구에 의하면 만주집쥐(Norway rat) 암컷의 오줌에는 두 종류의 신호물질이 있으며 이것은 그 사회집단 내 암컷들의 월경을 동시화하는 작용을 한다. 신호물질 가운데 하나는 월경 주기를 단축시켜서 발정기가 될 가능성을 높이며, 다른 하나는 월경 주기를 연장시켜 발정기가 되지 못하도록 억제한다. 지배자 암컷과 피지배자 암컷의 오줌에는 두 가지 화학적 신호물질들이 각각 다른 구성 비율로 포함되어 있다. 피지배 상태의 암컷들은 공격당하지 않고 자유를 얻기 위해 복종의사를 표시하는 화합물을 발산하고, 지배자 암컷들은 자신이 우월한 지위에 있음을 나타내는 화합물을 만들어낸다.

물론 수컷의 오줌에는 이러한 신호를 화학적으로 무시해버리는 물질이 포함되어 있다. 수컷 오줌의 신호물질은 가능한 한 많은 암컷을 가능한 한 빨리 발정기 상태로 유도한다. 수컷의 오줌은 암컷의 생식생리에 영향을 주어 암컷에게 피해를 입히기도 하는데, 이러한 현상은 생리학자인 브루스(Hilde Bruce)의 이름을 따서 '브루스 효과'라고 부른다. 브루스의 관찰에 의하면, 임신한 암컷 생쥐가 낯선 수컷 생쥐의 오줌 냄새를 맡게 되면 수정된 배아가 착상을 못하거나 착상된 배아기 자연 유산된다. 이것은 수컷에 의한 영아살해의 한 형태라 할 수 있는데, 수컷은 다른 수컷에 의해 수정된 배아를 파괴하고 그 암컷을 발정기 상태로 되돌려서 자신의 유전자를 전달하려 한다. 이러한 현상을 처음에는 암컷의 입장에서 전적으로 잘못 적응된 현상으로만 해석했다. 그러나 이것은 암컷이 자신의 투자 손실을 최소화하려는 방법일 가능성도 있다. 만약 해당 구역에 새로운 지배자 수컷이 나타나 암컷이 낳을 새끼들을 파괴해버리려 한다면, 암컷으로서는 재빨리 유산시켜서 새끼에 대한 자신의 투자 손실이 커지지 않도록 막을 수 있다. 물론 그렇게 하더라도 결국 수컷의 영아살해 전략으로 피해를 입는 것은 마찬가지이지만 말이다. 이를 보고 설치류 암컷들에 대해 동정심을 갖게 되었다고 하더라도, 갈색 나그네쥐 암컷이 날카로운 후각을 이용해 수컷의 행동에 영향을 주는 사례를 듣게 된다면 생각이 달라질지 모른다.

나그네쥐 암컷은 수컷끼리의 싸움에서 누가 이길지 승리의 냄새를 맡을 수 있다. 나그네쥐 수컷들은 암컷에게 접근하기 위해 싸움을 벌이는데, 이때 싸움의 결과는 수컷이 암컷을 유혹하는 능력에 영향을 준다. 암컷은 둘 다 교미 능력이 있는 승자와 패자 사이에서 선택권을 가진다. 이때 암컷은 자신의 코를 사용하여 승자와 패자를 판단한다. 암컷은 수컷들의 싸움 뒤 5분 이내에 승자와 패자를 구분할 수 있고 하루가 지나서도 싸움의 결과를 알 수 있다. 이것은 싸움의 결과가 싸움을 벌였던 수컷들의 호르몬 생리에 영향을 주기 때문으로 생각된다.

이와 관련해 하버드대학 레슬링 팀에 대한 연구 결과도 흥미 있다. 혈중 테스토스테론 농도를 조사한 결과, 시합에서 이긴 남자선수들의 혈중 테스토스테론 농도가 패한 선수보다 훨씬 높았다. 물론 이것이 적응 현상임을 설명하기는 쉽다. 테스토스테론(고환에서 분비되는 남성 성호르몬)은 남성들의 공격성을 증가시킨다. 레오나르도 다 빈치는 자신의 노트에 이렇게 적었다.

"고환은 동물들의 공격성과 잔인성을 증가시킨다. 이것은 거세된 동물들을 보면 분명하게 나타난다. 황소, 수퇘지, 숫양, 수탉이나 다른 여러 난폭한 동물들을 거세시키면, 겁먹은 듯이 얌전하게 조용히 지내는 것을 볼 수 있다. 거세 전에는 다른 숫양들을 보기만 하면 달려들고, 다른 수탉 무리와 싸움을 일삼던 녀석들이다."

그러나 테스토스테론이 자신의 실제 싸움 능력보다 지나치게 많이 분비되면, 결국 패하거나 다칠 수밖에 없는 싸움을 무리하게 벌이는 등 적응능력의 감소로 낭패를 볼 수도 있다. 그러므로 패배자는 자신의 공격성을 줄여야 하고, 승리자는 높여야 한다. 싸움의 승패 여부가 테스토스테론(공격성) 수준을 설정하게 되는 것이다. 그리고 만약 싸움 능력이 가치 있는 유전적 특성이라면 암컷으로서는 그 능력이 입증된 수컷을 선택할 수밖에 없다.

공격성은 나그네쥐에게도 중요한 요인이다. 나그네쥐는 개체수가 폭발적으로 증가하여 밀도가 높아지는 때가 주기적으로 나타나며, 이때 자신의 관할구역을 확보하기 위한 싸움이 벌어진다. 설치류의 경우 공격성은 유전적으로 전수되는 특성이기 때문에 암컷은 싸움에서 승리한 수컷을 선택할 필요가 있다.

후각으로 사물을 알아내는 것도 중요한 기능이다. 하지만 많은 학자들은 우리가 이를 무시하고 있으며, 시각이 예리한 능력을 갖추게 됨에 따라 후각은 필요 이상으로 남아도는 능력이 되어버렸다고 지적한다. 그러나 나는 후각이 더 이상 우리의 행동에 영향을 주지 않는다고 치부해버리기에는 너무 이르다고 생각한다. 냄새는 아직 무의식적 기억이나 기억의 연상에 강력하게 연관되어 있는 것으로 보인다. 이에 관련하여 좋은 사례가 있다. 하슬러(Arthur Hasler)는 연어의 회귀 현상을 연구하며 후각 기억 개념을 적용했다. 월튼(Izaak Walton)은 《조어대전*The Complete Angler*》에서 연어낚시에 대해 설명하며 "모든 연어들은 각자 그들이 태어난 강으로 돌아온다."고 적었다. 그러나 연어가 드넓은 대양을 지나고 첩첩산중의 좁은 시냇물을 거슬러 헤엄쳐 오기까지의 미로 같은 길을 어떻게 기억하는지는 300년 동안 수수께끼로 남아 있었다. 그런데 하슬러는 연어가 고향으로 돌아오는 길을 냄새로 기억

연어는
후각 기억으로 고향을 찾아오는 것인지도 모른다.

한다고 주장했다.

"연어의 회귀현상을 설명해주는 해답을 찾는 데 몰두하고 있던 어느 날 나는 머리를 식힐 겸 로키산맥의 워새치산을 따라 하이킹을 하고 있었다. 그곳은 내가 어린 시절을 보냈던 지역이었는데, 거기서 어렸을 적 이후 전혀 맡아보지 못했던 멋진 향기를 맡게 되었다. 나는 팀파노고스산의 서쪽 능선을 타고 정상으로 올라가던 중에 폭포를 향해 다가갔는데, 그 폭포는 절벽에 완전히 가려 보이지 않았지만 신선한 바람을 타고 날아온 이끼 냄새를 맡았을 때 폭포를 이루는 바위절벽 등 폭포 주위의 상세한 모습들이 내 눈에 선했다. 사실 그 냄새가 얼마나 인상적이었는지, 내 의식의 세계에서는 완전히 사라져버린 줄 알았던 어렸을 적 친구들과 여러 가지 일들이 홍수처럼 머릿속에 떠올랐다.

나는 즉시 그와 같은 강력한 연상 작용을 연어의 회귀 문제에 적용해보았다. 그리고 다음과 같은 가설을 세울 수 있었다. 각각의 시냇물은 독특한 향기를 포함하고 있어 연어들은 대양으로 진출하기 전에 그 향기를 기억 속에 각인해두고, 이것은 그들이 넓은 대양에서 고향으로 돌아올 때 길을 찾는 이정표로 이용된다."

아직 우리의 후각은 매우 강력하여 먼 옛날의 기억을 떠올리고 현혹시키기도 한다. 기억 속에 냄새의 조각들이—이는 꽃향기나 여름날 비 내리는 냄새가 될 수도 있다—없는 사람은 이미 오래전에 감각의 기억을 지워버렸을지도 모르지만, 어느 날엔가는 다시 분명하게 세밀한 부분까지 의식 속에 냄새의 기억을 되살릴 수 있을 것이다. 들꽃 향기와 연관되어 되살아날 기억들은 얼마나 많을까? 그리고 또 얼마나 많은 기억들이 깨어나기 위하여 밤꽃 향기 혹은 수천 가지의 향기를 기다리고 있을까? 냄새와 기억 사이의 관련은 우리 선조들의 흔적이 남은 것일 수 있다. 그러나 연어 회귀의 사례에서와 같이 냄새와 기억의 연관성이 매우 강력하다는 사실로 미루어볼 때, 우리는 과거에 후각이 어떻게 사용되었을지 어렴풋하게나마 짐작해볼 수 있다.

# 13. 성 전환

쉬림프(작은새우) 암컷은 쪄서 먹든 기름에 튀겨서 먹든 수컷 쉬림프보다 맛있다. 일반적으로 암컷은 수컷보다 크며, 갑각류 특유의 바삭바삭한 맛을 낼 수 있도록 여러 방법으로 요리할 수 있다. 그러나 코끼리 암컷은 수컷에 비해 몸집이 작으며, 단지 암컷이라는 이유로 가격이 낮게 매겨진다. 흥미로운 것은 생명이 잉태되는 최초 단계에서는 암컷 역시 수컷의 형태를 띠고 있다는 사실이다.

식용으로 판매되는 쉬림프는 성 전환을 한다. 수컷의 성징이 먼저 나타난 뒤 성장하면 성 전환을 해 암컷이 되는 것이다. 인간은 포유동물들 중에서 인위적으로 성 전환을 시도하는 유일한 종이며 이는 생식상의 이유라기보다 외관상의 이유 때문에 이루어진다. 하지만 많은 동식물들에서는 성 전환이 정상적인 성장 과정의 일부로 일어난다. 인간은 성별이 쉽게 전환되지 않기 때문에 다른 종들 역시 성 전환이 일어나지 않을 것이라고 생각하기 쉽다. 암수의 모양이 크게 다르고 체내수정을 하는 종들이나 신체구조나 행동이 매우 복잡한 경우에는, 어느 한 성별 시스템에서 다른 성별 시스템으로 변환하기 위해 값비싼 대가를 치러야 한다. 인간이 성 전환을 하는 데 필요한 비용이 얼마나 되는지는 모르지만, 완벽하게 전환하기 위해서는 분명 많은 비용을 준비해야 할 것이다. 그러나 자연계에는 성을 전환하는 데 드는 비용보다 더 많은 이익을 얻는 종들이 있다.

성 전환을 하는 종들 중에는 암컷과 수컷이 살아가면서 이용하는 생태학적 자원이 크게 다른 경우가 있다. 그 극단적인 사례로 바다쥐며느리인 다날리아(*Danalia curvata*)를 들 수 있다. 이 종은 다른 바다생물들에게 기생하여 먹이를 얻어 살아가는 기생성 등각류에 속한다. 다날리아는 플랑크톤 유충으로 생을 시작하는데, 이때는 고환이나 난소에 해당되는 기관이 없고 성별이 구분되지 않는다. 매우 작은 갈퀴 모양으로 생겼으며 다리에 붙은 1밀리미터 정도 크기의 갈고리에는 발톱이 나 있어 이것을 이용하여 숙주에게 달라붙는다. 다날리아는 물속을 헤엄쳐 다니는 다른 동물성 플랑크톤인 요각류(copepod)들에게 달라붙어야 하며 그렇지 못하면 생명을 유지할 수 없다. 달라붙는 데 성공한 다날리아는 이제 수컷으로 전환하여 고환이 생기고 다리와 갈고리가 없어진다. 다리와 갈고리는 스스로 체내에 흡수시켜서 정자를 만드는 자원으로 활용하는데, 수컷은 단지 교미만을 위해 존재하기 때문이다. 다날리아 수컷이 주위에서 암컷의 존재를 확인하게 되면―냄새를 이용하여 알게 되는 것으로 보인다―고환 속의 정자를 쏟아낸 다음 암컷으로 전환한다.

암컷 역시 기생하여 살아가지만 훨씬 더 적극적이다. 암컷의 숙주는 따개비 종류인 주머니벌레이다. 주머니벌레 자체도 다른 개체에 기생하며 살아가는데, 게의 몸통에 오렌지색 주머니 모양으로 붙어 있다. 그 주머니에서 주둥이가 뻗어 나와 게의 몸속으로 파고들어간다. 마치 땅속으로 뻗어내린 뿌리처럼 이곳을 통해 영양분을 빨아들인다. 주머니벌레에게 달라붙은 다날리아 역시 같은 방식을 취한다. 아직 수컷 상태인 다날리아가 주머니벌레에게 달라붙게 되면 고환은 녹아버리고 거대한 주둥이가 자라나서 주머니벌레의 몸속으로 파고들어 영양분을 빨아들이기 시작한다. 그러면 이제 난소가 생겨나고 암컷으로 전환되기에 이른다. 암컷은 몸집이 불어나서 수컷이었을 때보다 13배나 커진다.

몸의 크기와 성별의 연관성은 우연이 아니다. 다른 종들에서도 비슷한 방식의 성 전환이 일어나는데, 기셀린은 이러한 현상을 몸의 크기에 따른 교대성 암수한몸 모델로 설명했다. 즉, 몸집의 크기에 따라 개체의 능력이 최대로 발휘될 수 있도록, 암수 중 한 성별에서 다른 성별로 전환된다는 이론이다. 예를 들어 몸집이 클 때는 수컷보다 암컷으로 있는 것이 더 많은 능력을 발휘한다면 그 개체는 수컷에서 암컷으로 변환을 선택한다. 적절한 크기에 달했을 때 암수가 변환되며, 그 시점은 개체가 암컷으로 살아가면서 거두는 성과와 수컷으로서 살아가며 거두는 성과를 합쳐 최대가 되는 순간일 것이다. 다날리아가 영양 많은 게와 따개비로 이어지는 기생성 만찬에서 실컷 먹고 몸집을 크게 불릴 기회를 잡게 되면 암컷으로 전환할 좋은 시점에 다다르게 된다. 다날리아 암컷은 알을 낳는 기계에 불과하다. 즉 가능한 한 많은 알을 낳아 바다 속으로 흘려보내야만 그 암컷의 삶은 성공적이라고 할 수 있다. 반면 수컷은 몸집이 커야 할 이유가 없다. 정자는 아주 작으며, 조그만 수컷 한 마리가 암컷 한 마리의 모든 알들을 다 수정시키는 데 필요한 정자들을 만들고도 남는다. 다날리아 수컷은 싸우거나 암컷을 보호하는 역할을 하지 않기 때문에 몸집의 크기는 아무런 의미가 없다. 오히려 수컷의 몸집이 작을수록 숙주로 삼을 수 있는 요각류의 수가 많아지고, 또한 해당 수컷이나 그 형제들이 퍼져 나가 암컷을 발견할 가능성이 높아진다. 수컷에서 암컷으로의 성 전환을 '수컷 선숙 교대성 암수한몸'이라 부른다. 생식력이 암컷의 몸집 크기에 관계되고 수컷은 몸집이 커 봤자 유리한 점이 없는 경우에 흔히 관찰된다. 체내 수정을 하지 않고 암컷이 엄청난 숫자의 알이나 유충을 바다 속으로 흘려보내는 바다생물들 중에는 이와 같은 성 전환을 하는 종이 많다. 굴도 대표적인 사례다. 1년 된 굴들이 무리를 이룬 곳에서는 개체들 가운데 70퍼센트가 수컷이다. 그러나 1년 더 성장한 다음 해에는 암수가 각각 절반 정도씩이다. 그리고 1년이 더 지나면 대부분의 개체가 암컷들이다.

굴은 매우 단조로운 사회적 생활을 한다. 수컷과 암컷은—그리고 수컷과 수컷, 암컷과 암컷도—서로 거의 관계하지 않는다. 바닷물을 삼키고 영양분을 걸러내어 더 많은 굴을 만들어내는 일만 끊임없이 계속한다. 그러나 다른 바다생물들 중에는 좀 더 복잡한 사회적 관계를 형성하고, 암컷에서 수컷으로 성 전환을 하는 경우도 있다. 산호물고기 종류들로 비늘돔, 놀래기, 문절망둑, 그루퍼, 자리돔, 그리고 에인젤피시 등이 여기에 속한다.

나는 산호물고기들 중에서 성 전환이 흔히 일어난다는 말을 처음 들었을 때 조금 미심쩍었다. 산호초는 연구하기에 매우 좋은 장소로, 깊은 바다 속이나 아마존 강이 흘러드는 연안보다 훨씬 쉽게 접근할 수 있는 환경이다. 그래서 나는 학자들이 단지 관찰하기 쉬운 장소였기 때문에 나온 결과라고 생각했다. 그러나 실제로 그곳에서는 관찰되는 것보다 더 많은 성 전환이 일어나는 것으로 보인다. 산호초는 사방이 모두 입체적으로 잘 보이는 지역이다. 따라서 바닷물의 흐름이나 한 달 주기 혹은 하루의 변화를 예상할 수 있다. 그래서 자신만의 안정된 주거 영역을 확보한다. 이것은 강바닥이 진흙으로 덮여가는 지역에서는 불가능한 일이다.

산호물고기들 사이에서는 사회적 상호관계가 매우 중요한 역할을 하는데, 이는 암수 모두가 화려한 색으로 치장하는 것으로도 알 수 있다. 이것은 자신의 몸에 독이 포함되어 있음을 알리는 경고용 색깔이 아니다. 오히려 화려한 색깔을 지니고 있어 눈에 잘 띄는 산호물고기일수록 더 맛있는 생선이다. 산호물고기의 색깔은 사회적 신호이며 지배관계를 표시한다.

암컷에서 수컷으로 변환하는 '암컷 선숙' 시스템에서는 지배자 수컷이 산호의 한 구역을 장악한 뒤, 그곳에 거주하거나 어떤 방법으로든 그곳을 이용하는 암컷들로 구성된 하렘에 배타적 권리를 행사한다. 청소놀래기가 대표적인 예다. 오스트레일리아의 대산호초 해안에서 볼 수 있는 이 종은 물고기들의 이동 경로 중간에 위치한 '청소방'이라고 부르는 곳에서 먹이를 얻는다. 다른 산호물고기들이 이 청소방을 방문하면 물고기의 몸에 붙어 기생하는 요각류 등의 생물을 떼어먹는다. 각각의 청소방은 지배자 수컷 한 마리와 5~6마리의 암컷들이 운영한다. 수컷은 각각의 암컷들과 하루에 한 번씩 교미한다. 이들의 사회를 대상으로 한 간단한 실험에서 매우 의미 있는 결과가 나왔다. 하렘의 지배자 수컷을 제거해버리자 외부 사회에서 대기 중이던 다른 수컷이 그 자리를 대신하는 것이 아니었다. 그 대신 하렘 내부에서 가장 큰 암컷이 성 전환을 했다. 그 암컷은 수 시간 내에 수컷으로 변했으며, 수 일 내에 자신이 관리하는 암컷들과 교미할 정도의 활력을 갖추었다.

이러한 현상도 상대적 크기의 이점이라는 관점에서 설명될 수 있다. 작은 수컷은 지배구조 및 텃세로 인해 교미의 기회를 갖지 못하지만 작은 암컷은 언제나 교미가 가능하다. 그러므로 암컷으로 출발한 후 충분한 크기로 성장하여 구역을 장악하는 수컷으로서의 자격을 갖출 때까지 암컷으로 머물러 있는 것이다. 그렇다면 산호물고기는 그 상대적 크기를 평가받아야 하는데 이때 호르몬을 이용하는 것으로 보인다. 하와이에서 발견되는 안장놀래기(*Thalassoma duperrey*)에서 이와 같은 행태를 관찰할 수 있다. 실험에서는 각 개체들의 크기가 이웃 물고기들의 크기에 따라 변화했다. 이웃들의 크기가 작으면 그 개체의 성장이 촉진되고, 큰 이웃들이 있으면 성장이 억제되었다. 자연과 비슷한 조건 아래에서 관찰한 실험이었다.

산호초에서 자연적으로 모여 생활하는 농어인 붉은 안티아스(*Anthias squamipinnis*)를 대상으로 한 실험에서 수컷을 제거했을 때는 암컷 집단에 매우 특징적인 변화가 나타났다. 암컷 집단의 규모가 크기 때문에 이와 같은 관찰이 가능했는데, 평균 61마리로 구성되며 많을 경우에는 294마리가 한 집단을 형성했다. 실험에서는 11집단에서 58마리의 수컷들을 제거했다. 그 결과 57마리의 암컷들이 성 전환을 한 것으로 관찰되었으며, 그러한 변화는 순서에 따라 일어났다. 집단에서 가장 큰 암컷이 첫번째로 성 전환을 하고 그다음에 두번째 크기의 암컷이 전환하는 식으로 일이 진행되었다.

이 같은 시스템에서는 성 전환을 위해 각 개체가 자신이 위치해 있는 상황을 평가한 후 성 전환을 실행하는 것으로 보인다. 크기에 따른 이점은 그 개체가 처한 상황, 즉 경쟁 상대들의 크기와 숫자에 따라 결정된다. 워너(Robert Warner)가 카리브해 산호초 주위에 서식하는 청색머리 놀래기(*Thalassoma bifasciatum*)를 대상으로 폭넓은 관찰을 한 결과 이와 같은 현상을 발견했다. 이 물고기들은 흔하고—카리브해에서 잠수를 해본 사람이라면 누구나 한 번쯤 보았을 것이다—특징적이어서, 날 때부터 수컷이었던 수컷, 원래 암컷이었던 수컷, 그리고 암컷을 청색, 흰색, 터키옥색의 색깔로 쉽게 구분할 수 있다. 이 물고기들이 서식하는 산호들의 크기도 다양한데, 이러한 특성들을 이용해 수컷의 크기에 따른 이점이 생태학적으로 어떻게 변화하는지 평가할 수 있다.

워너의 관찰에 따르면 작은 산호에서는 커다란 수컷이 유리하다. 대형 수컷은 관할구역을 효과적으로 방어하며 150여 마리에 달하는 암컷들과 매일 독점적으로 교미할 수 있었다. 그러나 산호가 자라남에 따라 암컷의 산란 부위는 작아지고 효과적인 방어가 어려워진다. 암컷들은 교미를 위해 모이고 산호의 끝부분에 알을 낳는다. 크고 조밀한 산호에서는 밀집된 암컷들의 수가 너무 많아서 수컷 한 마리가 모두 장악하며 지배할 수 없다. 이와 같은 상황에서는 작은 수컷들도 알을 수정시킬 수 있다. 워너는 크기에 따른 이점과 암컷의 방어능력 사이의 관련을 명확하게 보여주었다. 작은 산호에서는 수컷이 암컷과 알을 낳는 지역을 다른 수컷들로부터 방어할 수 있으며, 수컷들의 약 20퍼센트 정도만 원래 수컷으로 태어난다. 나머지 수컷들은 작은 크기의 암컷으로 태어나서 몸집이 커져야만 수컷으로 바뀐다. 그러나 대형 산호에서는 작은 수컷들도 성공적으로 생식을 해나갈 수 있으며, 수컷들의 거의 절반 정도가 태어날 때부터 수컷이다.

수컷이 일부일처제로 새끼들의 양육에 많은 기여를 한다면, 수컷들로서는 크기의 이점이 필요 없다. 실제로, 수컷들의 새끼 양육 기여가 크다면 이를 두고 암컷들이 경쟁한다. 그러므로 암컷들에게서 크기의 이점이 나타난다. 흰동가리(*Amphiprion*)라는 물고기에서 이러한 상황을 관찰할 수 있다. 이 물고기는 바다 말미잘 부근에서 쌍을 이루고 살아간다. 수컷은 성숙한 암컷 한 마리와 함께 살면서 암컷의 알을 보호해준다. 암컷은 수컷보다 크며 이것은 생식력 선택의 결과로 보인다. 이들에게서 성숙된 암컷을 제거해버리면 그 암컷의 파트너 수컷이 성별을 전환하여 자신들의 구역 주위를 맴돌고 있던 작은 수컷들 중 한 마리와 파트너를 이루게 된다.

여기에서 한 가지 의문이 제기된다. 왜 성별을 완전히 전환할까? 오히려 암컷과 수컷 어느 쪽으로든 언제든지 변할 수 있는 상태가 유리하지 않을까? 동시적 암수한몸도 가능하며, 이러한 형태가 매우 결정적인 이점을 지닐 수도 있다. 기셀린은 생명체가 암수한몸의 형태라면 교미 상대를 찾기 위한 비용이 더 적어야 한다고 주장한다. 그의 예측에 의하면—이러한 생각을 뒷받침하는 관찰들도 있다—암컷과 수컷 모두가 되는 생명체는 매우 드물다. 이와 같은 형태에서 얻는 이점을 향유하기 위해 암수 생식체계를 모두 만들고 유지하는 비용이 너무 크다.

정자 자체는 상대적으로 비용이 적게 들지만, 정자를 만들어내는 데 필요한 기관들은 그렇지 않다. 삿갓조개류인 짚신고둥(*Crepidula fornicata*) 수컷들은 암컷의 몸 위에 덩어리로 붙어서 산다. 삿갓조개는 성별이 없는 유충으로 시작하는 종이다. 자리를 잡을 만한 좋은 위치를 먼저 발견한 개체가 암컷이 된다. 다른 암컷들이 없는 바위의 빈 공간에 정착하면 알 낳는 기계가 되어 성장할 수 있는 만큼 최대한 커진다. 그리고 페로몬을 이용해서 자신의 몸 위에 정착하는 개체들의 성별을 조절한다. 수컷은 암컷이 있을 때는 18개월 동안 수컷으로 유지되지만 암컷이 없어지면 수컷으로서 6개월을 넘기지 못한다. 이러한 삿갓조개 덩어리는 많게는 20마리 정도까지 늘어나지만 이것이 수컷으로의 성공 가능성을 제한한다. 암컷과 접촉하기 위해서 수컷은 자신의 몸보다 훨씬 더 긴 페니스를 만들어야 한다. 발기하면 크기가 두 배로 커지는데, 발기 그 자체에도 많은 비용이 필요하다. 페니스가 확대되면 다른 일을 하는 데 매우 거추장스런 방해물이기 때문에 사용하지 않을 때는 크기를 줄여 특정 부위에 잘 숨겨둔다. 삿갓조개의 페니스는 딱딱한 재질로 피막이 입혀져 있어 암컷에게 찔러 넣으면 단단히 고정된다. 따라서 다른 수컷이 먼저 암컷의 몸에 들어간 수컷의 페니스를 밀어내기가 쉽지 않다. 삿갓조개는 이처럼 페니스에 들이는 비용이 만만치 않기 때문에 번식기에 따라 그 크기를 조절한다.

동시적 암수한몸을 유지하기 위해서는 신체적·생리학적 비용 이상을 투자해야 한다. 행동 관련 비용도 필요하다. 지렁이와 같은 동시적 암수한몸들은 복잡한 페니스가 없는 대신 복잡한 행동을 하며 여기에도 비용이 필요하다. 지렁이들의 성생활이 매우 복잡할 것이라는 것은 충분히 예측할 수 있다. 각각의 지렁이들이 교미에 임할 때는 암수 모두의 입장에서 혹은 암컷과 수컷 중 어느 하나의 입장에서 다른 개체들을 대하게 된다. 이때 단순한 암수 사이에서와는 다른 형태로 이해 관계의 충돌이 발생할 수 있다.

가장 흔히 나타날 수 있는 현상은 속임수다. 와충류인 사슴납작 벌레(*Stenostomum oesophagium*)를 관찰한 학자들의 보고에 의하면, 이 벌레들이 보통은 상호 수정을 시키는 암수한몸이지만, 교미 상대에게 정자를 전달하면서도 상대의 정자를 자신의 알에 수정시키지는 않는 교활한 개체들도 있다고 한다. 이와 비슷한 와충류들의 행동을 관찰한 다른 연구에 따르면 개체들이 무작위로 아무 개체에게나 정자를 전달 하지만, 정작 자신은 선택된 상대에게서만 정자를 받아들인다고 한다. 정자는 알보다 훨씬 저렴하기 때문에 암수한몸인 개체들은 알을 만들 기보다는 정자를 전달하는 데 더 많은 투자를 한다. 수정에 성공한 정 자는 새끼의 유전자에 암컷의 알과 같은 정도로 기여하지만 값은 훨씬 싸다. 교활한 놈은 교미 상대의 알을 모두 수정시키지만, 자신의 알은 상대의 정자가 수정시키도록 내어주지 않는다. 이러한 전략은 다른 개 체들 사이에도 쉽게 전파되어—전체 개체들의 절반은 정자 전문이고 나머지 절반은 알 전문으로—안정화되거나 다른 행동전략이 나타나서 이와 같은 속임수를 억제하게 될 것이다.

진화행동학자인 피셔(Eric Fisher)는 카리브해에 서식하는 농어인 햄릿물고기(*Hypoplectrus*)에게서 이와 같은 행동전략을 관찰했는데 동 시적 암수한몸인 어종이다. 햄릿물고기는 알을 교환한다. 이들은 쌍을 이루어 교미를 하며 교미 상대 양쪽 모두가 알과 정자를 가지고 있다. 속임수를 막기 위해 어느 쪽도 수정시킬 알을 한꺼번에 방출하지 않는 다. 그 대신 받은 만큼만 준다. 즉, 교미 상대 중 한쪽이 수정시킬 알을 약간 방출하면 다음엔 다른 쪽이 방출한다. 이렇게 알을 모두 소진시키는데 네 차례까지 방출한다.

돌이킬 수 없게 만드는 기술도 있다. 바니니민달팽이(*Ariolimax*)는 다른 민달팽이들과 마찬가지로 암수한몸이다. 보통은 서로 준 만큼 받는다. 즉, 교미 상대에게 정자를 전달하고 상대의 정자로 자신의 알을 수정시킨다. 그러나 바나나민달팽이는 상대방의 페니스를 끊어버리는 경우가 있다. 페니스를 뺏긴 민달팽이는 페니스가 다시 자라나지 않기 때문에 어쩔 수 없이 암컷이 되어서 알만 제공해야 한다. 민달팽이의 페니스는 매우 크기 때문에 이렇게 페니스를 떼버리는 것은 먹잇감으로는 위험이 크긴 하지만 일종의 요리행위로 볼 수도 있다. 그러나 이러한 행동을 한 가해자 민달팽이는 부근에서 암컷 민달팽이의 수를 늘려 자신의 생식 성공률을 높이는 효과를 거두게 된다. 이러한 이론을 뒷받침할 증거는 없다. 하지만 민달팽이는 한곳에 거주하며 자신의 영역을 구축하는 습성이 있기 때문에 충분히 가능한 일이다. 만약 그렇다면 동시성 전략을 허물어버리는 또 다른 행동이다.

동시적 암수한몸이 가장 많은 경우는 흥미롭게도 꽃을 피우는 식물들에서다. 이러한 종들은 개체들 사이의 상호작용이 매개 동물이나 바람 등에 의해 간접적으로 일어난다. 이러한 식물들은 속임수를 사용하기가 어려울 뿐만 아니라 암수의 작용이 동시에 일어나며 지출하는 비용도 동일하여 암컷이나 수컷 어느 쪽이든 크기에 따른 이점이 없다. 사실, 꽃들은 자신의 유전자를 퍼트리고 다른 유전자를 받아들이는 데 있어 동일한 수정매개체를 이용할 때가 가장 성공적이다. 꽃이 전적으로 암컷 혹은 수컷 생식체로서만 생식에 성공하여 얻는 결과보다, 암컷과 수컷 모두로 작용하여 그 두 가지의 생식 성공을 더한 결과가 훨씬 클 것이다.

실제로 성 전환을 하고 크기의 이점을 누리는 식물들도 있다. 그 중 가장 많이 연구된 종은 천남성(jack-in-the-pulpit)으로 미국 및 캐나다 동부에서 많이 서식하며 초여름 울창하고 습기가 많은 낙엽수림에서 꽃을 피운다. 이 식물이 성 전환을 하는 이유도 크기의 이점으로 설명할 수 있다. 잎이 한 장만 있는 작은 개체는 거의 모두가 수컷이다. 이것들은 임신에 따르는 비용을 지출할 필요가 없다. 천남성에 열리는 진홍색의 커다란 열매는 과육 속에 큰 씨앗이 들어 있으며 새들이 이것을 퍼트린다. 천남성 암컷은 뿌리 속에 대형 영양분 저장고가 있어 수십 개의 열매를 만들 수 있다. 그러나 작은 수컷이 대여섯 개의 열매라도 영글게 하려면 자기가 가진 모든 자원들의 거의 3분의 1은 소비해야 한다.

다년생 식물들은 이와 같이 대규모 투자를 하고는 견뎌낼 수가 없다. 생식을 마친 후 죽어버리는 일년생 초목에서만 가능한 일이다. 천남성이 성장하여 커지면 크기의 이점을 씨앗 만드는 일로 돌린다. 이것은 꽃가루를 만드는 비용보다 비싸지만 살아남아 자손으로 성장해갈 가능성이 훨씬 높다. 마찬가지로, 초식동물의 습격을 받는 등 불행한 한 해를 보낸 암컷은 그 다음해에는 다시 수컷으로 복귀한다.

이것은 크기의 이점 모델로 교대성 암수한몸을 설명할 수도 있음을 시사해준다. 그러나 이 이론으로는 다른 종들이 성 전환을 하지 않는 이유를 설명할 수 없다. 즉, 천남성은 성 전환을 하지만 백합은 그렇게 하지 않는다. 어떤 특정한 사례들에서만 적용되는 모델이다. 그러

천남성은
동시적 암수한몸으로 생식하는 대표적 개체다.

나 나는 이것이 '크기 이점 모델' 의 약점이라고는 생각하지 않는다. 어떤 종 하나의 생명의 역사를 설명해주는 이론도 생태학과 진화이론으로서 충분한 의미를 가진다. 지금까지 생명의 역사가 설명된 종의 수는 매우 적다. 이론이 너무 구체적일지라도 일반화시킬 수 있는 메시지를 담고 있다. 남과 여, 암컷과 수컷이라는 성별은 각각의 목표를 달성하기 위해 서로 다른 수단을 필요로 한다.

# 14. 근친혼과 족외혼

그린란드의 이누이트족에게는 태양과 달에 관한 전설이 있다. 기나긴 겨울밤을 즐겁게 보내기 위해 주민들은 이글루의 바깥에 바다표범 기름으로 만든 등불을 걸어두었다. 깜깜한 이글루 안에서는 상대를 가리지 않고 사랑을 나눌 수 있었다. 그래서 누구도 자신과 사랑을 나누고 있는 상대를 정확히 알지 못했다. 매일 저녁 이와 같은 게임에 참가했던 한 소녀가 문득 자신과 지금 사랑을 나누는 상대가 오빠일지 모른다는 생각이 들었다. 그래서 어느 날 밤, 소녀는 자신의 손에 검정을 칠한 채 사랑을 하며 상대의 얼굴에 문질렀다. 그리고 바깥으로 나와서 등불을 향해 뛰어갔고, 소녀의 연인도 뒤따랐다. 우려했던 대로 소녀는 등불에 비친 자신의 오빠 얼굴을 보아야만 했다. 소녀는 등불을 손에 쥐고는 달리기 시작했고 오빠도 자신의 등불을 들고 소녀를 따라 달렸다. 둘은 점점 더 빠르게 달리고 또 달려, 끝내 하늘로 빙글빙글 치솟기 시작했다. 그리고 "소녀는 따뜻함과 햇살이 되고, 태양이 되고/오빠는 어둠과 추위가 되고, 달이 되었다."

생물학자들은 이 이야기에서 유전학적 도덕성을 본다. 족내혼, 즉 근친혼에서 도망친 여성은 사람들이 좋아하는 따뜻함과 햇살의 원천인 태양이 되었지만, 근친혼을 고집한 오빠는 사람들이 싫어하는 어둠과 추위가 되었다. 그런데 이누이트족은 왜 근친혼을 혐오할까? 열악한 지리적 환경으로 인해 북극지방에서는 근친혼이 어느 정도 용인될 여지가 있었다. 지구의 가장 척박한 환경에서 사람들은 가혹하고도 고립된 삶을 살아가야만 했다. 이누이트족이 마을을 이루고 사는 장소는 그나마 사냥 환경이 조금 나은 특별한 곳이어야 했다. 한 마을에서 다른 마을은 수백 마일이나 떨어져 있기도 했으며, 수개월 동안 밤이 계속되는 끔찍하게 추운 겨울날에는 그 거리가 더욱 멀게 느껴졌을 것이다. 그렇게 어려운 환경에서 섹스 상대를 찾으려면 족내혼에 마음이 끌릴 수도 있으며, 소속된 집단 내에서 상대를 발견하기가 쉽다. 아주 가까운 혈연관계도 여기에 포함된다. 그러나 전설이나 금기사항, 그리고 섹스 상대를 찾는 행동 등을 볼 때 이누이트족에게서 근친혼의 경향은 발견할 수 없다. 이누이트족은 문명화되기 이전에도 이미 6촌 이내의 친족 결혼을 허용하지 않았다. 전 세계에 살고 있는 다른 인간 종족들과 마찬가지로 이누이트족에게도 결혼이나 섹스 상대의 선택에는 규칙이 있었다.

인간에게 상대 선택의 기본적 규칙은 '근친혼 금기'다. 인간의 근친혼 금기에 대한 인류학적 설명과 생물학적 설명은 개인적 차원에서의 선택과 집단 차원에서의 선택이라는 두 가지 관점에서 차이가 있다. 인간이 근친혼을 배격한다는 데 이의를 제기할 사람은 없다. 나중에 다룰 몇 가지 예외를 제외하면, 남매 혹은 부모자식 간의 일차적 근친혼도 대부분의 사회에서 금지한다. 그러나 이러한 현상에 대해 누구나 인정하는 생물학적 설명은 아직 없다.

근친혼 금기에 대해 생물학적으로는 근친혼이 '근교열세(inbreeding depression)'로 알려진 현상을 발생시킬 수 있기 때문이라고 간단하게 설명한다. 근교열세란 근친혼에 의해 태어난 자손은 족외혼으로 태어난 자손에 비해 생존 적합성이 떨어진다는 이론이다. 이러한 설명은 유전학적 지식을 조금만 갖추면 쉽게 적용시켜볼 수 있다.

근교열세는 우리의 유전자 체계에 따라 나타나는 현상임이 분명하다. 우리 인간과 같은 생명체들은 배수염색체를 가지고 있다. 즉, 염색체가 각각 두 개씩의 쌍으로 구성되며 특정 순서의 배열과 조합을 이루고 있다. 두 개가 쌍을 이루고 있으므로 개인들이 가진 모든 유전자들은 두 가지 형태로 존재할 수 있다. 이것은 대립유전자라 부르는 다른 형태의 유전자들로 서로 대체될 수 있다. 예를 들어, 갈색 눈을 만드는 유전자에는 여러 대립 형태가 존재할 수 있다. 어떤 유전자에서 한 개인은 서로 동일하거나 아니면 서로 다른 두 개의 대립유전자를 가질 수 있다. 두 개의 유전자가 동일하다면 '동형'이고, 둘이 서로 다르다면 '이형'이 된다.

어떤 대립유전자는 기능이 없거나 해가 없지만, 위험한 대립유전자도 있다. 예를 들어 사망을 초래하거나 활력을 감소시키는 단백질을 만들도록 짜여 있는 경우가 발생할 수 있는데, 만약 이와 같이 치명적인 결과가 직접적으로 발현된다면 자연선택에 따라 그 개체를 집단에서 제거해버리게 된다. 그러나 결손 유전자들은 정상적인 대립유전자가 함께 기능할 때는 발현되지 않는 경우가 많다. 예를 들어, 피부의 색깔을 조절하는 유전자를 생각해보자. 어떤 개인이 가진 한 쌍의 대립유전자 중 하나는 알비노(색소결핍증) 대립유전자(피부보호 역할을 하는 색소를 생산하지 못하는 정보가 담긴 유전자)이지만 다른 대립유전자는 정상적으로 기능한다면, 결과적으로는 색소를 생산하라는 정상적인 유전 정보가 발현되고 그 개인은 정상 피부를 가지고 태어난다. 이때 기능하는 대립유전자는 '우성'이 된다. 그리고 이 우성 유전자가 '열성' 유전자의 발현을 억제시킨다. 결국 해로운 열성 유전자는 자연선택에 의해 걸러져서 도태되는 운명을 맞게 된다.

유전학자들은 이러한 열성 유전자들을 집단의 '유전적 부담'이라 부른다. 모든 집단에는 해로운 대립유전자들이 상당수 존재하며, 각 개체들은 그 자신의 적응력을 낮출 수 있는 대립유전자들을 보유하는 경우가 보통이다. 유전적 부담의 크기는 '치명적 등가량'으로 측정한다. 예를 들어, 어떤 대립유전자가 한 개체의 적응력을 20퍼센트 감소시키고 그 개체는 다섯 개의 대립유전자를 보유한다면 치명적 등가량은 $0.2 \times 5 = 1$이 된다. 인간 집단은 한 개인이 평균 2~5 정도의 치명적 등가량을 보유하는 것으로 추정된다. 과일파리나 바구미(밀가루벌레), 그리고 소나무의 경우도 비슷한 정도로 추정된다. 대부분의 경우 한 개체의 해로운 대립유전자는 열성 상태, 즉 정상 기능의 대립유전자에 의해 가려져서 발현되지 않는 상태로 존재하기 때문에 문제를 발생시키는 경우가 드물다. 같은 유전자 쌍 내에 대립유전자 두 개를 모두 가질 경우에만 해당 개체에 어떤 문제점이 발현된다.

혈연적으로 관련이 없는 개체들이 결합할 때는 두 개체 모두가 자손에게 동일한 문제를 일으킬 대립유전자를 전달해주게 될 확률이 매우 낮다. 각 개체들에는 수만 개의 유전자가 있으며 각각의 유전자에는 또 많은 형태의 대립유전자들이 있다. 그러므로 자손이 여러 유전자들 가운데 동일한 문제를 안고 있는 유전자 쌍을 깆게 될 가능성은 낮다. 그러나 근친혼의 경우에는 그 가능성이 훨씬 높아진다. 이것이 근교열세다.

정신지체를 초래하는 페닐케톤뇨증을 나타내는 열성 대립유전자가 동형 형질의 형태로, 즉 그 유전자에 두 개의 동일한 열성 대립유전자가 있는 경우를 생각해보자. 사람들 사이에 해로운, 즉 열성 대립유전자가 존재하는 빈도는 0.01인데, 이것은 무작위로 사람을 뽑아 그 유전자의 대립유전자를 검사했을 때 100개 중 한 개에 문제가 있다는 의미다. 그러므로 개인이 이러한 형태의 대립유전자를 쌍으로 가져서 질병이 발현될 확률은 0.01을 두 번 곱한 값, 즉 1만 분의 1이다. 다른 말로 하면, 족외혼으로 태어난 아이 1만 명 중에서 한 명이 페닐케톤뇨증으로 인한 정신지체가 나타난다. 단순히 확률적 계산으로만 따져보아도 근친혼에서는 이러한 위험이 크게 높아질 수 있다. 남매 사이의 결합으로 태어난 자손에서는 그 질병이 나타날 가능성이 576배나 높아진다. 남매의 대립유전자들은 절반이 동일하기 때문이다. 남매는 자신들의 유전자 가운데 절반은 어머니로부터 받고 다른 절반은 아버지로부터 받는다. 그러므로 동일한 열성 대립유전자를 보유할 가능성은 0.5, 즉 2분의 1로 높다. 자손들의 유전자 중 많은 수가 동형 유전자 형태일 것이다.

한 집단에서 치명적 등가량의 평균값을 알면 일차적 근친혼으로 태어나는 자녀의 사망률을 계산할 수 있다. 예를 들어, 인간이 가진 치명적 등가량이 2.2라면 남매 사이의 결합을 통해 태어나는 자녀의 42퍼센트가 자식을 낳을 때까지 살지 못한다. 이것은 유전학자들이 여러 인구집단들로부터 수집한 데이터를 분석하여 이론적으로 예측한 값이다. 체코슬로바키아에서는 여성이 아들이나 오빠 혹은 아버지와의 근친혼으로 낳은 자녀 160명과 혈연관계가 없는 남성과의 결합을 통해 생산한 95명의 자녀들을 비교 연구한 바 있다. 그 연구에 의하면, 근친혼으로 태어난 자녀들 중 거의 절반이 자식을 낳을 때까지 살아남지 못했지만, 그렇지 않은 관계에서 태어난 자녀들은 거의 90퍼센트가 자식을 낳을 때까지 생존했다.

4촌 사이에서 태어난 자녀들도 남매나 부모자식 관계보다는 덜하지만 여전히 많은 문제가 발생했다. 스웨덴에서 근친혼이 아닌 관계에서 태어난 자녀들에게 유전질환이 나타날 가능성은 4~6퍼센트다. 그러나 4촌 사이의 결혼으로 태어난 자녀들에서 유전질환이 발생할 가능성은 16~28퍼센트로 높아진다. 프랑스에서 4촌 사이의 결혼으로 태어난 자녀들을 대상으로 실시한 연구에서는, 혈연관계가 없는 부모에게서 태어난 자녀들에 비해 성인이 되기 전에 사망할 가능성이 두 배나 높은 것으로 나타났다. 일본에서의 연구도 비슷한 차이를 보여주었다. 또한 예상대로 6촌 사이에서 태어난 자녀들은 그 중간 정도의 생존율을 나타냈다.

여러 동식물을 대상으로 한 연구 결과 근친교배에서는 값비싼 대가를 치러야 하는 근교열세가 나타난다는 사실이 확인되었다. 그래서 생명체들은 근친교배를 피하는 기제를 진화시켜왔을 것으로 보인다. 동식물들은 이를 위해 동시에 집단적으로 생식을 하거나 태어난 구역에서는 한 가지 성별만 확산시키는 등 여러 기제를 만들어냈다. 이러한 두 가지 방법은 모두 약탈을 피하기 위한 적응이나 경쟁의 전략으로도 해석된다. 그러나 약탈의 위험이나 동성 사이의 경쟁으로는 많은 동식물들이 자신의 근친과 그렇지 않은 개체를 구분하는 능력을 설명할 수 없다. 어떤 식물들은 자신과 밀접한 관련이 있는 꽃가루를 구분해 받아들이지 않는 능력을 만드는 유전자를 가진다. 여러 종의 해양생물들도 유전적 관련성을 구분하게 해주는 인식 유전자를 가지고 있다. 군집을 이루고 엄격히 이타적인 사회생활을 하는 곤충 등에서도 이러한 능력을 관찰할 수 있다. 여러 종류의 설치류들이나 원숭이 등 많은 포유류들은 냄새를 이용해서 근친을 알아차리는데, 이러한 종들은 좀 더 유연한 사회 시스템을 가지고 있다.

인간도 이와 유사한 인식 시스템을 가진 것으로 보인다. 즉, 가까운 남매 사이에서는 성적인 흥미를 느끼지 않도록 학습되어 근친혼을 최소화한다. 이러한 주장은 웨스터마크(Hans Westermark)와 헤이블록 엘리스 등 심리학자들의 저서에 실려 있는데, 그들은 어릴 때의 친밀감은 성적인 관심의 결여와 연결된다고 생각했다. 이스라엘 키부츠에서 행한 연구 결과는 이러한 가설을 강력하게 뒷받침하고 있다. 키부츠는 원래 자급자족 공동체로 설계되고 그 구성원들은 대부분 서로 관련이 없는 사이였다. 아동들은 공동으로 양육했다. 키부츠에서 성장한 아동 2769명의 결혼 행태에 대해 분석한 결과 함께 양육된 아동들 사이의 결혼이 한 건도 없는 것으로 나타났다. 아동들은 서로 혈연관계가 없는 경우가 대부분이었기 때문에 처음에는 그와 같은 현상이 자연선택이라는 관점에서 의미가 없는 것으로 보였다. 그러나 이 정도의 규모로 자녀를 공동 양육할 때의 환경은 일반적으로 인간이 진화해온 조건들과는 많이 다르다. 사실 인간은 진화의 역사에서 대부분의 기간 동안 집단 공동 양육이 아닌 가족 단위의 양육을 우선으로 했다. 키부츠 내에서 공동으로 양육된 자녀들은 남매 사이에 존재하는 것과 유사한 상호간의 성적 혐오감을 형성했다고 볼 수도 있다. 가족의 친밀성이 성적으로는 혐오감을 만든다.

인류학자들은 인간의 근친혼 금기에 대해 여러 다른 설명을 제시했으며, 어떤 학자들은 근교열세 이론에 근거한 생물학적인 설명을 공공연히 비판한다. 그들은 근친혼 금기에는 강력한 사회적 기능들이 있으며 근친혼 금기가 존재하는 이유가 여기에 있다고 설명한다. 과거에는 근친혼 금기가 '공동의 선'을 위해 이용된다는 인류학적 설명이 표준이었다. 이것은 문화적 행동이 사회의 선을 위해 존재한다는 인식에서 나온 이론이었다. 프로이트는 근친혼 금기가 사회적 정체를 막아주기 때문에 생겨났다고 주장했다. 한 개인이 혈연이 아닌 사람과 결혼하면 자신이 성장한 가족단위와는 다른 사회적 단위 속으로 편입해 들어간다. 이것은 사회적 다양성을 증가시키고 사회의 역동성을 유지해준다. 미드(Margaret Mead)나 레비스트로스(Claude Lévi-Strauss) 같은 위대한 인류학자들의 책에서도 이와 같은 유형의 주장을 발견할 수 있다. 미드는 결혼의 형태에 관한 책에서 다음과 같이 주장한다. "어느 사회나 최우선의 과제는 구성원들이 서로 협조하며 살아가게 하는 것이다." 레비스트로스도 이에 동의하며 말한다. "문화의 일차적 역할은 집단이 집단으로서의 존재를 굳건히 하는 것이다." 그리고 그는 근친혼 금기나 결혼 풍속이 아내 거래의 법칙으로 진화해왔다는 유명한 주장을 했다. 그는 족외혼을 통해 남성의 혈연 집단은 물질적·정치적 이익과 여성을 교환하고, 그러한 거래가 정치적 연합을 형성하여 그 집단의 힘을 강화시킨다는 가설을 세웠다.

진화생물학자인 메이너드-스미스(J. Maynard-Smith)는 인류학자들이 근친혼 금기의 문화적 의미만을 너무 강조한다고 지적했다. "레비스트로스는 근친혼 금기가 인류 문화에서 생겨난 특징적 현상이라 주장하지만 이는 일면으로는 모순된 말이며, 다른 면에서는 명백히 잘못된 생각이다. '금기'라는 단어에 함축된 문화적 의미를 강조한다면 그러한 주장은 모순된 말이라 할 수 있는데, 문화가 없는 문화도 있기 때문이다. 그러한 주장이 동물들은 근친혼을 피하기 위한 행동을 하지 않는다는 의미라면 그 주장은 틀린 것이다." 그리고 스미스는 또 이렇게 말한다. "서로 다른 사회 풍습들 사이의 차이를 그 내재적 적합성과는 무관하게 문화적으로만 해석하는 것이 그럴듯하게 보일지도 모른다. 그러나 우리 인류 조상들이 말을 할 수 있기 훨씬 이전부터 밀접한 혈연간의 섹스를 피했다는 사실을 무시하고 근친혼 금지의 풍습을 일반론적으로 설명하는 것은 매우 편협한 사고라 할 수 있다."

보다 더 생물학적인 관점에서 볼 때, 문화는 집단 내의 각 개인들의 의사 결정 및 행동 유형들을 종합한 것에 불과하다. 금기나 규칙을 만들고 실행하거나 반대로 무시하는 주체는 각 개인이며, 그로 인해 발생하는 비용을 부담하고 그 이득을 얻는 주체도 각 개인들이 되어야 한다. 개인에게 돌아가는 비용이나 이득이 문화적 유형을 만들어내는 메커니즘이다. 인간은 사회적 동물임이 사실이다. 인간은 집단 속에서 생활하고 다른 집단들과 경쟁한다. 여기에서 이차적이고 고차원적인 선택 압력이 발생하게 된다. 한 개인의 행동은 자신과 그의 자녀들 혹은 친지에게 즉시 발생하는 이익이나 비용에 의해 영향을 받을 뿐만 아니라, 그가 소속되어 살아가야 하는 집단에게 발생 가능한 결과에 의해서도 영향을 받는다. 개인들은 집단의 이익을 위해 개인적 이익을 희생하거나, 이기적인 행동을 이타적인 행동으로 변화시키도록 집단의 다른 구성원이나 역사적 법칙으로부터 압력을 받는다. 그러나 집단이나 사회의 이익은 그 집단을 구성하는 개인이나 혈연들의 생식 성공에 영향을 줄 때에만 유전적으로 의미 있는 문화로 나타난다.

　　문화의 규정들을 생각할 때 개인의 이기심 혹은 집단 선택이라는 두 가지 관점 사이의 갈등은 숲을 중심으로 혹은 나무를 중심으로 보는 것과 같이 시각의 초점이 다른 데서 생겨난 결과다. 생물학자들은 일차적 근친혼 금기를 중심으로 생각하고, 인류학자들은 일차적 근친혼 금기보다는 결혼 유형을 결정하는 복잡한 시스템에 더 많은 관심을 가져왔다. 근친혼이 아닌 경우에도 결혼이 금지되는 규정은 많다. 그리고 일차적 근친혼 금기는 정치적 연맹 구축과 같은 목적 성취와는 관련이 없다.

　　설명이 안 되는 부분은 과학의 목표가 된다. 그러나 여러 가능성 중 한 가지만을 선택해서는 안 된다. 그보다는 모든 가능성을 포함하는 모델을 만들어야 한다. 만족스럽지는 않겠지만 필요한 일이다. 교미의 유형을 이해하기 위해서는 근교열세로 파생되는 비용뿐만 아니라 유전적으로 먼 관계와 교미하는 데 따르는 비용이나 이익 등도 고려해야 한다. 그리고 여러 물질적 문제에 대해서도 고려해야 한다. 즉, 형제간이나 동성간의 경쟁, 그리고 물려줄 관할 구역이나 자원 등에 대한 고려다. 근친혼 금기를 설명해줄 수 있는 하나의 법칙을 찾아내기보다는 다양한 힘들 사이의 갈등과 복잡한 작용들을 탐구할 수 있는 모델을 만들어내는 것이 목표가 되어야 한다.

　인간 사회의 어떤 집단에서는 형제나 사촌 등 근친 사이의 결혼이 일상적으로 행해진다는 사실로 볼 때, 우리는 근친혼을 위험한 문제로만 볼 것이 아니라 그것에 관한 이론 모델을 검증해볼 수 있을 것이다. 근친혼을 허용하고 장려하기까지 하는 인구집단은 경제적 이유를 포함해 이익이 되기 때문에 그렇게 할 것이다. 이들이 평균적인 인간사회를 대표하지는 않는다. 근친혼은 이란, 페루, 하와이, 그리고 사모아 등에서 왕실의 특권이었다. 프레이저(James Frazer) 경은 《황금가지*The Golden Bough*》에서 왕권이 모계혈통으로 전수될 경우 왕이 자신의 딸과 결혼하면, 그의 아내 즉 여왕이 죽었을 때 왕에게 유리해지므로 근친혼을 한다고 주장한다. 마찬가지로 형제 사이의 근친혼은 왕권을 가족 내에서 전수하고 순수혈통을 유지하는 방법이며, 조카딸과 결혼하는 풍습은 결혼 지참금을 대가족의 테두리 안에 보존시키는 방법이다. 근교열세로 발생하는 비용보다 근친혼으로 얻는 물질적 이익이 더 많다면 근친혼이 자원 독점을 위한 전략으로 채택될 수 있다. 기형아가 태어나면 영아살해의 방법으로 거리낌 없이 제거하여 근친혼으로 인한 비용을 더 줄인다. 근친혼을 하는 집단들 거의 대부분에서 이러한 풍습이 관찰되며 근친혼 풍습이 오래되었을수록 그에 따라 발생하는 비용은 적어지는데, 치명적인 대립유전자가 자연선택의 힘에 노출되어 제거되기 때문이다.

　근친혼으로 발생하는 비용과 이익은 성별에 따라 다르다. 일반적으로 볼 때 수컷은 암컷보다 근친혼으로 인한 비용을 적게 부담한다. 결함이 있는 자손을 낳은 암컷은 일생 동안의 생식 성공률이 상당히 줄어들지만, 그 자손의 아버지가 되는 수컷의 생식 성공률은 그다지 많이 줄어들지 않는다. 사실 자손 양육에 수컷의 투자가 거의 없는 경우라면 그 수컷은 얼마든지 생식 성공률을 높일 수 있다. 그러므로 수컷은 암컷보다 근친혼의 경향이 더 많다고 추측할 수 있다. 그리고 생식 가능 기간의 거의 막바지에 다다른 개체도 근친혼의 경향을 보일 것으로 생각할 수 있다. 근친혼으로 잃을 것은 거의 없지만 얻을 것은 많기 때문이다.

사례들만으로 어떤 결론을 내릴 수는 없지만, 프랑스의 인류학자 말로리(Jean Malaurie)의 《툴 문명의 마지막 왕들*The Last Kings of Thule*》에서 묘사된 이누이트족 근친혼의 비용과 이익 사례를 여기에 인용해본다.

"에스키모들은 무엇보다도 현실주의자들이다. 그들은 이렇게 말한다. 어떻게 살아야 할지 걱정할 필요 없다. 지금 살아 있는 것만이 중요하다. 그리고 그들은 자신들의 규칙을 환경에 맞춘다. 결혼에서 '가족 외' 방식은 가족 구성원 모두가 가족이 아닌 사람과 결혼하는 것이다. 그러나 남자가 이렇게 넓은 범위에서 상대자를 선택하게 되면 경제적 도움을 제공해야 할 의무를 지니는 대상도 확대된다. 고립된 상태에서, 가까운 이웃이나 다른 어떤 사람들 가운데 새로운 아내를 찾을 수 없었던 홀아비 사냥꾼에게는 '가족 내' 방법이 해결책이었다. 즉, 그는 자신의 딸과 동침하여 아내로 맞는 것이다. 나는 이런 사례를 캐나다 북서부 지방에서 여러 차례 목격했다. 유능한 사냥꾼이어서 자녀들이 많았던 홀아비는 2년 동안 자신의 새 아내를 이웃들에게서 찾아보았지만 구할 수 없었기 때문에 이러한 방법을 택했다. 이웃들은 반대했지만 표현하지 않았으며, 아버지의 아내가 되어야 했던 큰딸은 슬픔에 잠기게 되었다. 1930년대부터 1940년대까지 에스키모들 사이에 여아를 살해하는 경향이 많았기 때문에 신붓감이 더욱 없었다."

근교열세 방지는 이익과 비용의 방정식 가운데 일부에 지나지 않는다. 족외혼에 수반되는 비용도 고려할 필요가 있다. 자신을 퍼트리는 일에는 비용이 필요하다. 일부 곤충들의 경우는 자신을 외부로 전파하는 데 소요되는 에너지와 생식에 소요되는 에너지를 맞교환하기도 한다. 멀리 전파하는 과정에서 잡아먹힐 가능성이 많거나 새로운 지역에서 자기 구역을 확보하기 어려운 경우 등이다.

족외혼에는 유전자 비용도 수반될 수 있다. 최소한 식물들의 경우는 특정 지역에 국소적으로 적응하는 것으로 보인다. 멀리 떨어져 있는 개체들에서 온 유전자가 섞이면 유전자형과 환경 사이의 일치가 깨질 수 있다. 이러한 식물들에서는 매우 작은 규모지만 족외혼으로 인한 열세가 나타날 수 있다. 웨이저(Nicolas Waser)와 프라이스(Mary Price)가 소규모로 나타나는 이와 같은 효과에 대해 처음으로 연구했다. 그들은 콜로라도의 로키산맥 초원지대에서 서식하는 짙은 푸른색 식물인 참제비고깔을 이용해 연구했다. 그들은 손으로 이 식물을 교차 수분시켰다. 즉, 서로 떨어진 거리가 1~1000미터까지 다양한 지점에 서식하는 개체들에서 꽃가루를 얻어 수정시켰다. 떨어진 간격이 1미터에 불과한 개체끼리 교차 수분시켰을 경우는 근교열세가 나타났다. 이 식물의 씨앗은 비교적 무겁기 때문에 멀리 퍼트리기 어렵다. 그래서 이 식물들이 1미터 이내의 가까운 간격으로 자라고 있으면 유전적으로 매우 밀접한 관계일 가능성이 많다. 놀라운 것은 씨앗꼬투리가 가장 많이 열리는 경우는— 이것은 수분의 성공을 나타낸다— 10미터 정도만 떨어진 개체들을 수정시켰을 때라는 사실이다. 거리가 1000미터 이상 떨어진 개체들을 수정시킨 경우는 꼬투리가 적게 열렸다.

그러한 관찰에서, 유전학적으로 너무 다른 두 개체 사이의 수정으로 태어나는 자손은 생존력이 떨어진다는 해석이 가능하다. 웨이저와 프라이스의 관찰에 의하면 뒤영벌과 벌새 등 참제비고깔의 꽃가루를 자연적으로 옮겨주는 매체들은 10미터 이상 떨어진 곳으로는 거의 옮겨주지 않는다. 이것은 특정 지점에 정착한 개체들이 시간이 지남에 따라 매우 가까운 위치에 있는 개체들끼리의 수정을 통해 그 지점에 가장 적합한 유전자 조합을 이루는 경향이 있음을 의미한다. 멀리서 꽃가루를 옮겨오면 그 지역에 맞게 적응된 유전자 조합을 깨트리는 결과가 될 수도 있다.

이러한 주장을 좀 더 확대하면 씨앗과 꽃가루를 퍼트리는 체계가 다른 식물들은 이종교배에 필요한 거리가 달라야 한다. 이와 관련하여, 먼 거리까지 꽃가루를 퍼트리는 식물들에 대해 여러 가지 연구가 있었다. 연구 결과 박쥐가 수정을 시키는 나무들이나 비온 후 물길을 따라 씨앗을 퍼트리는 사막의 식물들은 이종교배에 필요한 적정 거리가 수 킬로미터에 달했다.

인간의 경우에는 유전적으로 결정되는 혈액형의 지리적 차이를 생각해볼 수 있다. 만약 Rh음성(−)인 여성이 Rh양성(+)인 남성과 결혼하면 두번째 아이부터는 소위 말하는 남청아(藍靑兒)가 태어나게 된다.

남청아는 심장 결함으로 산소가 부족한 혈액이 전신을 돌면서 피부나 점막이 짙은 남청색이나 보라색으로 보인다. Rh양성 남성과 아이를 가진 Rh음성 여성은 자신의 혈액 속에는 없고 태아의 혈액 속에만 존재하는 이질적인 Rh양성 혈액형에 면역반응을 일으킨다. 첫번째 임신 중에는 대부분 문제가 나타나지 않는데, 산모와 태아의 혈액이 섞이는 일이 거의 없기 때문이다. 그러나 첫째 아이의 출산 과정에서 상당한 양의 혈액이 섞이게 된다. 그 결과 산모는 자신의 혈액 속에 항체를 만들고, 다음 임신 때부터 이 항체가 Rh양성인 아기의 혈액으로 들어가서 혈액을 파괴할 수 있다. 유럽인은 대부분 Rh양성 혈액형이므로 남청아가 드물다. 그러나 중국에서는 많은 사람들이 Rh음성이기 때문에 유럽 남성과 중국 여성이 결혼하면 남청아가 태어날 위험이 높아진다.

인간이 하는 모든 일들 중에서 생식이 진화에 가장 큰 영향을 줄 것이다. 생식은 언제나 인간에게 가장 중요한 행위였다. 말하자면 좋아하는 음악보다 훨씬 중요했다. 그러므로 많은 과학자들이 근친혼 금기를 생물학적으로 논의하는 데 비판적인 것은 어찌 보면 당연한 일일 수도 있다. 우리의 행동을 진화론적으로만 해석하면 그 행동을 정당화하기도 변화시키기도 어렵다는 우려는 인간생물학을 논의할 때마다 제기되는 문제다. 예를 들어 사회생물학자인 윌슨(Edward Wilson)은 《인간본성에 관하여On Human Nature》에서 근친혼 금기를 사회생물학적으로 설명하면 "근친혼 금기의 좀 더 깊고 절박한 이유, 즉 근친교배로 생물학적 비용이 크게 발생할 수 있음을 확인할 수 있다."고 주장했다. 그러자 많은 인류학자들과 심리학자들이 그에게 커다란 분노를 나타냈다. 특히 날카로운 비판으로 유명한 실험심리학자 매킨토시(N. L.

MacIntosh)는 이렇게 반대 주장을 폈다.

"이러한 방식으로는 생물학적 설명이 사회학적 설명을 능가할 수 없다. 근친혼 금기의 생물학적 기능이 근친교배를 막는 것이라는 주장은 받아들일 수 있지만, 이것으로는 근친혼 금기가 가지는 사회적 기능을 배제할 수 없으며 또 그러한 사회적 기능을 단지 부차적인 요소로 간주할 수도 없다. 그와 같이 어떤 생물학적 기능을 인정한다고 해서 그것이 여러 가지 다른—예를 들어 사회학적·심리학적—원인들을 대체할 수는 없다."

맞는 주장이다. 하지만 근친교배로 발생하는 유전학적 비용의 영향 없이는 그와 같은 사회적 기능이 만들어질 수 없는 것도 사실이다.

사막의 섬에 고립된 가족은 근친혼에 대한 혐오를 극복할 수 있고, 왕족은 순수 혈통을 지키기 위해서라면 자신의 아들과 딸이 동침하는 것을 허락할 수 있다. 반대로 어떤 부족집단은 결혼으로 싸움이 발생하거나 부족의 힘이 약해진다고 생각되면 결혼을 금지시킬 수 있다. 생물학자들은 인간에게 생물학적 경향을 이해하고 이를 이용하거나 변화시킬 능력이 있음을 인정한다. 즉 스스로 근교열세를 방지할 수 있다는 것이다. 그러나 한 발짝 물러서서 생각해볼 필요도 있다. 진화의 역사는 문화적 행동양식에도 영향을 준다. 그러나 빈틈없이 들어맞게 연결되거나 설명해주는 것이 아니라 '영향'을 준다. 우리 인간이 동물이며 신체를 가지고 역사 속에 순응하며 살아간다는 것은 피할 수 없는 사실이다.

# 15. 벌레들의 섬

미국 중서부에 사는 사람이라면 누구나 한번쯤은 물리면 매우 가려워지는 곤충으로 고생한 경험이 있을 것이다. 1950년대 인디애나 주에서 열린 공진회에 참가했던 사람들은 자신들의 몸이 이상하게 가렵다는 생각이 들었다. 그와 비슷한 가려움증은 특정한 유형의 화물선 선원들에게도 나타났다. 그것은 건초가려움증이라는 증상으로 구역질, 두통, 물린 부위의 궤양, 그리고 열도 함께 나타나는 특징이 있다. 당시 위생 상태가 전혀 달랐던 선원들과 중서부 주민들 사이에 동일한 형태의 가려움 증상이 나타난 것이다. 가려움증의 원인은 건초가려움증을 일으키는 진드기 때문이었다. 이러한 진드기는 가축우리 바닥에 깔아 두는 건초더미와 관련된다.

이 진드기는 응애(*Pyemotes*)라고 부르는 종이다. 응애의 학명인 피에모테스는 '고름덩어리' 라는 말에서 나온 용어다. 암컷은 다른 종류의 기생 진드기나 벼룩들과 비슷하다. 어떤 동물의 가죽에 주둥이를 박아 넣어 피를 빨아 먹고 그 자리를 우윳빛의 투명한 풍선모양으로 부풀리는데, ㄱ 속은 알로 가득 차 있다. 그것이 지금 우리의 관심 사항인 응애의 자손이다.

대부분의 다른 진드기들은 미숙한 유충이 성장하면서 허물을 벗는 여러 발달 단계를 거치지만 응애는 태어날 때 이미 성충이다. 모든 중간 단계들이 하나로 압축되어 있다. 알에서 맨 먼저 깨어나는 새끼는 수컷들이다. 이 놈들은 산파 역할을 하는데, 자신들의 집게 모양 다리를 어미 뱃속으로 찔러 넣어 자신의 누이동생들을 꺼낸다. 이렇게 누이동생 암컷이 태어나면 수컷은 즉시 그 암컷과 교미한다. 수컷이 어미의 출산을 돕는 이유는 자기 욕심 때문이다. 어미의 출산 과정을 빠르게 하면 자신의 누이동생과 첫 교미를 빨리 할 수 있다. 수컷 한 마리는 20마리 정도의 누이들에게 정자를 제공할 수 있다. 이것은 극단적인 근친혼의 사례인데, 우리는 보통 근친혼을 성적인 자살행위로 생각한다. 교미의 첫번째 목표가 유전학적으로 다양한 자손을 생산하는 데 있다면, 응애는 왜 이처럼 탐욕적이고 극단적인 방법인 남매 사이의 교미를 진화시켰을까? 왜 이 종의 암컷과 수컷은 남매지간보다 유전학적으로 덜 유사한 다른 짝을 찾아서 퍼져 나가지 않을까?

인간 신체 각각은 모두 하나의 섬이다. 진드기들이 극도의 근친혼이라는 적응 방법을 택하게 된 이유가 여기에 있다. 기어다니는 작은 체구의 진드기들에게 인간이나 가축들의 신체는 매우 거대하기 때문에 그 바깥으로 퍼져 나가기가 매우 어렵다. 진드기들의 세계는 서로 멀리 떨어져 있는 공간과 시간의 섬들로 가득 차 있다.

참새들은 사람이나 가축처럼 흔히 볼 수 있는 새들이지만, 이들도 진드기들에게는 서로 멀리 흩어져 있는 섬이라고 할 수 있다. 그중 가장 많이 연구된 종은 깃진드기(*Syringophilus minor*)로, 이것들은 참새 깃털의 깃촉 내부에 있는 작은 공간을 마치 고립된 섬처럼 느끼며 살아간다. 대부분의 깃털들에는 각각 한 마리의 암컷 진드기가 독점 구역을 형성하고 살아간다. 진드기 암컷은 참새 깃촉의 길고 빈 공간을 기어다니며 구멍을 뚫어 먹이를 채취한다. 암컷은 10여 개의 알을 낳는데, 맨 처음에 부화한 한 마리만 수컷이다. 그 놈 역시 자신의 누이들과 교미하는 기계다. 그 수컷은 부화하는 모든 누이들과 교미한 다음 죽는다. 그리고 자신의 오라비와 교미한 암컷들은 어미와 같은 과정을 반복한다. 암컷 한 마리가 10여 개의 알을 낳는 두 세대가 지나면 깃털이 진드기로 가득 차게 되어 암컷들은 새로운 깃털을 찾아 흩어져 나가야 한다. 보통은 새들이 털갈이를 하며 깨끗한 새 깃털이 자랄 때나 새끼 새가 깃털로 덮일 때 이주가 시작된다. 그때는 수천 개의 새로운 섬들이 진드기가 개척할 신천지로 펼쳐진다.

그러나 깃털의 깃촉은 금방 막히기 때문에 진드기에게 허용되는 창은 시공간적으로 매우 좁다. 그러므로 수컷이 깃털을 옮겨 다니며 교미 상대로 자신의 누이나 근친이 아닌 다른 암컷을 찾을 기회란 전무하다고 할 수 있다. 암컷 진드기들은 될 수 있는 한 많은 수의 자손을 생산하여 다도해의 여러 섬들에 퍼트리는 것이 자신들의 과업이지만, 그 섬들은 갑자기 그리고 아주 잠시만 개척할 기회를 열어줄 뿐이다. 즉, 암컷에게는 가장 먼 관계의 수컷이라고 해도 사촌 오라비뿐이고 교미할 다른 수컷이라고는 없기 때문에, 자신의 오라비와 교미하는 수밖에 없다. 암컷에게는 오라비와의 근친혼으로 구혼과 교미에 소요될 시간을 절약하는 효과도 있다. 이것은 극도로 단절된 세계에서 살아가는 진드기들에게는 적응의 행동이다.

어떤 진드기들에게는 곤충들의 알처럼 작은 공간도 단절된 섬이 된다. 극동지방에서 서식하는 일부 무화과나무에는 총채벌레가 기생한다. 총채벌레는 매우 작은 크기로 불과 수 밀리미터 크기에서 시작하며 알은 그보다 더 작다. 그렇지만 총채벌레 알은 거기에 기생하는 진드기 일가족을 먹여 살리기에 충분한 크기다. 이 진드기는 급하게 성장하며 그 과정에서 근친혼이 행해진다. 임신한 암컷 진드기가 총채벌레의 알을 발견하면 자신의 몸을 그 알에다 밀착시킨다. 그리고 암컷 진드기가 알의 내용물을 빨아들이면 진드기의 몸 내부에서 암수 새끼들이 자라기 시작한다. 새끼들은 유충으로 태어나지 않고 내부에서 어미의 몸을 먹으며 밖으로 나온다. 수컷이 맨 먼저 부화해서 아직 어미의 자궁 속에 있는 누이동생들에게 정자를 전해준다. 이것은 그 수컷의 삶이 가지는 유일한 사명으로, 일단 그 사명이 달성되면 수컷은 죽는다. 어미의 몸 밖으로 태어나 보지도 못하고 죽는 것이다. 수컷의 누이동생들은 어미의 배에 구멍을 뚫고 아무 일 없었다는 듯이 기어 나와서 자신에게 영양을 공급해줄 각자의 알을 찾아 길을 떠난다.

지렁이 알고치에 기생하는 진드기의 행태도 이와 비슷하지만 오이디푸스식 변형이다. 이 진드기는 미국의 미시간 주 등에서 서식하는 지렁이 알고치에 기생한다. 지렁이의 알고치는 반고체 상태의 점액성 껍질로 수백 개의 알을 싸고 있는 구조다. 각각의 고치 한 개는 수백 마리의 진드기를 먹여 살릴 수 있지만 토양이나 두엄더미 속에 매우 듬성듬성 마구잡이로 존재하기 때문에 발견하기가 쉽지 않다. 암컷 진드기가 기어가다가 발에 고치가 걸리면 영양이 풍부한 노다지를 찾은 것이며, 이것은 자신의 유전자를 대량으로 복제할 수단이 된다. 그러나 이렇게 기어다니는 진드기는 아직 처녀인 경우가 대부분이다. 자신에게서 태어날 새끼들을 유전적으로 다양하게 만들어줄 수컷이 아직 없는 것이다. 하지만 암컷은 해결책을 가지고 있다. 처녀인 채로 알을 낳기 시작하는 것이다. 2~9개 정도의 알을 낳는데, 12~24시간 이내에 이것들 모두가 수컷으로 부화한다. 말할 것도 없이 이 수컷들은 속칭 '씨내리'가 된다.

수컷들은 자신들의 어미와 함께 집 안에 머문다. 이틀 안에 그 수컷들은 성적으로 성숙되고, 아마 추측했겠지만 자신의 어미와 교미한 후 죽는다. 교미한 어미는 새로운 알들을 낳는데 그 수가 500개에 달하기도 하며 그 모두가 암컷으로 부화한다. 그리고 이러한 암컷들은 자신들의 어미가 살았던 삶의 양식을 그대로 반복하며 퍼져나간다. 이보다 더 이상한 교미 시스템을 찾아볼 수 있을까? 아들은 자기 어미의 남편이며 누이동생의 아버지다. 누이동생은 오빠의 딸이며 또 그 아들의 아내이다.

진드기 중에는 더 극적인 행태를 보이는 종들도 있다. 트리트 (Asher Treat)는 《나방과 나비의 진드기들 *Mites of Moths and Butterflies*》에서 나방의 귀에서 마치 외로운 섬인 것처럼 살아가는 진드기들의 이야기를 들려준다. 암컷 진드기들은 꽃에서 기다리고 있다가 나방이 꽃의 꿀을 빨아들이기 위해 내려앉으면 나방에게 침투해 들어간다. 자신들에게 어마어마하게 큰 숙주인 나방의 몸에 올라탄 진드기들은 우리가 알지 못하는 어떤 나침반을 이용해서 귀를 향해 기어간다. 날개와 다리의 대륙을 넘어서 털과 비늘의 평원을 지나간다. 아마 자신보다 먼저 간 개척자들이 남긴 냄새를 따라가는지도 모른다. 진드기들의 첫번째 목표 지점은 나방 귀 속의 고막이다. 나방은 두 개의 귀를 가지고 있어 고막도 두 개지만 진드기는 둘 중 한 곳에만 침범하여 한 쪽 귀만 멀게 만든다. 진드기들이 어떻게 이와 같이 하는지는 거의 알지 못한다. 하지만 이것은 빈틈없이 행해지는 고도의 적응 행태임이 분명하다.

나방은 박쥐들이 좋아하는 먹잇감이다. 박쥐는 사냥할 때 높은 주파수의 소리를 대기 중으로 내어 그 소리가 목표물에 부딪쳐서 돌아오는 메아리를 이용한다. 즉, 박쥐는 소리 울림의 유형을 분석하여 나방의 위치를 확인하고 밤하늘을 날아가서 발톱 달린 날개로 낚아챈다. 나방들은 박쥐가 내는 소리를 들을 수 있다. 이것은 더운 여름밤 나방들이 가로등 주위에 몰려들 때의 실험으로 확인할 수 있다. 이때 열쇠뭉치를 공기 중으로 던져서 쨍그랑 울리게 하거나 TV의 리모컨을 눌러 켜고 끄면서 높은 주파수의 울림소리를 만들어낼 수 있다. 우리는 그 소리를 들을 수 없지만 그 효과는 즉시 관찰할 수 있다. 나방들은 불로 뛰어들거나 휙 날아가버린다. 박쥐가 접근하는 것으로 알고 도망치는 것이다.

진드기들은 반드시 나방의 한쪽 귀만 이용하고 다른 한 귀는 남겨둠으로써 자신들의 삶이 박쥐 위장 속에서 끝나게 될 위험을 줄인다. 이러한 진드기들도 근친혼을 한다. 개체 수가 귀한 수컷들은 자신의 누이들과 망설임 없이 교미한다. 진드기들에게는 나방이 하나의 외로운 섬이며 자신들의 유전자를 다양하게 다른 곳으로 퍼트리려면 너무 많은 비용을 치러야 하기 때문이다. 한곳의 섬은 근친혼 진드기들로 가득 차서 붐비게 되지만, 나방의 반대편에 위치한 다른 한 귀는 진드기가 없이 깨끗한 모습으로 남아 있다. 이는 매우 이상한 이야기가 될 수 있다. 진드기에게는 두 개의 섬이 있는데, 한 섬은 금방 감염되어 근친혼이 벌어지고 새로운 개척자들의 횃불이 되지만, 다른 한 섬은 생긴 모양이 동일함에도 금단의 구역으로 아무도 살지 않는다. 서로 거의 비슷한 모양이지만 떨어져 있는 두 섬은 밤의 어둠을 뚫고 서로 나란히 날아간다.

독자들 중에는 혹시 근친혼 방식의 교미 전략이 진드기들에게만 존재한다고 생각하는 사람도 있을지 모른다. 그러나 다행히도 그렇지 않다. 이와 비슷한 교미 전략들이 여러 곳에서 관찰되었는데 여러 종류의 개미와 기생벌들이 이와 비슷하게 근친혼 방식으로 교미한다.

기생벌들은 그 종류가 자연에서 가장 많은 종에 속한다. 수십만 종의 기생벌들이 지구상 거의 어느 지역에나 살고 있다. 대부분의 경우 기생벌들은 다른 곤충들에게서 먹이를 얻는데, 곤충 알에다 구멍을 뚫고 들어가 살면서 서서히 먹어 들어간다. 대부분의 기생벌들은 크기가 매우 작다. 어떤 기생벌들은 곤충 알 한 개 속에 수십 마리가 들어가기도 한다. 그래서 이들 기생벌들도 진드기와 같은 문제에 당면하게 된다. 즉, 그들의 생존 터전인 숙주는 상대적으로 거대하지만 시간적으로나 공간적으로 듬성듬성 불규칙하게 존재한다. 애벌레 혹은 커다란 구더기들이 기생벌들에게 섬이 될 때도 많다. 결과적으로 많은 기생벌들이 근친혼과 유사한 행태를 보인다. 기생벌인 말총벌들이 애벌레에 침투하면 이들 각각은 애벌레 몸체의 일부만을 점유한다. 각각 한 구역의 여왕이 된 기생벌 암컷은 한 무더기의 알을 낳는다. 먼저 수컷 몇 마리가 부화되어 나오는데 이 정도의 수컷들만으로도 부화되어 나오는 모든 누이동생들과 교미할 수 있다. 기생벌의 입장에서는 수컷을 더 많이 만들 필요가 없다. 수컷이 많아지면 형제들끼리 서로 경쟁이 심해질 뿐 아니라, 수컷을 더 만든 만큼 암컷을 적게 만들게 되기 때문이다. 암컷들이 태어나면 번식체가 되어 애벌레라는 고립된 섬을 찾아 넓은 세상으로 흩어져 가서 새로운 식민지를 개척한다. 어미가 암컷을 많이 만들어내면 자신의 유전자를 퍼트릴 기회를 극대화할 수 있다.

역시 기생벌인 파리금좀벌(*Nasonia vitripennis*)들은 유전자 전파에 따르는 상대적 비용과 이익, 성비, 그리고 형제들 사이에서 '교미 경쟁' 이 발생할 가능성 등을 가늠해볼 수 있다. 이 기생벌은 검정파리의 번데기에 기생한다. 자연에서는 다양한 종류의 썩은 고기들이 검정파리의 먹이가 된다. 무게가 28그램도 채 안 되는 뾰족쥐에서부터 암소의 사체까지 먹는다. 뾰족쥐 사체에는 검정파리 한 마리만이 번데기를 만들 수 있지만 암소의 경우는 수만 마리의 파리가 번데기를 만들 수 있다. 파리금좀벌 수컷은 매우 작고 힘이 없지만 사체 한 구에 생긴 번데기들 주위를 날아다닐 수는 있다. 대형 사체에서는 숙주가 되는 많은 번데기들이 서로 가까운 곳에 옹기종기 모여 있기 때문에 검정파리가 수컷들을 만들면 그 가치가 크다. 태어난 수컷들은 형제지간에 서로 경쟁하지 않아도 되며 다른 많은 암컷들을 만나 자신의 정자를 전달할 수 있다. 그러나 번데기들이 드물게 존재하는 곳에서는 수컷들의 가치가 적으며 근친혼이 행해진다. 규모가 각각 다른 섬들에 파리금좀벌들을 배치하는 실험에서는 섬의 규모에 따라 암컷이 만들어내는 새끼들의 성비가 조절되는 것으로 나타났다. 거대한 섬에서는 수컷들이 많이 태어났지만 번데기가 하나만 있는 곳에서는 암컷들의 수에 비해 훨씬 적

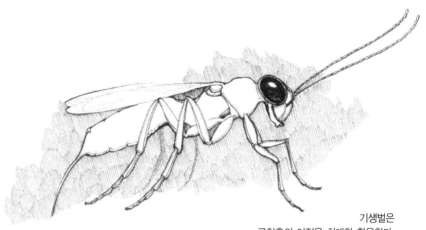

기생벌은
근친혼의 이점을 최대한 활용한다.

은 수의 수컷들만 태어났다.

근친혼은 실험적인 생태학의 섬에만 존재하는 적응 행태가 아니며 통상적 세계에서도 관찰된다. 카리브해나 태평양처럼 넓은 바다에 떠 있는 섬들에서는 사회생활을 하는 곤충들을 발견하기 힘들다. 꿀벌이나 말벌들도 그 종류가 매우 적다. 대륙에서라면 이러한 곤충들은 무리지어 교미를 하고 족외혼 시스템을 채택한다. 그러나 그러한 종들이 대양의 섬들을 개척하러 왔을 때는 그와 같은 교미 시스템을 적용하기가 불가능해서 결국 정착하지 못하는 경우가 많다.

그러나 개미의 일부 종들은 낯선 섬을 자신들의 서식지로 만드는 데 매우 능숙하여 '개척자 개미'로 불릴 만한 경우도 있었으며, 이러한 개미 종들의 대부분은 근친혼 경향이 있었다. 이들은 자기 둥지 안이나 매우 가까운 거리에서 교미 상대를 찾았다. 대륙의 개미 종들에서 관찰되는 것과 같이 많은 수가 동시적으로 결혼비행을 할 필요가 없었다. 결혼비행 때는 수십에서 수천에 이르는 무리들이 교미에 나설 처녀와 총각 개미를 공중으로 날려 보내고 교미에 성공한 암컷들은 분가하게 된다.

　나는 하버드대학 생물학 연구실의 대학원생일 때 이와 같은 개척자 개미 한 종이 무리를 형성하는 탁월한 능력을 관찰한 적이 있다. 여러 해 전 연구소의 동료 학생 한 명이 뜻하지 않게 파라오개미 한 무리를 들여왔었다. 그 개미는 애집개미(*Monomorium pharaonis*)라고도 불리는 종으로 그 학생의 가방에 숨어 들어온 밀항자였다. 생긴 모양은 험악하지 않았고, 작은 체구에 옅은 금색을 띄고 있었으며, 연약한 성향으로 쏘거나 물지도 못했다. 그러나 씹는 능력은 매우 뛰어나서 먹을 수 있다고 생각되는 것이면 아무리 작은 조각이라도 찾아내곤 했다. 체구가 작았기 때문에 실내장식이나 전기선과 같은 좁은 물체에도 터널을 잘 뚫었으며 아주 작은 틈새에도 둥지를 지었다.

　몇 년 안에 그 개미는 연구실에 꽉 차게 되었다. 어느 곳에 샌드위치를 두어도 불과 몇 분 안에 개미가 들끓었다. 실험재료를 닥치는 대로 먹어치웠다. 방사능 물질까지 먹고 슈퍼 개미로 변신하면 개미들이 서로 위장 속의 내용물을 교환할 때 건물이 방사능에 휩싸일 수도 있다는 농담이 오갈 정도였다. 그 녀석들을 없애기 위해 살충제를 사용하는 등 많은 시간과 노력을 쏟아 부었지만 모두 소용없었다. 그 녀석들의 근친혼 행태는 어떤 환경에서도 굳건히 살아남아 자신들의 영역을 개척할 수 있는 무기였다.

　파라오개미는 둥지, 즉 개미집 내에서 교미한다. 이들의 교미 행태에서도 수컷이 드물다. 암컷 4~5마리당 수컷 한 마리가 만들어진다. 이것은 여왕개미 한 마리가 수컷과 여왕개미 알을 모두 낳으면 이것만으로도 집단 형성을 시작할 수 있음을 의미한다. 즉, 여왕개미를 포함해 분가한 집단은 충분히 생식 과정을 이어 나갈 수 있으며 이는 또 다른 집단을 형성시킬 수 있다. 나는 현재 하버드대학 연구실에서 피괴 호르몬을 섭취시키는 등 새로운 방법으로 지독한 이 녀석들을 제거하는 데 성공했는지 알지 못한다. 아마 그 개미 녀석들은 아직 살아 있을 것으로 추측되는데, 그 개미들에게 아직 정복되지 않은 섬들이 가까이에 있었음을 생각해보면 두려움이 들기까지 한다. 그것은 우리에겐 귀중하지만 그 녀석들에게는 좋은 먹잇감이 되는 물품들을 보관하고 있는 수많은 박물관들이나 도서관들이다.

주로 진드기, 개미, 그리고 말벌 등의 동물들에서 근친혼 전략이 관찰되는 것은 우연이 아니다. 이러한 종들의 성별을 결정하는 염색체 시스템은 모두 다 반배수체로 농일하다. 대부분의 생물체들의 염색체는 2배수체, 즉 각 세포 내의 염색체들이 두 개씩 쌍을 이루고 있는데 하나는 어머니로부터 다른 하나는 아버지로부터 전해 받은 것이다('배수체'라는 용어는 각 세포 혹은 개체가 가진 염색체 쌍을 구성하는 염색체 수를 말하는 것으로 반배수체, 2배수체, 3배수체, 4배수체 등으로 사용한다). 반배수체 시스템에서 수컷들의 염색체 세트는 염색체가 한 개씩으로만 구성되는데 어미가 정자와의 수정 없이 낳은 미수정란에서 만들어졌기 때문이다. 그러나 암컷들은 2배수체로 아비와 어미 양쪽으로부터 온 염색체 모두를 가진다.

이것은 매우 고립된 세계에 적응하는 과정으로 근친혼을 택하게 되는 두 가지 요인을 설명해준다. 우리가 근친혼을 배척하는 이유는 염색체가 모두 2배수체로 구성되기 때문이다. 즉, 우리 신체의 모든 유전자들은 두 개씩 쌍을 이루고 있다. 이러한 두 개의 쌍은 서로 동일하거나 서로 대체하는 형질, 즉 대립유전자들이다. 대립유전자들은 DNA를 구성하는 염기쌍의 배열에 약간의 차이가 있으며, 그러한 DNA 구조에 의해 궁극적으로 만들어지는 단백질이 달라진다. 쌍을 이루는 두 대립유전자 중 한 가지가 치명적 결과를 초래할 수 있지만—예를 들어 필수적인 효소를 생산하지 못할 수도 있다—그렇지 않을 수도 있다. 결함이 있는 유전자와 쌍을 이루는 대체 형질 정상 유전자에 의해 막혀서 발현되지 않을 수도 있는 것이다. 그러나 근친교배로 태어나는 개체에서는 쌍을 이루는 두 유전자 모두가 결함을 가지고 있을 가능성이 높아진다. 만약 한 개체가 결함 유전자를 가지고 있으면 그의 형제자매나 어머니 혹은 아버지도 동일한 결함 유전자를 가지고 있을 가능성이 많다. 만약 그 개체가 근친교배를 한다면 자손들은 두 개 모두 결함이 있는 대립유전자로 구성된 유전자 쌍을 가져서 그로 인해 치명적인 결과가 나타날 가능성이 높아진다.

반배수체에서는 유전자의 결함이 모든 세대에서 나타난다. 유전자 세트가 단지 한 개씩으로만 구성되기 때문에 수컷의 유전자는 아무런 보호막 없이 그대로 노출된다고 생각할 수 있다. 즉 유전자의 모든 결함이 다 발현된다. 결함의 발현을 막아줄 정상적인 대립유전자가 쌍을 이루고 있지 않다. 결과적으로 반배수체 유전자 시스템에서 결함 유전자들은 각각의 세대에서 제거된다. 근친혼이나 족외혼 등 교미 시스템에 상관없이 통상적인 2배수체 유전자 시스템을 가진 생명체보다 반배수체 생명체들은 유전학적으로 다양성이 훨씬 떨어진다는 유전학적 분석 결과는 이와 같은 이론을 뒷받침해준다. 다른 말로 하면 반배수체에서는 근친교배로 발생하는 유전학적 비용이 크지 않다. 그러므로 자신들의 고립된 세계로 인해 유성생식이 어려운 상황에 있는 진드기나 개미, 기생벌 등은 근친교배를 통해 힘들이지 않고 세계를 개척해갈 수 있다.

그리고 암컷 반배수체는 그들이 살아가는 섬의 자원 상황에 따라서 성비를 조절할 수 있는 기제를 가지고 있다. 그들은 정자를 특수한 주머니에 저장해두고 그 수를 조절하는 기관을 가지고 있다. 많은 수의 수컷이 필요하다면 그들은 단순히 정자 방출을 중단시켜서 수정되지 않은 알들이 수컷으로 부화하도록 만든다. 즉, 그들은 성비를 가장 적절하게 조절하는 기술적 수단을 보유하고 있다. 이것은 암수가 1 대 1의 비율로 고정된 2배수체 생물에서는 불가능한 방법이다. 이러한 방법을 통해 반배수체 집단들은 그들의 서식환경에 가장 적절하게 적응할 수 있다.

진드기나 기생벌, 그리고 개미와 같이 서로 관련이 없는 종들이 외로운 섬에서 살아가기 위한 해결책으로 모두 근친혼을 채택했다는 사실은 우리에게 커다란 기쁨을 안겨주는 소재가 된다. 생물학자들은 서로 관련 없는 집단들이 비슷한 문제에 동일한 해결책을 진화시켰음을 관찰할 때 가슴이 두근거리는 기쁨을 맛본다. 이와 같은 진화의 일치는 세계에 대한 해결책에 특정한 유형과 의미가 존재함을 증명해주는 것이며, 진화론 및 생태학적 이론이 가진 통합과 예측의 힘을 보여주는 것이라고 말할 수 있다. 그리고 이러한 교미 시스템과 같이 특이한 현상에 의미를 부여하는 것이 그 단초가 될 수 있다.

그러나 나는 진드기의 근친혼적 생명 역사가 가장 큰 중요성을 가진다고 생각하지는 않는다. 이 지구상에서 살아가는 생명체들은 무궁무진하게 다양하고 경이로우며, 우리는 우리가 딛고 서 있는 토양 속이나 바로 눈앞에서 펄럭이며 날아가는 나방 귀 속의 생명체들에 대해서도 아직 잘 알지 못하고 있다. 다른 생명체들에 대한 연구는 우리 인간의 행태가 세계를 측정하는 기준이 될 수 없음을 말해준다. 우리 인간은 수가 많고 복잡하지만, 아직 우리는 생명이 가진 여러 가능성 중매우 작은 일부만을 엿보고 있다. 진드기와 같은 생명체들은 위대한 진화생물학자였던 홀데인(J. B. S. Haldane)의 말이 진리임을 말해준다.

"세계는 우리가 상상하는 것 이상으로 기묘하며, 그 기묘함은 우리가 상상할 수 있는 범위를 넘어선다."

# 16. 처녀생식

곤충학자들은 공동묘지, 특히 드문드문 관목들이 서 있고 비목에는 이 끼가 끼어 있는 깨끗하고 조용한 장소에 애착을 가지는 경우가 많다. 미국의 위대한 곤충학자인 하워드 에번스는 그와 같은 장소들은 흔히 메이슨말벌들의 둥지가 된다고 지적했다. 그리고 내 친구이자 역시 곤충학자인 워드(Philip Ward)는 바로 그런 장소에서 특이한 생명체를 보여주었는데, 나는 그 생명체가 의심할 여지없이 순수하게 처녀생식을 하는 모습을 관찰할 수 있었다. 처녀생식을 하는 그 생명체의 이름은 솔레노비아(*Solenobia*)다.

솔레노비아는 생의 대부분을 애벌레 상태로 보내며 몸 주위에 신비로운 갈색 케이스를 끌고 다닌다. 성충이 되어도 날개가 없어 날지 못하고 순결하게 자신의 케이스 안에 머무르는데, 마치 수도원 안에서만 생활하는 수녀 같다. 그곳에서 솔레노비아 성충은 알을 낳고 처녀인 채로 죽는다. 한 번도 날아보지 못하고 한 번의 교미도 하지 않는다.

그러나 이것은 특별한 생활양식이 아니다. 사실 이 곤충들은 나무의 몸체에서 살아가는 경우가 더 흔하지만 거의 눈에 띄지 않고, 묘비에서 더 쉽게 관찰할 수 있다. 인간에게 묘비는 고유한 개체로서의 삶이 끝났음을, 즉 유전자 조합이 다시는 반복되지 않음을 말해준다. 그러나 솔레노비아는 그곳에서 끊임없이 처녀생식(무성생식)을 하며 자신을 복제해낸다. 처녀생식을 통해 낳은 알은 자신과 유전학적으로 동일하다. 어미와 딸이 같고 또 그 딸이 같다. 유전자가 영원히 전수되는 것이다.

그러나 엄격하게 말하면 이것은 진실이 아니다. 시간이 지남에 따라 돌연변이가 발생하여 유전자를 변화시킬 수 있다. 하지만 솔레노비아는 대부분의 역사를 동일한 상태로 있다. 이것은 자연선택의 가장 합리적인 결과로 볼 수도 있다. 만약 어떤 개체에서 유전자의 역할이 그 자신을 전달해주는 단순한 통로 기능만 한다면 처녀생식보다 더 직접적인 방법은 없을 것이다. 그러나 생식의 방법으로 단순한 복제를 채택하기에는 이 세계가 너무 복잡하다.

이 지구상에서 처녀생식은 자리 잡지 못했다. 전 세계에 분포하는 300만 종 이상의 생명체들 중에서 약 1000종 정도만 처녀생식을 한다. 그리고 여러 연구 결과, 처녀생식을 하는 종들의 대부분은 유성생식을 했던 선조들의 후예로 보인다. 이것은 처녀생식이 매우 드물게 관찰되는 이유 가운데 하나를 설명해준다. 즉, 유성생식 중에 일어나는 염색체의 분열, 교차, 재조합이라는 복잡한 과정과 여러 세포학적 기제들을 자기 자신을 단순히 그대로 복제하는 처녀생식 시스템으로 전수하기는 매우 어렵다. 염색체 진화생물학의 권위자인 화이트(M. J. D. White)는 유성생식을 하는 생명체에서 처녀생식으로의 진화를 두고 '세포학적 걸작'이라 불렀는데, 한 가지 방법에서 다른 방법으로 전환하는 데 따르는 기술적 어려움을 강조한 말이다.

처녀생식을 하는 종들의 대부분은 비교적 최근에 등장한 피조물로 아직 유성생식의 흔적들이 남아 있다. 유성생식을 하던 종이 처녀생식으로 전환한 것은 거의 극적인 변화라 할 수 있다. 예를 들어 '아마존몰리'라는 별명의 물고기 포에실리옵시스(*Poeciliopsis Monachaocci-dentalis*)는 처녀생식을 한다. 멕시코와 텍사스의 하천에서 살아가는 작고 밝은 색의 아마존몰리는 수컷이 존재하지 않는다. 그러나 아마존몰리의 알이 부화를 시작하려면 정자가 자극해주어야 한다. 알이 정자의 염색체를 이용하지는 않지만 정자는 필요하다. 그렇기 때문에 암컷들은 다른 종의 수컷으로부터 정자를 빌려야 한다. 따라서 아마존몰리는 다른 종의 수컷을 속여서 정자를 갈취한다. 마치 같은 종의 암컷인 양 속이는 셈인데, 이는 수컷의 입장에서 보면 쓸데없는 정자 낭비가 된다. 어쨌든 이는 알의 부화생리 속에 남아 있는 양성생식의 잔유물이 처녀생식에 문제를 일으킬 수 있음을 보여주는 명백한 사례가 된다.

처녀생식을 하는 다른 종들에서도 동일한 문제가 생긴다. 딱정벌레와 도롱뇽도 이와 비슷하게 알의 부화과정을 자극해줄 정자가 필요하다. 암수 구분 없이 처녀생식을 하는 서양민들레도 밝은 노란색의 꽃을 계속 피우기 위해 수분작용이 필요하고 곤충에게 제공할 꿀물을 만들어야 한다. 하지만 그 곤충은 꽃에서 꿀을 얻지만 그 대가로 꽃에게 해주는 것은 없다.

미국 남서부 지역에 사는 채찍꼬리도마뱀도 처녀생식을 하는데 유성생식의 잔유물이 아직 호르몬 체계 속에 남아 있다. 심리생물학자인 크루스(David Crews)의 관찰에 의하면 이러한 종의 암컷들은 아직 수컷을 위장한 구혼에 반응을 보인다고 한다. 교미할 준비가 되지 않은 암컷이 가짜 수컷 역할을 하는데, 그 암컷은 상대 암컷을 속여서 턱의 피부 주름을 붙잡고 상대의 몸 위에 올라탄다. 그리고 몇 분 동안이나 교미하는 흉내를 낸다.

이렇게 하면 밑에 깔린 암컷의 호르몬 분비를 촉진하여 그 암컷의 생식 속도를 높이는 효과가 있다. 수컷 흉내는 이 도마뱀 종이 유성생식을 하던 때 수컷이 했던 행동과 같은 결과를 가져온다. 암컷이 유전자는 전혀 전달해주지 않으면서 수컷 흉내만 내는 이유에 대해서는 거의 알지 못한다. 유일하게 생각해볼 수 있는 가능성은, 자극을 받아서 생식을 하는 '암컷 역할의' 암컷이 다음에는 수컷 역할을 하여 그 전에 '수컷 역할'을 했던 암컷의 생식을 자극하는 상호작용이다. 일부 채찍꼬리도마뱀은 서로 유전자가 완벽하게 일치하는 거대한 무리를 구성하기 때문에 다른 개체의 생식을 돕는다고 해서 자신에게 손해될 것이 없다. 즉, 자연선택에서 불리하지 않다. 하지만 가능하다면 그러한 과정도 없는 것이 좋다. 이와 같은 어려움이 있으면서도 무성생식을 하는 종이 존재하는 이유는 무엇일까? 어떠한 생태학적 힘이 작용하여 처녀생식이 유성생식을 대체하게 된 것일까?

처녀생식을 하는 대부분의 종에서 볼 수 있는 생태학적 특성은 급속한 번식이라 할 수 있다. 채찍꼬리도마뱀은 강이 범람하는 평원처럼 식물들이 새로 자라나거나 자주 파괴되는 지역에서 주로 발견된다. 아마존에 서식하는 한 종은 인간들과 관련되어서만, 정확하게 말하면 인간에 의한 생태계 교란이 발생한 곳에서만 발견된다. 마찬가지로 하와이처럼 생태계가 교란된 지역의 도마뱀붙이들은 피난처를 찾으면 그곳에서 처녀생식으로 전환하여 급속히 증식한다. 처녀생식을 하는 곤충들은 최근에 빙하로 변한 지역에서 나타나는 경향이 있으며, 그중에서 아직 유성생식을 하는 개체들은 빙하에서도 살아남은 지역이나 빙하가 아직 덮이지 않아 동물들이 그대로 남아 있는 지역에 한정되어 존재한다. 처녀생식을 하는 지렁이는 썩은 나무나 낙엽이 쌓인 토양 상층부에서 발견되지만 유성생식을 하는 종은 더 깊고 안정된 토양에 주로 서식한다. 이러한 상황들로부터 처녀생식, 즉 무성생식은 성장이나 번식이 어려운 지역에서 주로 나타나는 것으로 생각할 수 있다.

그러나 번식력 때문에만 무성생식이 선택되는 것은 아니다. 정착성 생물들은 반대로 정착지를 안정적으로 확보하고 독점할 수 있기 때문에 무성생식을 선호한다. 바다 말미잘은 미국과 캐나다 태평양 연안에서 두 가지 형태로 서식하는데 아마 서로 다른 종일 것으로 생각된다. 남쪽 형은 각각 별도의 개체들로 살아가며 암수가 서로 구분되는 형태다. 좀 더 북쪽에 서식하는 형은 성별 구분이 없으며 몸의 중간이 나뉘는 이분법으로 생식한다. 나누어진 두 부분은 모두 함께 살아간다. 개체들은 이러한 처녀생식으로 몇 가지 물질적 이익을 얻을 수 있다. 함께 사는 무리가 커지면 자신들에게 맞는 습기 찬 미세 거주환경을 만들어 썰물 때 주변이 건조해짐에 따라 발생하는 피해를 막을 수 있고, 말미잘이 수면 아래 있을 때 파도에 의해 쓸려 나가지 않도록 할 수 있다. 좀 더 중요한 이익으로, 말미잘이 무성생식으로 번식하여 바위 한 부분을 덮어서 독점해 버리면 경쟁상대인 조개류나 해초, 그리고 벌레들이 서식할 수 없게 만들 수 있다.

무성생식으로 번식된 개체들이 모인 군락은 집단 독점을 달성하는 데 기술적으로 유리한 면이 있다. 이것은 유성생식으로 번식된 개체들이 뭉쳐서는 절대로 획득할 수 없는 것이다. 무성생식 군락을 구성하는 개체들은 유전학적으로 모두 동일하기 때문에 각 개체들의 관심사와 군락의 관심사는 일치한다. 여기에 개체들의 이기심이나 속임수 등은 존재하지 않는다. 반대로, 유성생식에 의해 발생한 개체들은 서로 경쟁하며 자신들에게 유전학적으로 이익이 되는 한도 내에서만 서로 협조한다. 이와 같은 독점 전략이 좀 더 효과적이 되도록 적응하며 진화한 결과 무성생식 군락을 구성하는 개체들이 동질하게 되었다고 볼 수 있다.

　　여러 다른 무성생식 군락들에서 개체들을 선별해 수족관에 넣어두면 그 개체들이 유전형질에 따라 서로 모여 정렬하는 것을 관찰할 수 있다. 동일 유전자 개체를 인식할 수 있는 이와 같은 능력은 무성생식을 하는 다른 해양 생물인 금별멍게에게서도 발견되는데, 이들은 켈프 잎처럼 편평한 구역에 수백 마리의 개체들이 모여서 판 모양을 이루고 산다. 군락 속의 각 개체들은 서로 협력하여 바닷물이 군락의 영역 안으로 먹이를 싣고 드나들게 하는 정교한 장치를 만든다. 금별멍게에는 여러 항체를 조절하는 다양한 유전자 세트가 있어 외부 세포에 대한 면역반응을 일으키는데, 이것은 우리 몸에서 이물질을 구분해내는 시스템과 같은 형태라 할 수 있다. 말미잘에도 분명히 이와 같은 능력이 있다. 두 경우 모두 군락의 맨 바깥쪽 가장자리에 위치한 개체들이 자신들의 경쟁적인 생식 욕구를 '희생'시키고 집단의 복리를 보호한다. 가장자리의 개체들은 특별하게 '불임 전사군단'이 되는데, 이방인이 접근하면 촉수를 이용해서 쏘아서 공격한다. 그와 같이 붙임이 되는 개체에게 돌아가는 대가는 아무것도 없으며 군락에게만 좋은 일이다. 그러나 군락의 이익은 개체 자신의 이익과 정확하게 일치하는 것이다.

　　무성생식 군락 형성으로 이차원적 공간을 독점하는 행태가 말미잘이나 산호 같은 해양생물들에서만 관찰되는 기술은 아니다. 여러 종의 식물들도 이와 같은 기술을 진화시켰는데, 이는 주어진 공간에서 가능한 한 많은 면적의 땅을 독차지하기 위해서이다. 무성생식 식물에게는 자기 주위의 공간이 중요하다. 딸기가 번식할 때는 줄기를 내보내는 방식으로 자신을 복제한다. 줄기는 30센티미터도 자라기 전에 뿌리를 내리고, 모체가 되는 그루는 줄기를 통해 어린 그루에게 영양을 공급한다. 이렇게 하면 어린 싹이 생을 시작할 때 부딪힐 수 있는 험한 경쟁을 피해갈 수 있다. 유성생식으로 태어난 식물들 앞에는 많은 위험들이 놓여 있다. 암술과 수술의 꽃가루 수정에 의해 만들어진 씨앗은 새의 위장관 속에서 장시간을 버텨낸 후 자신의 유전자를 전파시키기 위해 선홍색 과일의 과즙으로 포장되지만, 씨앗이 가져가는 영양 자원이 한정되어 있기 때문에 생존 가능성은 매우 적다.

　　가을이 되어 로키산맥의 포플러 나뭇잎이 물들기 시작할 때 우리는 무성생식이 국지적인 독점 방식으로 나타나는 전형적인 예를 볼 수 있다. 포플러는 무성생식에 매우 능숙한 종으로 녹색이 사라지면 무성생식 군락에 따라 약간씩 다른 농도의 노란색이 나타난다. 연노랑 군락에 황금색 잎의 나무가 군데군데 섞여 있기도 하지만 황금색 군락과 연노랑색 군락이 완전히 분리되어 있는 경우가 많다. 포플러나무의 무성생식 군락들 사이의 전쟁은 자신들의 서식지 규모에서 가장 적절한 개체수를 두고 벌어진다. 포플러나무 한 군락은 17만 평방미터 정도의 넓이에 서식하고 그 속에는 약 5만 그루가 있을 것으로 추정된다. 아메리카 대륙의 동쪽에서도 규모는 작지만 그만큼 아름다운 전쟁을 볼 수 있는데, 가을에 서로 다른 농도로 선홍색 잎을 뽐내는 옻나무 군락들이다.

옻나무나 포플러나무는 무성생식으로 번식하면서도 유성생식을 계속한다. 성별이 하나로 통일되고 무성생식으로 얻는 이익이 많다면, 번거로운 유성생식을 왜 계속할까. 그 대답은 간단하다. 즉, 몸집이 자라나기 어렵고 일찍 고사하기 때문이다. 확실한 이유는 모르지만 초목들은 다른 생명체들보다 노화의 문제를 피하거나 잘 헤쳐 나간다. 초목들의 무성생식 군락들은 지구상에서 가장 나이 많은 개체들로 그 원형질은 수천 년 동안이나 성장하며 아직 살아남아 있다.

포플러나무 군락이나 떡갈나무의 한 종인 남가새과 상록관목 군락의 나이는 1만 년이 넘었을 것으로 추정된다. 떡갈나무와 같은 생명력은 유성생식을 하는 어떠한 종에서도 찾아볼 수 없다. 마지막 빙하기가 끝난 후 1만 1000년 동안 미국은 여러 차례의 기후 변동을 겪었다. 수천 년 전에는 매우 심한 가뭄이 오랫동안 계속되어 매사추세츠 동부 지역까지 초원지대가 확장되었다. 1276년에서 1299년 사이에도 소규모 가뭄이 발생하여 아나사지 문명이 멸망하고, 인디언들은 남서부 사막 암벽의 거주지를 포기한 채 흩어져야 했다. 그러나 그 가뭄도 떡갈나무를 막을 수는 없어서 이 종은 아직도 모하비 사막을 가로지르며 번식하고 있다.

그린란드에서도 무성생식 초목 군락의 끈질긴 생명력을 보여주는 다른 사례를 찾아볼 수 있다. 1000년 전 바이킹들은 아이슬란드로부

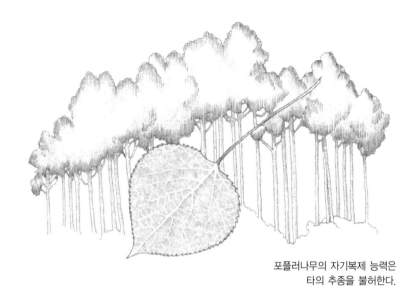

포플러나무의 자기복제 능력은
타의 추종을 불허한다.

터 암수가 없는 무성의 민들레를 그린란드로 가져왔다. 그 후 바이킹
개척자들은 그린란드에서 500년 동안 생존했지만 빙산이 거의 1년 내
내 정착지를 에워싸고 해상 교통로가 막히게 되자 더 이상 살아남을 수
없었다. 1492년에 그린란드를 출발한 배에 관한 기록이 마지막이며, 그
이전 80년 동안은 아무런 기록도 없다. 그러나 그린란드의 민들레는 오
늘날까지도 변하지 않고 있으며 이것은 아이슬란드의 민들레와 식물학
적 특성이 동일하다.

　　민들레는 처녀생식으로만 증식하는 경우가 많은데, 이는 민들레
가 척박한 자연과 마주했을 때 의미가 있다. 그러나 포플러나 딸기와
같은 많은 무성생식 초목들이 아직 전적으로 무성생식만 하는 것은 아
니다. 유성생식을 할 때도 있다. 사실, 전적으로 처녀생식을 하는 종들
을 생물 분류표 상에서 열거해보면 특정 종에 분포되어 있다거나 하는

특징을 찾을 수 없다. 즉, 다양한 종들이 섞여 있어 처녀생식 종들이 진화 과정에 어떤 개괄적인 연결선을 그릴 수가 없다. 그보다는 거주지 이동이나 생태학적 변화로 인해 고립되어버린 종들 사이의 우발적 이종교배로 인해 처녀생식 종이 만들어질 수 있다. 그러나 그렇게 만들어진 처녀생식 종은 오랫동안 유지되지 못한다. 종을 퍼트리거나 유성생식 선조들의 특성을 그대로 이어주지 못한다. 종이 지속되더라도 유성생식 종들처럼 다른 종들로 분화되지 못하고 점차 사라지는 경우가 많다. 그렇기 때문에 특정 시점에서 보면 비교적 최근에 처녀생식의 특성을 갖게 된 종들이 매우 불규칙하게 분포되어 있다.

처녀생식 종이 자신의 선조가 되는 유성생식 종을 대체한 사례는 없다. 그 이유는 유전학적인 다양성이 한정되어 있기 때문에 개체들이 서식지를 확보하고 다양한 환경에서 생태학적으로 적응하는 능력이 떨어지기 때문으로 생각할 수 있다. 처녀생식 종들은 대부분 단지 몇 개의 서로 다른 군락들로만 구성되고, 심지어 단 한 가지 군락뿐인 경우도 있다. 이와 같이 극단적인 경우에는 그 종에 속한 모든 개체들의 유전자가 일치하며, 이는 모든 개체들이 생태학적으로 동일하다는 말이 된다. 반대로 유성생식 종들은 유전학적으로 매우 다양한 개체들로 구성되기 때문에 적응하여 살아갈 수 있는 생태학적 환경의 범위가 넓다. 아마존몰리를 이용한 연구에서는 처녀생식 종들 중에서 개체수를 가장 많이 늘리고 생태학적으로 가장 성공적으로 무리를 구성한 종을 조사했다. 그 결과, 선조인 유성생식 개체들과의 유전학적 접촉이—우발적인 이종교배를 통해—가장 많았던 종으로 나타났다. 이와 같은 접촉은 유전적 다양성을 가져와서 처녀생식 종 내에 새로운 유전형질을 가진 개체 집단을 만들어낸다. 그러므로 다양한 유전형질의 집단들로 구성되면 한 가지 유전형질로만 구성된 종보다 개체 수를 더 많이 유지할 수 있다. 종의 멸종은 숫자의 문제이기 때문에 유전학적 다양성은 멸종될 시점을 늦추는 데 도움이 된다.

성의 진화에 관한 권위자인 메이너드-스미스는 처녀생식 종이 번성하지 못하고 진화의 주류에서 배제된 것으로 보아, 성이 지속되는 이유는 '집단선택'으로 설명 가능하다고 주장한다. 즉, 무성생식 집단은 유성생식 집단에 비해 멸종하는 비율이 훨씬 높다. 그러나 유성생식 종들과 대비되는 무성생식 군락의 멸종은 서로 밀접히 관련된 종들에 대한 집단선택과 유사하다. 궁극적으로 처녀생식을 하는 개체들은 유성생식 개체들보다 자신들의 유전자가 장래에 적응 가능한 서식 환경이 훨씬 적다. 그 기간은 수천 년이 걸릴 수도 있지만 그동안 무성생식 개체들은 서서히 유성생식 개체들로 바뀌게 된다.

우리 인간은 순수하게 유성생식을 하는 종이며, 좀 더 성공적인 생식체계를 보유하고 있는 데 자부심을 가질 수도 있다. 하지만 우리의 짧은 인생을 생각하면 무성생식 군락들에게 경외심까지 생긴다. 무성생식 군락들은 1만 년이란 긴 시간 동안 살아가기도 한다. 우리 인간이 다양하고 영리한 종이긴 하지만 각 개인들이 세계에서 살아가는 시간은 슬프게도 매우 짧다. 떡갈나무나 포플러나무의 번듯한 자세를 볼 때, 나는 그것들의 원형질에서 고대 생물인 마스토돈의 숨소리를 느끼고, 파라오와 점성술사의 시대에 반짝였던 별들을 보고, 오랫동안 잊혔던 예언자들의 목소리를 듣고 있다고 생각한다.

# 17. 섹스가 계속 존재하는 이유

모두가 희생양들이다. 산호뱀은 독성이 아주 강한 뱀이지만 유순해 보이는 왕뱀의 진화로 인한 희생양이다. 왕뱀에게는 독이 없지만 비슷하게 생겼기 때문에 산호뱀에게 위협이 되었다. 산호뱀은 자신의 천적이 될 수 있는 동물들에게 겁을 주기 위해 붉은색과 검은색, 그리고 노란색의 선명한 줄무늬를 진화시켰다. 즉 자신에게 맹독이 있으니 잡아먹지 말라는 표시다. 그래서 벌잡이새(Motmot)와 같이 뱀을 잡아먹는 새들은 그러한 색깔의 뱀을 피하는 본능을 진화시키게 되었다. 왕뱀도 자기보호를 위해 산호뱀 색깔을 모방했는데, 이렇게 하여 왕뱀은 독을 만드는 데 따르는 비용을 절감하는 이익을 챙길 수 있었다. 이로써 산호뱀은 진화의 사슬에 얽매이게 되었다. 왕뱀이 얻는 행운은 산호뱀의 희생에서 나온다. 천적들이 왕뱀 맛을 알게 되면 산호뱀도 같은 맛일 것으로 생각하여 공격하고 결국 산호뱀과 천적 모두의 비극으로 끝난다. 이제 산호뱀에게는 한 가지 선택만 남아 있다. 왕뱀과 멀어지는 진화를 하는 것이다. 즉, 좀 더 겁을 줄 수 있는 새로운 무늬를 갖거나 몸 크기

산호뱀은
왕뱀의 모방 진화에 따른 희생양이 된다.

를 더 작게 하여, 산호뱀을 모방한 다른 뱀과 산호뱀 자신을 천적들이 구분할 수 있게 하는 것이다. 왕뱀도 끝없이 뒤따라가야 한다. 산호뱀의 변화에 맞춰 자신도 변화시킨다. 산호뱀은 자신의 의도와는 전혀 상관없이 왕뱀의 은인이 된다.

이와 같은 상호 경쟁적 진화는 일반적인 현상으로, 생명체 종들은 다른 종들의 희생을 통해 자신의 행운을 얻으며, 이러한 경쟁은 끊임없이 이어진다. 고생물학자이자 진화학자인 밴 밸런(Leigh Van Valen)은 루이스 캐럴의 《거울나라의 앨리스*Through the Looking-Glass and What Alice Found There*》에서 앨리스가 레드퀸을 만났을 때를 묘사한 부분이 이와 같은 경쟁을 연상시킨다고 보았다. 앨리스와 레드퀸은 거대한 체스판 모양의 나라를 힘껏 달리지만 그들이 멈추었을 때는 달리기 전과 꼭 같은 나무 옆에 서 있음을 알게 된다. 여전히 숨을 헐떡이며 앨리스가 말한다. "아직 우리나라 안에 있어." "보통 이정도면, 우리처럼 오랫동안 빨리 달려왔다면 다른 곳에 있어야 하는데, 우리가 느

림보의 나라에 있나봐." 그러자 레드퀸이 말한다. "자, 네가 보았듯이 같은 장소에 있기 위해서는 온 힘을 다해서 계속 달려야 한단다." 진화는 레드퀸의 나라와 같다. 생명체는 단지 자기 존재를 유지하기 위해서라도 있는 힘껏 달려야만 한다. 이것이 바로 섹스가 존재하는 궁극적인 이유다.

생물학자들 외에는 대부분이 섹스의 존재를 당연한 것으로 여긴다. 너무 보편적으로 존재하기 때문에 섹스 없는 생명을 생각하기 어렵다. 그러나 섹스가 곧 생식은 아니며, 섹스가 없는 여러 가지 무성생식 방법들도 있다. 무성생식에는 교미 상대를 찾거나 교미를 하는 데 따르는 노력이나 시간이 필요 없으며 교미 과정에서 천적의 공격을 받거나 교미로 전염병이 옮겨올 위험도 없다. 사실 유성생식, 즉 섹스에는 좀 더 근본적인 약점이 있다. 암컷의 입장에서 볼 때, 유성생식은 부성생식에 비해 그 효율성이 절반에 불과하다. 그 이유 중의 하나는 아들을 만드는 데 따르는 비용이다. 무성생식에서는 아들을 생산할 필요가 없기 때문에 딸을 생산하는 데 더 많은 에너지를 투입할 수 있다.

암컷들이 수컷들보다 자손들에게 훨씬 많은 노력을 투자하는 것도 암컷들에게는 유성생식의 약점이다. 암컷들의 알은 수컷들의 정자에 비해 훨씬 큰 경우가 대부분이며 알을 만드는 데 비용도 더 많이 필요하다. 그리고 대부분의 암컷은 임신에 지출해야 하는 비용도 많다. 유성생식으로 자손을 만들 때 암수는 모두 동일한 이익을 얻는다. 즉, 암수 각각은 자손의 유전자 절반씩을 전수해준다. 유성생식을 선택하면 암컷으로서는 자손에게 전달되는 유전자에 자신의 것을 절반밖에 포함시키지 못하는 결과가 된다. 그러므로 암컷은 수컷에게 절반을 할

애해주지 않기 위해 무성생식을 택하는 편이 좋다. 그러나 현실에서는 암컷들이 그렇게 하지 않는다. 유성생식에 따르는 비용에도 불구하고 섹스는 생명 그 자체만큼이나 오랫동안 유지되어왔다. 박테리아에서 고래에 이르기까지 거의 모든 생물들이 섹스를 한다. 그렇기 때문에 생명체들에게는 택할 수 있는 다른 방법이 없다고 생각할 수도 있다. 하지만 자연에는 무성생식을 하는 종이 분명히 있으며, 이는 많은 종들이 무성생식이라는 방법을 택할 수 있음을 시사해준다. 물론 그러한 경우가 자주 일어나지는 않는다.

유성생식, 곧 섹스가 가지는 약점에도 불구하고 지속되는 이유에 대해서는 생물학자들 사이에 일치된 의견이 없다. 하지만 모두가 다음과 같은 한 가지 생각에는 동의한다. 섹스가 가진 부정할 수 없는 장점은 유전적으로 다양한 자손을 생산하는 것이다.

진화생물학자인 윌리엄스(G. C. Williams)는 섹스의 존재 이유에 대해 많은 질문을 제기하고, 자연선택과 생식을 로또 복권에 비유했다. 당첨 상품은 미래에 자신의 유전자를 발현시키는 것이며 자손은 복권에 해당된다. 무성생식 암컷은 섹스 상대와 유전자를 절반으로 나누지 않고, 아들을 낳는 데 따르는 비용, 즉 복권 구입 비용을 절감하기 위해 한꺼번에 거의 모든 복권을 구입하고 모두가 동일한 번호를 가진다. 암컷의 자손은 암컷 자신을 그대로 복제한 것에 불과하다. 유성생식을 하는 암컷은 자신의 유전자를 다른 개체의 유전자와 섞으며, 복권의 수도 적다. 하지만 모두가 다른 번호를 가지고 있다. 이렇게 함으로써 유성생식 암컷에게는 다음과 같은 중요한 이익이 생긴다. 암컷은 돌연변이 없이도 환경 및 생물학적 변화에 적응하기 위한 새로운 유전형질을 만들어낼 수 있다. 레드퀸과 달리기를 계속할 수 있는 것이다.

　　그러나 여기에서 두 가지 질문을 제기해볼 수 있다. 달리기 경주의 참가자는 누구인가? 그리고 얼마나 멀리까지 달려가야 하나? 윌리엄스는 이렇게 지적했다. 경주는 생식력이 높은 종뿐만 아니라 우리 인간처럼 평생 동안 몇 안 되는 자손만을 만드는 종에게도 이익이 되는 전력질주다. 그러나 이것은 또한 로또 모델의 한계를 말해주기도 한다. 다른 숫자를 갖긴 하지만 단지 두 장만 구입하면 수십 배나 많은 복권을 구입한 개체들과 어떻게 경쟁을 할 수 있을까? 윌리엄스가 생각한 다른 한 가지 한계점은 주기적 처녀생식 종에 관한 것이다. 진딧물과 같은 종은 생의 주기 중 일부 기간에는 유성생식을 하고 다른 기간에는 무성생식을 한다. 이와 같은 종에서도 섹스가 존재한다면 유 · 무성생식 사이의 전환이 짧지만 강력한 이익을 주어야 한다.

　　뇌충의 한 종인 창형흡충(Dicrocoelium dendriticum)은 온전한 뇌충이 아닌 흡충으로, 뇌에서보다는 내장 속에서 살아가는 기간이 더 많다. 나는 섹스에 관한 연구를 시작하기 오래전부터 뇌충의 복잡한 생활방식을 알고 있었는데, 섹스를 비용과 이익 사이의 적응으로 생각하게 되자 금방 뇌충의 생활상이 갖는 의미를 이해하게 되었다. 유성생식 및 처녀생식 모두를 행하는 뇌충의 복잡한 생활상은, 모든 생명체들에게 있어 섹스가 가지는 가치를 말해주기 때문에 여기에 비교적 자세하게 설명한다. 하지만 뇌충은 로또 복권을 많이 구입한다.

　　성충이 된 뇌충의 길이는 1인치에 달하며 다른 모든 흡충들처럼 납작하고 얇은 모양으로, 포유동물의 간 내부에 있는 미로 같은 통로를 지나다닐 수 있는 구조를 하고 있다. 이놈들은 양이나 사슴 혹은 마못 같은 초식동물 안에 기생한다. 그 동물들의 간 속에 집을 짓고 유성생식으로 만들어진 수많은 알을 채우는 것이 성충의 삶의 과제다. 만들어진 알은 담도 속으로 들어간다. 이때부터 신비로운 여행이 시작된다. 이것들의 모험담은 온갖 이상한 현상들을 다 경험한 기생충학자들조차 상상을 초월한다고 혀를 내두를 정도다.

　　알에서 시작된 여행은 위장관을 따라 내려가서 목장의 풀밭으로 배출된다. 그곳에서 알들은 변을 먹는 땅달팽이에게 먹힐 때까지 조용히 기다린다. 달팽이의 위장관에 침투하는 데 성공한 알은 잠자는 상태에서 깨어나 유충이 된다. 둥근 모양의 이 유충은 매우 활동적이어서 달팽이의 위장관을 파고 들어가서 소화샘 내를 거주지로 삼는다. 일단 자리 잡으면 이것들은 다시 긴 형태로 변하여 '포자모세포'라는 고상한 이름으로 불린다. 포자모세포는 군락을 형성하는 기계에 해당된다. 어미 역할이 이것의 유일한 과제가 되어, 자신의 복제품을 다량으로 만들어낸다. 포자딸세포들이다.

　　소화샘이 가득 차기 시작하면, 북적거리는 포자딸세포들이 생의 다른 단계인 유미유충으로 변신한다. 이제 이것들은 정자세포 비슷한 모양으로 머리 부분과 함께 움직임을 가능하게 해주는 꼬리 부분을 갖춘다. 이것들이 수행해야 할 과제는 달팽이의 호흡기관으로 옮겨가는 것이다. 달팽이 한 마리의 호흡기관에 수백 마리의 유미유충이 들어가면 달팽이에게 심한 감기에 걸린 것 같은 증상이 나타난다. 유미유충들은 점액질로 둘러싸인 공 모양의 작은 덩어리를 만들고, 달팽이는 체온이 떨어지면 이러한 작은 덩어리를 목장으로 뱉어낸다.

　　이 장면은 달팽이가 기생충을 내쫓는 것처럼 보인다. 그러나 실제로는 정반대다. 기생하는 뇌충이 달팽이의 신체 생리를 교묘하게 이용한 결과다. 점액으로 둘러싸인 유미유충들은 이제 다른 곳으로 전파될 준비를 갖추게 된다. 점액이 마르면 껍질이 되어 내부의 유미유충이 살 수 있게 습도를 유지해준다. 전체적으로 보면 달팽이 알과 비슷하다. 뇌충은 이제 다른 숙주들을 속일 준비가 되었다.

　　나무개미의 한 종인 곰개미류(*Formica*)는 달팽이 알을 좋아하지만 잘 구분하지 못하므로 뇌충의 작은 공들을 달팽이 알로 인식하고 먹기 위해 자신들의 둥지로 가져간다. 이제부터 뇌충이 자신의 이름값을 하기 시작한다. 개미 내부로 들어간 뇌충의 유미유충은 피낭유충으로 변하고 대부분은 개미의 배에 자리 잡는다. 그러나 그중 일부는 개미의 뇌를 향해 이동한다. 실제로 이들은 식도하신경절이라는 부위에 도착하는데, 이곳은 개미 행동의 많은 부분을 조절하는 부위다. 이곳으로 들어간 피낭유충은 빈둥거리면서도 개미의 행동을 변화시켜서 아침저녁 시간이면 개미가 턱으로 풀끝을 꽉 물고서 매달려 있게 만든다. 개미의 몸 안에서 뇌충은 마지막 여행지에 다다르길 기다린다. 준비가 끝난 뇌충은 양이나 기타 초식동물들이 풀을 뜯어 먹을 때만을 기다린다. 개미의 몸속에서 풀과 함께 양의 위장 속으로 들어간 피낭유충에 양의 소화액이 자극을 주면 뇌충은 이제 어린 흡충으로 부화한다. 흡충은 쓸개즙의 냄새를 따라 간으로 가고 그곳에서 이제 성별이 존재하는 새로운 시기를 시작한다.

　　처음에는 뇌충에게 암수 구분이 왜 필요한지 이해할 수 없었다. 사실 뇌충과 같은 기생충들이 살아가는 과제는 시간의 문제일 때가 많다. 즉, 숙주를 더 빨리 착취하기 위해서는 군락을 이루는 무성생식이 서택될 가능성이 많다. 군락 형성 및 숙주 착취 방법으로는 무성생식이 매우 우수하며 이것은 단지 이론적인 것만이 아니다. 예를 들어, 농부라면 누구나 이에 대해 잘 알고 있다. 어느 한 주에는 양배추에 해충이 없고, 그다음 한 주에는 양배추에 진딧물이 잔뜩 붙어 있다. 양배추에 이와 같이 급속도로 번식하는 진딧물들은 암컷 한 마리에서 비롯된 무성생식 군락인 경우가 가끔 있다. 이러한 진딧물 중 한 마리를 불빛에서 관찰해보면 속이 들여다보이는 어미의 뱃속에서 암컷 진딧물이 만들어지고 있는 모습을 관찰할 수 있다. 그리고 돋보기를 이용하면 어미의 뱃속에 있는 딸의 뱃속에서 손녀가 만들어지기 시작하는 모습을 보게 될 수도 있다. 인형 안에서 인형들이 계속해서 나오는 러시아 인형의 살아 있는 버전이라 할 수 있다. 이것은 아직 미개척지인 양배추 요새를 어미 진딧물이 자신의 자손들로 신속하게 점령하여 덮어버리는 방법이다.

급속한 번식과 무성생식의 관련성은 다른 주기적 처녀생식 종에서도 관찰된다. 각다귀의 한 종인 버섯흑파리(*Mycophilia speyeri*)는 버섯 재배 농부들에게 큰 골칫거리다. 자연 상태에서 버섯들은 예측 불가능하게 땅을 뚫고 자라나오며 기후가 변하면 금방 시들어버린다. 이처럼 단명하는 자원에 적응하기 위한 전략으로 버섯흑파리들은 자신들의 러시아 인형 버전을 진화시켰다. 이 전략에서는 출산이라는 과제가 아직 어린 것들이 수행해야 할 일이 된다. 어린 버섯흑파리들이란 물론 구더기들을 말한다. 버섯흑파리의 발전 전략은 구더기 안에서 또 구더기를 만들어내는 것이다. 무성생식을 하는 버섯흑파리는 새로 솟아난 버섯에 내려 앉아 알을 낳고 그 알은 구더기로 부화한다. 구더기가 버섯을 먹기 시작하면 그 구더기의 배 안에서 또 구더기가 만들어지고 뱃속의 구더기 수가 많아지면 어미의 배를 터트리고 나온다. 이런 식의 생식 과정이 반복되다 보면 버섯은 금방 구더기들로 붐비게 된다. 그러나 이 모든 소동들에는 반드시 종말이 온다. 양배추는 시들고 버섯은 버려지고, 양의 간은 흡충으로 꽉 차서 너무 비대해진다. 이제는 유성생식이 필요한 때다.

이와 같은 종들은 무성생식으로 급속히 성장한 다음 새로운 숙주를 찾아 정착하기 전에 유성생식을 하는 경우가 대부분이다. 무성생식의 빠른 성장 과정 사이에 유성생식으로 성장 속도를 지체시키는 이유를 정확하게 알지는 못한다. 무성생식을 하면 효율적으로 군락을 형성할 수 있는 커다란 이점이 여전히 존재하는 상태다. 유성생식으로 얻을 수 있는 단기간의 이익이 얼마나 크기에 이와 같이 매우 번식력 강한 종이 무성생식의 장점들을 포기하는 것일까?

이에 대해 생물학자들은 주로 시간, 유전자의 종류와 수, 그리고 개체 수로 설명한다. 이와 같은 관점을 이용하면 유성생식의 장점을 어려움 없이 설명할 수 있다. 유성생식 개체들은 경쟁관계의 무성생식 개체들보다 자신들에게 유익한 변이를 더 많이 축적하고 또 조합해낼 수 있다. 유성생식 개체들은 새로운 조합을 통해 새로운 유전자를 만들어 변화에 적응할 수 있다. 그러나 그와 같은 발전의 속도는 매우 느리다. 돌연변이가 발생할 확률은 100만 분의 1도 안 되며, 그나마 대부분은 개체에 유익하기보다는 해로운 변이다. 이와 같은 모델에서 유성생식으로 만들어진 유전자가 무성생식에 비해 더 우수함을 보이기까지는 여러 세대를 거쳐야 한다. 그러나 여기에서 필요한 것은 유성생식의 장점이 한 세대 혹은 한 계절 혹은 단지 일주일 만에 나타나는 것이다.

　　뇌충의 사례를 소개한 것은 우연이 아니다. 유성생식이나 섹스의 단기적인 장점에 대해 설명하기 위해 레드퀸의 경우를 빌려오자. 생명체들은 끊임없이 적응해가고 또 자신을 잡아먹으려는 종들을 회피해간다. 즉, 경쟁하고 도망친다. 달팽이에게 먹히기 위한 한 개의 알로 변하기 직전에 뇌충이 유성생식, 즉 섹스를 하는 것은 매우 중요한 의미를 가진다. 섹스를 통해 수많은 다른 특성을 지닌 알들이 만들어지며, 그중 일부는 달팽이 숙주에 조화를 이루고, 달팽이 개체들에서 필연적으로 발생하는 변화에 생화학적으로 적응할 수 있다. 흡충 알의 모든 세대마다 달팽이에 대한 선택이 있게 된다. 민감한 유전자를 지닌 달팽이는 감염으로 인해 제거되고 저항성이 있는 달팽이는 번성할 것이다. 그러므로 흡충은 달팽이 유전자 형태의 변화를 따라가기 위해 다양한 유전자를 만들어내야 하는데 이것은 유성생식으로 가능하다.

　　그렇다면 개미나 양 내부에 군락을 형성하기 전에는 유성생식을 하지 않는 것일까? 윌리엄스의 로또 복권 이론이 여기에 적용된다. 먼저, 뇌충이 이러한 숙주에 방대한 수의 군락을 형성한다면 양이나 개미 모두 뇌충과 잘 조화될 가능성이 있다. 양과 개미 두 가지 숙주 모두 세대 주기가 길기 때문에 유전자 변이를 통해 기생충에서 벗어나기가 어렵다. 그러나 다른 방식으로 해석할 수도 있다. 즉, 개미와 양은 모두 세대 주기가 길지만, 기생충은 주기가 짧아 세대가 빠르게 교체되기 때문에 숙주에 적응할 수 있다. 그러나 숙주 또한 비록 번식력은 낮지만 유성생식으로 이익을 얻는다. 숙주는 자손의 유전자를 자신과 다르게 만들어서 부모–자식 사이의 질병 전염 가능성을 줄인다.

이것은 유전학 퀴즈라고도 할 수 있다. 지난 20여 년 동안 개발된 전기영동(電氣移動, electrophoresis)을 비롯한 여러 가지 새로운 화학 기술들을 이용하여 분식한 결과, 전 세계에 존재하는 변이 유전자들의 수는 예상을 훨씬 뛰어넘는 정도로 많다는 사실이 밝혀졌다. 조사 대상 유전자의 거의 10퍼센트가 이형유전자였다. 즉, 각 개체들이 가진 유전자의 약 10퍼센트에서 동일한 유전자의 두 가지 버전이 나타났다. 대부분의 개체들에는 가장 적합한 유전자 형태가 있고 그 변이는 극소수에 불과하다고 가정하는 유전학이론을 신봉하던 사람들에게 이것은 큰 충격이었다. 어떤 유전자들은 20여 개의 다른 형태, 즉 대립유전자가 있는 것으로 밝혀졌다. 일부 인구유전학자들은 이와 같은 변이들 중 상당수가 선택이론으로 볼 때 중립적이라고 결론 내리기도 했다. 즉, 한 개체가 보유한 유전자가 여러 형태들 중 어떤 것인지는 문제가 되지 않으며, 그러한 변이들은 단지 돌연변이와 같은 무작위적인 힘이 작용한 결과라는 주장이다. 무작위적인 변덕이 아니라 자연선택의 효과를 믿는 많은 생물학자들에게 이러한 이론은 이단이라 할 수 있다. 그들은 세계에 존재하는 유전학적 다양성을 자연선택의 관점에서 설명할 수 있다고 믿는다. 레드퀸이 깨닫게 된 사실은 그들에게 희망이다. 이것을 입증해주는 유전학적 연구 결과들이 점점 많아지고 있기 때문이다.

말라리아에 대한 저항성, 살충제에 대한 곤충들의 적응, 그리고 식물들의 곤충이나 병원성균에 대한 저항성 등과 같은 현상들에서 유전학적 다양성, 기생충의 적응, 그리고 숙주의 회피적응은 중요한 역할을 한다. 아마에 기생하는 녹병균과 아마 사이에서 벌어지는 싸움을 연구한 결과 최소한 5개의 유전자와 26개의 대립유전자가 저항성 녹병균에 관계되는 것으로 밝혀졌다. 다양하게 구성될 뿐만 아니라 역동적으로 변화하는 시스템이다. 녹병균의 유전자는 절대로 게으르지 않다. 1940년에 아마의 저항성 유전자도 찾아냈는데, 그로부터 30년이 지난 후 다시 검사한 결과 그 대부분이 저항 효과를 나타내지 못했다. 다른 말로 하면, 녹병균은 숙주가 유전학적으로 구축한 방어막을 뚫을 수 있게 진화했다.

녹병균은 모든 식물들이 대항해서 싸워야 하는 수많은 병원체 중 하나에 불과하다. 미국농무부에서 발행하는 책자를 보내주는 리스트에 내 이름도 올라 있는데, 얼마 전 나는 배달된 농무부의 책자에서 토마토의 질병에만 수십 쪽이 할애된 것을 보고 놀라지 않을 수 없었다. 큰 문제가 될 수 있는 바이러스, 박테리아, 녹균, 그리고 곰팡이들이 수백 종에 달했다. 복숭아나무의 뿌리줄기에 해를 끼치는 바이러스에 관한 내용으로만 구성된 책도 있었다. 토마토나 복숭아가 특별한 경우는 아닐 것이다. 모든 개체, 그리고 모든 생명체 종들에게 나타날 수 있는 일들이다.

유성생식, 즉 섹스의 여러 현상들에 대해 연구하는 학자들은 질병을 어느 한 개체의 문제로 생각하는 경향이 있다. 그러나 이것은 현대의학을 너무 맹신한 결과 생겨난 잘못된 인식이다. 역학에 위대한 공헌을 한 한스 진저는 이렇게 말했다.

"사람들은 선입견을 가지고 생각한다. 그러나 대합조개나 굴, 곤충들, 꽃, 담배, 감자, 토마토, 과일, 관목들과 나무에는 각자 자신들의 천연두, 홍역, 암 혹은 결핵이 있다. 냉혹한 전쟁이 끊임없이 계속된다. 잠시의 휴전도 허용되지 않는다. 한 생명체 종의 민족주의에 대항하는 다른 종들의 민족주의 ……우리가 선뜻 동의하기에는 망설여지지만, 감염성 질병은 모든 생명체들에게 되도록이면 적은 노력만으로 필요한 것을 얻으려는 일반적 경향이 있음을 보여주는 한 가지 예에 불과하다. ……암소는 풀을 먹고 사람은 둘 다 먹으며, 박테리아는—은행가들도 마찬가지다—사람을 먹는다."

나는 코스타리카에서 기생충 연구를 끝내고 돌아오자마자 이 글을 쓰면서 나 자신이 진저의 관점에 공감하고 있음을 발견하게 되었다. 코스타리카는 열대지역의 다른 나라들이 그렇듯이 매우 건강한 나라다. 내가 그곳에서 연구한 기생충의 종류만 해도 십이지장충, 구충, 회충, 편충, 분선충, 요충, 왜소조충, 촌충, 이질아메바, 대장아메바, 왜소아메바, 요드아메바, 람블편모충, 장세모편모충, 맹장편모충, 메닐편모충, 그리고 대장섬모충이 있다. 그리고 내가 아직 관찰하지 못한 수없이 많은 '기타' 기생충들이 있을 것이다. 이러한 병원체들은 자신들의 희생양이 될 숙주의 유전자 갑옷에 빈틈이 생기길 끊임없이 노리고 있으며, 이들의 위협에서 벗어나기 위한 숙주들의 노력 또한 끊임없이 계속된다.

끝없이 쫓고 쫓기는 이와 같은 경쟁에 대해 한 가지 예상 가능한 결과는 다음과 같다. 유성생식을 하며 수명이 짧은 병원체들은 숙주들의 가장 흔한 유전자 형태에 적응할 것이다. 이러한 가정을 실제로 보여줄 수는 없지만 추론으로 확인할 수는 있다. 숙주들이 모두 함께 병원체로부터 위협을 받을 경우 소수인 유전자 형태를 가진 숙주는 다수의 흔한 유전자 형태를 가진 숙주보다 더 잘 버틸 수 있어야 한다. 이러한 추론은 향기풀을 이용한 실험으로 검증되었다. 향기풀의 한 종인 포태향기풀(*Anthoxanthum odoratum*)에는 1년 내내 최소한 8종의 녹병균이 문제를 일으킨다. 실험에서는 향기풀에 여러 다른 무성생식 군락을 만들고 이들을 서로 다른 비율로 섞어서 심었다. 섞어 심은 각각의 무리에는 흔하고 다수에 속하는 유전자 형태의 개체들과, 드물고 소수인 유전자 형태의 개체들을 포함시켰다. 그리고 이들 무리들을 녹병균에 감염시켰다. 그로부터 3년이 지난 후 이들의 서식 적응 정도를 관찰한 결과 소수인 유전자 형태를 가진 경우가 흔한 다수의 유전자 형태를 가진 향기풀보다 두 배나 더 잘 자라고 있었다. 이것은 곡류를 재배하는 농부들의 경험과 일치하는 것이다. 서로 다른 종자를 섞어서 심을 경우가 대규모 단일 작물 경작을 할 때보다 질병에 대한 저항성이 크다. 이와 비슷하게 단일 곡물을 재배할 경우에도 유전학적으로 서로 관련 없는 개체들을 주위에 둘러싸서 재배하면 그 단일 곡물에서 얻는 수확이 더 많아지는 현상도 잘 알려져 있다.

이와 같은 효과는 숙주와 기생충의 세대 주기가 크게 다를 경우 더욱 뚜렷하게 나타나야 한다. 세대 주기의 차이가 클수록 기생충이 숙주에게 유전학적으로 적응할 기회가 많다. 이러한 이론을 바탕으로 여러 학자들이 소나무에 기생하는 깍지벌레와 소나무 사이의 상호작용에 대해 연구했다. 깍지벌레는 여름 한철에 여러 세대를 지나는 작은 곤충인 반면 폰데로사 소나무는 100년 이상 살 수 있다. 기생충이 숙주에 적응을 한다면 이 둘의 상호작용에서 관찰될 수 있을 것이다. 그리고 실제로 이 기생충을 소나무의 여러 군락에 이식하는 실험에서 기생충들은 자신들이 기생했던 원래의 소나무 숙주 군락에서 가장 잘 적응하는 것으로 나타났다. 여기서 기생충이 나무에 적응했다고 결론 내릴 수 있는데, 특히 깍지벌레들이 숙주에서 대부분 근친교배 방법을 통해 증식했기 때문이다. 근친교배는 무성생식과 완전한 유성생식 사이에 위치하며 유전학적으로 무관한 개체들끼리 교배했을 때에 비해서는 유전학적으로 다양성이 떨어지는 후손을 생산하게 된다. 근친교배를 통해서 깍지벌레들은 자신들의 유전자를 오랫동안 생존하는 숙주의 유전자에 적응시킨다.

설탕나무와 깍지벌레에 대해서도 이와 비슷한 연구가 있었는데 예상대로 숙주에서는 정반대의 효과가 나타났다. 자가수분— 극단적인 근친교배라 할 수 있다— 에 의해 만들어진 나무는 모태가 되는 나무로부터 이식된 깍지벌레에 대한 저항성이 크게 낮았다. 유전학적으로 관련성이 적은 족외혼으로 만들어진 나무는 모태가 되는 나무보다도 깍지벌레에 대한 저항성이 훨씬 높았다. 이것은 유성생식, 즉 섹스가— 특히 족외혼에 의한— 숙주와 기생충 사이의 유전학적 연결을 끊을 수 있음을 보여주는 증거다. 섹스는 부모에게 닥친 재앙이 자손에게까지 이어질 가능성을 줄여준다.

근본적인 새로움에 대한 강조는 과거에 생각했던 섹스의 장점들과는 많이 다르다. 일부 학자들은 섹스를 통한 유전자 구조의 변화가 바람직한 이유는 이러한 변화를 통해 적응성이 매우 뛰어난 '엘리트'들을 만들어낼 수 있기 때문이라고 생각했다. 그러나 윌리엄스는 유전자 형태가 가지는 시시포스와 같은 특성으로 인해 이와 같은 주장의 설득력이 떨어진다고 보았다. 정상에 도달하기 위해 언제나 언덕 위로 바위를 밀어 올리고 있는 시시포스처럼, 유전자 형태는 섹스를 행할 때마다 부서질 운명에 있다. 섹스 파트너 양쪽에서 온 염색체의 재조합은 유전자가 새롭게 조합되고 어머니와 아버지 어느 쪽의 유전자 조합과도 다른 유전자 조합을 가진 자손이 만들어짐을 의미한다. 귀족 유전자라도 섹스를 통해 해체되어버린다.

여기에서 우리는 느릅나무나 굴과 같이 한꺼번에 수백만의 자손을 퍼트리는 매우 높은 생식력을 가진 생명체에서는 엘리트 유전자를 선택한다고 결론 내릴 수 있다. 부화가 일어날 때마다 찌꺼기를 골라내 버리는 선택이 반복적으로 일어나서 결국 엘리트 유전자들만이 살아남는다. 각각의 세대마다 그리고 태어나는 각각의 개체마다 엘리트는 가치를 지닌다. 그러므로 엘리트 유전자 개념은 유성생식, 즉 섹스가 가지는 단기적 장점을 설명해줄 수 있지만 그것은 단지 생식력이 높은 개체들에 한정된다. 인간과 같은 생명체들에서는 찌꺼기를 골라내는 과정이 존재하지 않는다. 그래서 윌리엄스는 이렇게 결론 내렸다. 즉, 섹스는 인간과 같이 생식력이 낮은 포유동물들에게 전해져 오는 역사적 유산이다. 인간에게는 무성생식을 위해 필요한 화학적·생물학적 기제가 없기 때문에 섹스를 통한 유성생식이라는 잘못된 적응 형태가 고정되어버렸다는 것이다.

하지만 레드퀸은 그와 같은 역사적 제약에 묶이지 않고 탈출한다. 새로움, 즉 섹스에 의해 만들어지는 변화는 그 자체만으로도 개체와 종들이 상호 적응해가는 언제 어느 때나 가치를 지닌다. 이와 같은 관점에서 우리는 유성생식 혹은 무성생식의 대규모 발생 양상들을 예측할 수 있다. 생물학적 다양성이 절정에 달한 열대지역에서는 무성생식이 매우 드물게 일어날 것으로 예상할 수 있다. 그리고 처녀생식 동식물은 고위도 지역에서 자주 볼 수 있는 것이 사실인데, 그러한 곳은 종들의 다양성이 떨어지고, 생식에 대한 개체의 생물학적 동력과 비교할 때 병원체의 위협이 상대적으로 약하다는 특징을 지닌다. 생식을 유전학적으로 먼 관계와의 족외혼에 의존하는 것은 긴 세대주기와 관련된다고 생각되는데, 큰 나무에서는 사가수분이 거의 없고, 관목류에서 자가수분이 더 자주 발생하며, 풀이나 야생화에서 가장 흔히 관찰된다는 연구보고도 있다. 마찬가지로 신체 내부에서 질병 저항성에 관여하는 효소는 저항성과 관련이 없는 다른 효소들보다 더 다양할 것으로 예상할 수 있다. 이것이 일반적 양상인지에 대해서는 아직 연구가 크게 부족하지만, 이물질의 감염에 대한 면역 반응에 관여하는 효소들은 매우 다양하다는 사실이 밝혀져 있다.

그러나 모든 생물학자들이 이와 같은 유전학적 '새로움'으로 현상을 설명하는 것은 아니다. 일부 학자들은 유성생식, 즉 섹스의 다양성이 그 자손들이 살아갈 수 있는 터전의 수를 늘리기 위한 방법이거나 섹스를 통해 환경의 변화를 따라갈 수 있기 때문이라고 생각한다. 섹스는 형제들 사이의 경쟁을 줄이기도 한다. 섹스의 역할이 그와 같이 많으므로, 섹스가 지속되는 이유에 대해 모두가 동의하는 한 가지 통일된 이론이 없다고도 생각할 수 있다. 섹스는 단독으로 지탱해가는 것이 아니다. 상호 적응이 필요하기 때문이다. 그러나 생명과 생명 사이의 투쟁 말고 다른 어떤 것이 이처럼 더 보편적일 수 있을까? 인간과 뇌충 사이의 투쟁보다 더 흔한 것이 있을까? 섹스가 어떠한 길을 지나며 어떤 방향으로 변화해 갈지라도, 섹스는 항상 자신을 정당화하면서 존재할 것이다.

# 참고문헌

**서문** | 생명이란 무엇인가

Alcock J. *Animal Behavior: An Evolutionary Approach.* 3rd ed. Sunderland, Massachusetts: Sinauer Associates Inc. Publishers, 1984.

Bateson, P., ed. *Mate Choice.* Cambridge: Cambridge University Press, 1983.

Campbell, B., ed. *Sexual Selection and the Descent of Man,* 1871-1971. Chicago: Aldine Publishing Company, 1972.

Daly, M. and M. Wilson. *Sex, Evolution and Behavior.* 2nd ed. Boston: Willard Grant, 1983.

Darwin, C. *The Descent of Man and Selection in Relation to Sex.* 2 vols. London: John Murray, 1871.

Dawkins, R. *The Extended Phenotype: The Genes as the Units of Selection.* Oxford: W. H. Freeman and Company, 1982.

Emlen, S. T. and L. W. Oring. "Ecology, sexual selection and the evolution of mating systems." *Science* 197 (1977): 215-223.

Ghiselin, M. T. *The Economy of Nature and the Evolution of Sex.* Berkeley: University of California Press, 1974.

Gould, S. J. and R. C. Lewontin. "The spandrels of San Marco and the Panglossian paradigm: a critique of the adaptationist programme." *Proceedings of the Royal Society of London B Biological Sciences* 205

(1979): 581-598.

Hapgood, F. *Why Males Exist.* New York: New American Library, 1979.

Lewontin, R. C. "Adaptation." *Scientific American* 239 (1978): 212-230.

Maynard-Smith, J. *The Evolution of Sex.* Cambridge: Cambridge University Press, 1978.

Milne, L. and M. Milne, *The Mating Instinct.* New York: New American Library Inc., 1968.

Peattie, D. C. *An Almanac for moderns.* New York: G.P. Putnam's Sons, 1935.

Searcy, W. A. "The evolutionary effects of mate selection," *Annual Review of Ecology and Systematics* 13 (1982): 57-85.

Sebeok, T. A. *How Animals Communicate. Bloomington,* Indiana: Indiana University Press, 1977.

West-Eberhard, M. J. "Sexual selection, social competition and speciation." *The Quarterly Review of Biology* 58 (1983): 155-183.

Williams, G. C. *Adaptation and Natural Selection.* Princeton: Princeton University Press, 1966.

Williams, G. C. *Sex and Evolution.* Princeton: Princeton University Press, 1975.

Wilson, E. O. *Sociobiology.* Cambridge, Massachusetts: The Belknap Press of Harvard University Press, 1975.

Zinsser, H. Rats, *Lice and History.* New York: Bantam, 1967.

## 1. 정자들의 전쟁

Alexander, R. D. "On the origin and basis of the make-female phenomenon." *In Sexual Selection and Reproductive Competition in Insects,* edited by M. Blum and N. Blum, 417-440. New York: Academic Press, 1979.

Alexander, R. D., J. L. Hoogland, R. D. Howard, K. M. Noonan and P. W. Sherman. "Sexual dimorphisms and breeding systems in pinnipeds, ungula-tes, primates and humans." *In Evolutionary Biology and*

*Human Social Behavior*, edited by N. A. Chagnon and W. Irons, 402-435. North Scituate, Massachusetts: Duxbury, 1979.

Cartar, R. V. "Testis size in sandpipers: the fertilization frequency hypothesis." *Naturwissenschaften* 72 (1985): 157-158.

Cohen, J. "Gamete redundancy: wastage or selection?" In *Gamete Competition in Plants and Animals*, edited by D. L. Mulcahy. Amsterdam: North-Holland Publishing Company, 1975.

Crook, J. H. "Sexual selection, dimorphism and social organization in the primates." In *Sexual Selection and the Descent of Man, 1871-1971*, edited by B. Campbell, 231-281. Chicago: Aldine Publishing Company, 1972.

Harcourt, A. H. "Intermale competition and the reproductive behavior of the great apes." In *Reproductive Biology of the Great Apes: Comparative and Biomedical Perspectives*, edited by C. E. Graham, 301-318. New York: Academic Press, 1981.

Mane, S. D., L. Tompkins and R. C. Richmond. "Male esterase 6 catalyzes the synthesis of a sex pheromone in *Drosophila melanogaster* females." *Science* 222 (1983): 419-421.

Milton, K. "Mating patterns of wooly spider monkeys, Brachyteles arachnoids: implications for female choice." *Behavioral Ecology and Sociobiology* 17 (1985): 53-59.

Nakatsura, K. and D. L. Kramer. "Is sperm cheap? Limited male fertility and female choice in the lemon tetra (Pisces: Characidae)." *Science* 216 (1982): 753-754.

Parker, G. A. "Why are there so many tiny sperm" Sperm competition and the maintenance of two sexes." *Journal of Theoretical Biology* 96 (1982): 281-294.

Short, R. V. "Sexual selection in man and the great apes." In *Reproductive Biology of the Great Apes: Comparative and Biomedical Perspectives*, edited by C.E. Graham, 319-341. New York: Academic Press, 1981.

Smith, R. L., ed. *Sperm Competition and the Evolution of Animal Mating Systems*. New York: Academic Press, 1984.

## 2. 성도착자, 강간범, 그리고 난쟁이

Abele, L. G. and S. Gilchrist. "Homosexual rape and sexual selection in acanthocephalan worms." *Science* (1977): 81-83.

Monteiro, W., J. M. G. Almeida, Jr. and B. S. Dias. "Sperm sharing in Biomphalaria snails: a new behavioral strategy in simultaneous hermaphroditism." *Nature* 308 (1984): 727-729.

Nakatsura, K. and D. L. Kramer. "Is sperm cheap? Limited male fertility and female choice in the lemon tetra (Pisces: Characidae). *Science* 216 (1982): 753-754.

Pietsch, T. W. "Dimorphism, parasitism and sex: reproductive strategies among the deep-sea ceratioid anglerfishes." *Copeia* 4 (1976): 781-793.

Thornhill, R. and N. Wilmsen Thornhill. "Human rape: an evolutionary analysis." *Ethology and Sociobiology* 4 (1983): 137-173.

## 3. 열정 혹은 카니발리즘

Buskirk, R. E., C. Frohlich and K. G. Ross. "The natural selection of sexual cannibalism." *The American Naturalist* 123 (1984): 612-625.

Sakaluk, S. K. "Male crickets feed females to ensure complete sperm transfer," *Science* 223 (1984): 609-610.

Sillen-Tullberg, B. "Prolonged copulation: a male 'postcopulatory' strategy in a promiscuous species, Lygaeus equestris (Heteroptera: Lygaeida)." *Behavioral Ecology and Sociobiology* 9 (1981): 283-289.

Thornhill, R. and J. Alcock. *Evolution of Insect Mating Systems.* Cambridge, Massachusetts: Harvard University Press, 1983.

## 4. 춤과 노래, 자웅선택의 전략

Andersson, M. "Female choice selects for extreme trail length in a widow bird." *Nature* 299 (1982): 818-820.

Baker, R. R. and G. A. Parker. "The evolution of bird coloration." *Philosophical Transactions of the Royal Society of London B Biological Sciences* 287 (1979): 63-130.

Boake, C. R. B. and R. R. Capranica. "Aggressive signal in 'courtship' chirps of a gregarious cricket." *Science* 218 (1982): 580-582.

Caryl, P. G. "Telling the truth about intentions." *Journal of Theoretical Biology* 97 (1982): 679-689.

Fisher, R. A. *The Genetical Theory of Natural Selection.* Oxford: Oxford University Press, 1930.

Foster, M. S. "Odd couples in manakins." *The American Naturalist* 111 (1977): 845-853.

Fretter, V. "Prosobranchs." In *The Mollusca,* edited by A. S. Tompa, N. H. Verdonk and J. A. M. van den Biggelaar. Vol. 7, *Reproduction*: 1-45. New York: Academic Press, 1984.

Hamilton, W. D. and M. Zuk. "Heritable true fitness and bright birds: a role for parasites?" *Science* 218 (1982): 384-386.

Kodric-Brown, A. and J. H. Brown. "Truth advertising: the kinds of traits favored by sexual selection." *The American Naturalist* 124 (1984): 309-323.

Lambert, D. M., P. D. Kingett and E. Slooten. "Intersexual selection: the problem and a discussion of the evidence." *Evolutionary Theory* 6 (1982): 67-78.

Lande, R. "Models of speciation by sexual selection on polygenic traits." *Proceedings of the National Academy of Science USA* 78 (1981): 3721-3725.

Lande, R. "Sexual dimorphism, sexual selection and adaptation in polygenic characters." *Evolution* 34 (1980): 292-305.

Payne, R. B. "Sexual selection, lek and arena behavior and sexual size dimorphism in birds." *Ornithological Monographs* no. 33. Washington, D.C.: American Ornithologists' Union, 1984.

Rutowski, R. L. "The butterfly as an honest salesman." *Animal Behaviour* 27 (1979): 1269-1270.

Sullivan, B. K. "Sexual selection in Woodhouse's toad, *Bufo Woodhousei*. II. Female choice." *Animal Behaviour* 31 (1983): 1011-1017.

Tompa, A. S. "Land snails (Stylommatophora)." In *The Mollusca*, edited by A. S. Tompa, N. H. Verdonk and J. A. M. van den Biggelaar. Vol. 7, *Reproduction*: 48-149. New York: Academic Press, 1984.

Tompa, A. S., N. H. Verdonk and J. A. M. van den Biggelaar, eds. *The Mollusca*, Vol. 7, *Reproduction*. New York: Academic Press, 1984.

## 5. 비열한 도둑

Dominey, W. J. "Female mimicry in male bluegill sunfish: a genetic polymorphism?" *Nature* 284 (1980): 546-548.

Gross, M. R. "Sneakers, satellites and parentals: Polymorphic mating strategies in North American sunfishes." *Zeitschrift für Tierpsychologie* 60 (1982): 1-26.

Hogg, J. T. "Mating in bighorn sheep: multiple creative male strategies." *Science* 225 (1984): 526-528.

Perrill, S. A., H. C. Gerhardt and R. E. Daniel. "Mating strategy shifts in male green tree frogs, Hyla cinerea: an experimental study." *Animal Behaviour* 30 (1982): 43-48.

Potts, G. W. and R. J. Wootton, eds. F*ish Reproduction: Strategies and Tactics*. London: Academic Press, 1984.

Rubenstein, D. I. "Resource acquisition and alternative mating strategies in water striders." *American Zoologist* 24 (1984): 345-353.

Verrell, P. A. "The sexual behavior of the red-spotted newt, Notophthalmus viridescens (Amphibia: Urodela: Salamandridae)." *Animal Behaviour* 30 (1982): 1224-1236.

Verrell, P. A. The influence of the ambient sex ratio and intermale competition on the sexual behavior of the red-spotted newt, *Notophthalmus viridescens* (Amphibia: Urodela: Salamandridae)." 13 (1983): 307-313.

## 6. 남자 같은 여자, 여자 같은 남자

Anderson, E. *Plants, Man and Life.* Boston: Little, Brown and Company, 1952.

Andrews, H. et al. "Symposium: paternal behavior." *American Zoologist* 25 (1985): 779-923.

Daly, M. "Why don't male mammals lactate?" *Journal of Theoretical Biology* 78 (1979): 325-341.

Dewsbury, D. A. "Ejaculate cost and male choice." *The American Naturalist* 119 (1982): 601-610.

Erckmann, W. J. "The evolution of polyandry in shorebirds: an evaluation of hypotheses." In *Social Behavior of Female Vertebrates,* edited by S. K. Wasser, 114-168. New York: Academic Press, 1983.

Gwynne, D. T. "Sexual difference theory: Mormon crickets show role reversal in mate choice." *Science* 213 (1981): 779-780.

Hatziolos, M. E. and R. L. Caldwell. "Role reversal in courtship in the stomatopod *Pseudosquilla ciliata*(Crustacea)." *Animal Behaviour* 31 (1983): 1077-1087.

Jenni, D. A. and C. Collier. "Polyandry in the American jacana, *Jacana spinosa.*" *Auk* 90 (1972): 743-789.

Johnson, Leslie K. "Sexual selection in a brentid weevil." *Evolution* 36 (1982): 251-262.

Petrie, M. "Female moorhens compete for small fat males." *Science* 220 (1983): 413-415.

Rowland, W. J. "Mate choice by male sticklebacks, Gasterosteus aculeatus." *Animal Behaviour* 30 (1982): 1093-1098.

Smith, R. L. "Repeated copulation and sperm precedence: paternity assurance for a male brooding water bug." *Science* 205 (1979): 1029-1031.

## 7. 낙태와 영아살해

Alexander, R. D. "The evolution of social behavior." *Annual Review of Ecolo-*

*gy and Systematics* 5 (1974): 325-383.

Altmann, J. and S. A. Altmann. "Primate infant's effects on mother's future reproduction." *Science* 201 (1978): 1028-1029.

Bawa, K. S. and C. J. Webb. "Flower, fruit and seed abortion in tropical forest trees: implications for the evolution of paternal and maternal reproductive patterns. *The American Journal of Botany* 71 (1984): 739-751.

Berger, J. "Induced abortion and social factors in wild horses." *Nature* 303 (1983): 59-61.

Bruce, H. M. "A block to pregnancy in the house mouse caused by the proximity of strange males." *Journal of Reproduction and Fertility* 1 (1960): 96-103.

Day, C. S. D. and B. C. Gaff. "Pup cannibalism: one aspect of maternal behavior in golden hamsters." *Journal of Comparative and Physiological Psychology* 91 (1977): 1179-1189.

Essock-Vitale, S. M. and M. T. McGuire. "Women's lives viewed from an evolutionary perspective. I. Sexual histories, reproductive success and demographic characteristics of a random sample of American women." *Ethology and Sociobiology* 6 (1985): 137-154.

Ford, C. S. "Control of conception in cross-cultural perspective." *Annals of the New York Academy of Science* 54 (1952): 763-776.

Fuchs, S. "Optimality of parental investment: the influence of nursing on reproductive success of mother and female young house mice." *Behavioral Ecology and Sociobiology* 10 (1982): 39-51.

Goodall, J. "Infant killing and cannibalism in free-living chimpanzees." *Folia Primatologica* 28 (1977): 259-282.

Hausfater, G. and S. B. Hrdy, eds. *Infanticide: Comparative and Evolutionary Perspectives.* New York: Aldine Publishing Company, 1984.

Hrdy, S. *The Langurs of Abu: Female and Male Strategies of Reproduction.* Cambridge, Massachusetts: Harvard University Press, 1977.

Huck, U. W., R. L. Soltis and C. B. Coopersmith. "Infanticide in male laboratory mice: effects of social status, prior sexual experience and basis for discrimination between related and unrelated young." *Animal Behaviour* 30 (1982): 1158-1165.

Jones, J. S. and L. Partridge. "Tissue rejection: the price of sexual acceptance?" *Nature* 304 (1983): 484-485.

Labov, J. B. Pregnancy blocking in rodents: adaptive advantages for females." *The American Naturalist* 118 (1981): 361-371.

Lee, T. D. "Patterns of fruit maturation: a gametophyte-competition hypothesis." *The American Naturalist* 123 (1984): 427-432.

Lévi-Strauss, C. *Tristes Tropiques.* New York: Atheneum, 1973.

Low, B. S. "Environmental uncertainty and the parental strategies of marsupials and placentals." *The American Naturalist* 112 (1978): 197-213.

Mallory, F. F. and R. J. Brooks. "Infanticide and other reproductive strategies in the collared lemming, *Dicrostonyx groenlandicus.*" *Nature* 273 (1978): 144-146.

Mock, D. W. "Siblicidal affression and resource monopolization in birds." *Science* 225 (1984): 731-732.

Oates, J. F. "The social life of a black-and-white colobus monkey, Colobus guereza." *Zeitschrift für Tierpsychologie* 45 (1977): 1-60.

O'Connor, R. J. "Brood reduction in birds: selection for fratricide, infanticide and suicide?" *Animal Behaviour* 26 (1978): 79-96.

Rohwer, S. "Parent cannibalism of offspring and egg raiding as a courtship strategy." *The American Naturalist* 112 (1978): 429-440.

Russell, E. M. "Parental investment and desertion of young in marsupials." *The American Naturalist* 119 (1982): 744-748.

Sherman, P. W. "Reproductive competition and infanticide in Belding's ground squirrels and other animals." In *Natural Selection and Social Behvior: Recent Research and New Theory*, edited by R. D. Alexander and D. W. Tinkle, 311-331. New York: Chiron Press, 1981.

Stehn, R. A. and F. J. Jannett, Jr. "Male-induced abortion in various microtine rodents." *Journal of Mammalogy* 62 (1981): 369-372.

Stephenson, A. G. "Flower and fruit abortion: proximate causes and ultimate functions. *Annual Review of Ecology and Systematics* 12 (1981): 253-279.

Struhsaker, T. T. "Infanticide and social organization in the redtail monkey, Cercopithecus ascanius schmidti, in the Kibale Forest, Uganda." *Zeitschrift für Tierpsychologie* 45 (1977): 75-84.

Tait, D. "Abandonment as a reproductive tactic in grizzly bears." *The American Naturalist* 115 (1980): 800-808.

Veomett, M. J. and J. C. Daniel, Jr. "Termination of pregnancy after accelerated lactation in the rat. II. Relationship to nursing of young, day of pregnancy and length of nursing." *Journal of Reproduction and Fertility* 44 (1975): 513.

Wilson, M. F. and N. Burley. *Mate Choice in Plants*. Princeton, New Jersey: Princeton University Press, 1983.

**8. 여자 대 여자**

Boness, D. J., S. S. Anderson and C. R. Cox. "Functions of female affression during the pupping and mating season of gray seals, Halichoerus grypus (Fabriciys)." *Canadian Journal of Zoology* 60 (1982): 2270-2278.

Chagnon, N. A. *Yanomamo: The Fierce People*. New York: Holt, Rinehart and Winston, 1968.

Dunbar, R. I. M. "Determinants and evolutionary consequences of dominance among female gelada baboons." *Behavioral Ecology and Sociobiology* 7 (1980): 253-265.

Dunbar, R. I. M. and M. Sharman. "Female competition for access to male affects birth rate in baboons." *Behavioral Ecology and Sociobiology* 13 (1983): 157-159.

Duslin, H. T. "Cooperation and reproductive competition among female African elephants." In *Social Behavior of Female Vertebrates*, edited by S. K. Wasser, 291-313. New York: Academic Press, 1983.

Holley, A. J. F. and P. J. Greenwood. "The myth of the mad March hare."

*Nature* 309 (1984): 549-550.

Hurly, T. A. and R. J. Robertson. "Aggressive and territorial behavior in female red-winged blackbirds." *Canadian Journal of Zoology* 62 (1984): 148-153.

Koenig, W. D., R. L. Mumme and F. A. Pitelka. "Female roles in cooperatively breeding acorn woodpeckers." In *Social Behavior of Female Vertebrates*, edited by S.K. Wasser, 235-261. New York: Academic Press, 1983.

McCann, T. S. "Aggressive and maternal activities of female southern elephant seals, Mirounga Leonina." *Animal Behaviour* 30 (1982): 268-276.

Mitani, J. C. "The behavioral regulation of monogamy in gibbons, Hylobates muelleri." *Behavioral Ecology and Sociobiology* 15 (1984): 225-229.

Small, M. F. *Female Primates: Studies by Women Primatologists.* New York: Alan R. Liss Inc., 1984.

Tiger, L. *Men in Groups.* London: Nelson, 1969.

Tiger, L. and R. Fox. *The Imperial Animal.* New York: Dell, 1971.

Valero, H. *Yanomáma: The Story of a Woman Abducted* by Brazilian Indians. London: Allen & Unwin, 1969.

Vehrencamp, S. "Relative fecundity and parental effort in communally nesting anis, *Crotophaga sulcirostris.*" *Science* 197 (1977): 403-405.

Wasser, S. K. "Reproductive competition and cooperation among female yellow baboons." In *Social Behavior of Female Vertebrates*, edited by S. K. Wasser, 350-390. New York: Academic Press, 1983.

Wasser, S. K. and M. L. Waterhouse. "The establishment and maintenance of sex biases." In *Social Behavior of Female Vertebrates*, edited by S. K. Wasser, 19-35. New York: Academic Press, 1983.

## 9. 젖과 꿀

"Breast-feeding is contraceptive." *New Scientist*, 3 May 1984: 23.

Buss, D. M. "Human mate selection." *American Scientist* 73 (1985): 47-51.

Cant, J. G. H. "Hypothesis for the evolution of human breasts and buttocks." *The American Naturalist* 117 (1981): 199-204.

Frisch, R. E. "Body fat, puberty and fertility." *Biological Review of the Cambridge Philosophical Society* 59 (1984): 161-188.

Greer, G. *Sex and Destiny: The Politics of Human Fertility*. Toronto: Stoddart, 1984.

Holmberg, A. R. *Nomads of the Long Bow*. Garden City, New York: Natural History Press, 1969.

MacCormack, C. P., ed. *Ethnography of Fertility and Birth*. London: Academic Press, 1982.

Short, R. V. "Breast-feeding." *Scientific American* 250 (1984): 35-41.

## 10. 발정기의 생식학

Alexander, R. D. "The evolution of social behavior." *Annual Review of Ecology and Systematics* 5 (1974): 325-383.

Bertram, B. "The social system of lions." *Scientific American* 232 (5) (1975): 54-65.

Burley, N. "The evolution of concealed ovulation." *The American Naturalist* 114 (1979): 835-858.

Galdikas, B. M. F. "Orangutan reproduction in the wild." In *Reproductive Biology of the Great Apes: Comparative and Biomedical Perspectives*, edited by C.E. Graham, 281-300. New York: Academic Press, 1981.

Knowlton, N. "Reproductive synchrony, parental investment and the evolutionary dynamics of sexual selection." *Animal Behaviour* 27 (1979): 1022-1033.

Lovejoy, C. O. "The origin of man." *Science* 211 (1981): 341-350.

Nadler, R. D., C. E. Graham, D. C. Collins and O. R. Kling. "Post-partum amenorrhea and behavior of apes." In *Reproductive Biology of the Great Apes: Comparative and Biomedical Perspectives*, edited by C. E. Graham, 69-81. New York: Academic Press, 1981.

Strassman, B. I. "Sexual selection, paternal care and concealed ovulation in humans." *Ethology and Sociobiology* 2 (1981): 31-40.

## 11. 오르가즘과 무기력

Davies, E. M. and P. D. Boersma. "Why lionesses copulate with more than one male." *The American Naturalist* 123 (1984): 594-611.

Hrdy, S. B. *The Women That Never Evolved*. Cambridge, Massachusetts: Harvard University Press, 1981.

Kleiman, D. G. "Monogamy in mammals." *The Quarterly Review of Biology* 52 (1977): 36-69.

Morris, D. *The Naked Ape: A Zoologist' s Study of the Human Animal*. New York: McGraw-Hill, 1967.

Symons, D. *The Evolution of Human Sexuality*. New York: Oxford University Press, 1979.

## 12. 냄새

Albone, E. S. *Mammalian Semiochemistry: The Investigation of Chemical Signals Between Mammals*. Chichester: John Wiley & Sons Limited, 1984.

Birch, M. C., ed. *Pheromones*. New York: American Elsevier Publishing Company Inc., 1974.

Dory, R. L., M. Ford and G. Preti. "Changes in the intensity and pleasantness of human vaginal odors during the menstrual cycle." *Science* 190 (1975): 1316-1318.

Goodwon, M., K. M. Gooding and F. Regnier. "Sex pheromone in the dog." *Science* 203 (1979): 499-561.

Gosling, L. M. "A reassessment of the function of scent marking in territories." *Zeitschrift für Tier-psychologie* 60 (1982): 89-118.

Hasler, A. D. and A. T. Scholz. *Olfactory Imprinting and Homing in Salmon: Investigations into the Mechanism of the Imprinting Process*. Berlin: Springer-Verlag, 1983.

Huck, U. W. and E. M. Banks. "Differential attraction of females to dominant males: olfactory discrimination and mating preference in the brown lemming, Lemmus trimucrontus." *Behavioral Ecology and Sociobiology* 11 (1982): 217-222.

Huck, U. W. and E. M. Banks. "Male dominance status, female choice and mating success in the brown lemming, Lemmus trimucrontus." *Animal Behaviour* 30 (1982): 665-675.

Kiltie, R. A. "On the significance of menstrual synchrony in closely associated women." *The American Naturalist* 119 (1982): 414-419.

McClintock, M. K. "Social control of the ovarian cycle and the function of estrous synchrony." *American Zoologist* 21 (1981): 243-256.

McClintock, M. K. "The behavioral endocrinology of rodents: a functional analysis." *BioScience* 33 (1983): 573-577.

McCollough, P. A., J. W. Owen and E. I. Pollak. "Does androsterol affect emotion?" *Ethology and Sociobiology* 2 (1981): 85-88.

Muller-Schwarze, D. and M. M. Mozell, eds. *Chemical Signals in Vertebrates*. New York: Plenum Press, 1977.

Stoddart, D. M. *The Ecology of Vertebrate Olfaction*. New York: Chapman and Hall, 1980.

Vandenbergh, J. G., ed. *Pheromones and Reproduction in Mammals*. New York: Academic Press, 1982.

## 13. 성 전환

Borowsky, R. "Social inhibition of maturation in natural populations of *Xiphorphorus variatus* (Pisces: Poeciliidae)." *Science* 201 (1978): 933-935.

Charnov, E. L. *Theory of Sex Allocation*. Princeton, New Jersey: Princeton University Press, 1982.

Charnov, E. L. and J. J. Bull. "When is sex environmentally determined?" *Nature* 266 (1977): 828-830.

Charnov, E. L., J. Maynard-Smith and J. J. Bull. "Why be an hermaphrodite?" *Nature* 263 (1976): 125-126.

Croll, N. A. *The Ecology of Parasites*. Cambridge, Massachusetts: Harvard University Press, 1966.

Fricke, H. and S. Fricke. "Monogamy and sex change by aggressive dominance in coral recf fish." *Nature* 266 (1977): 830-832.

Policansky, D. "Sex choice and the size-advantage model in jack-in-the-pulpit, *Arisaema triphyllum*." *Proceedings of the National Academy of Science USA* 78 (2) (1981): 1306-1308.

Policansky, D. "Sex change in plants and animals." *Annual Review of Ecology and Systematics* 13 (1982): 471-495.

Policansky, D. "Size, age and demography of metamorphosis and sexual maturation in fishes." *American Zoologist* 23 (1983): 57-63.

Robertson, D. R. "Social control of sex reversal in a coral reef fish." *Science* 117 (1972): 1007-1009.

Shapiro, D. Y. "Serial female sex changes after simultaneous removal of males from social groups of a coral reef fish." *Science* 209 (1980): 1136-1137.

Warner, R. R. "Mating systems, sex change and sexual demography in the rainbow wrasse, *Thalassoma lucasanum*." *Copeia* 3 (1982): 653-661.

Warner, R. R. "Mating behavior and hermaphroditism in coral reef fishes." *American Scientist* 72 (1984): 128-136.

## 14. 근친혼과 족외혼

Alstad, D. N. and G. F. Edmunds, Jr. "Selection, outbreeding depression and the sex ratio of scale insects." *Science* 220 (1983): 93-94.

Bateson, P. "Sexual imprinting and optimal outbreeding." *Nature* 273 (1978): 659-660.

Cavalli-Sforza, L. and W. F. Bodmer. *The Genetics of Human Races*. San Francisco: W. H. Freeman and Company, 1971.

Haigh, G. R. "Effects of inbreeding and social factors on the reproduction of young female Peromyscus maniculatus bairdii." *Journal of Mam-*

*malogy* 64 (1983): 48-54.

Halpin, Z. T. "The role of individual recognition by odors in the social interactions of the Mongolian gerbil, *Meriones unguiculatus.*" *Behaviour* 58 (1976): 117-130.

Hoogland, J. L. "Prairie dogs avoid extreme inbreeding." *Science* 215 (1982): 1639-1641.

Lévi-Strauss, C. *The Elementary Structures of Kinship.* Boston: Beacon, 1969.

Maynard-Smith, H. *The Evolution of Sex.* Cambridge: Cambridge University Press, 1978.

Shields, W. M. Philoparty, *Inbreeding and the Evolution of Sex.* Albany, New York: State University of New York Press, 1982.

Waser, N. M. and M. V. Price. "Pollinator behavior and natural selection for flower color in Delphinium nelsonii." *Nature* 302 (1983): 422-424.

Wu, H. M. H., W. G. Holmes, S. R. Medina and G. P. Sackett. "Kin preferences in infant Macaca nemestrina." *Nature* 285 (1980): 225-227.

## 15. 벌레들의 섬

Elbadry, E. A. and M. S. F. Tawfik. "Life cycle of the mite *Adactylium* spp. (Acarina: Pyemotidae), a predator of thrips eggs in the United Arab Republic." *Annals of the Entomological Society of America* 59 (1996): 458-461.

Kethley, J. "Population regulation in quill mites (Acarina: Syringophilidae). *Ecology* 52 (1971): 1112-1118.

May, R. M. "When to be incestuous." *Nature* 279 (1979): 192-194.

Treat, A. E. *Mites of Moths and Butterflies.* Ithaca, New York: Comstock Publishing Associates, 1975.

## 16. 처녀생식

Birky, C. W. Jr. "Parthenogenesis in rotifers: the control of sexual and asexual reproduction." *American Zoologist* 11 (1971): 245-266.

Cole, C. J. "Evolution of parthenogenetic species of reptiles." In *Intersexuality in the Animal Kingdom,* edited by R. Reinboth, 340-355. Berlin: Springer-Verlag, 1975.

Cook, R. E. "Clonal plant populations." *American Scientist* 71 (1983): 244-253.

Cuellar, O. "Animal parthenogenesis: a new evolutionary-ecological model is needed." *Science* 197 (1977): 837-843.

Francis, L. "Contrast between solitary and clonal life styles in the sea anemone, Anthopleura elegantissima." *American Zoologist* 19 (1979): 669-681.

Harshman, L. G. and D. J. Futuyman. "Variation in population sex ratio and mating success of asexual lineages of *Alsophila pometaria*(Lepidoptera: Geometridae)." *Annals of the Entomological Society of America* 78 (1985): 456-458.

Herbert, P. D. N. "Obligate asexuality in Daphnia." *The American Naturalist* 117 (1981): 784-789.

Jaenike, J. and R. K. Selander. "Evolution and ecology of parthenogenesis in earthworms." *American Zoologist* 19 (1979): 729-737.

Vasek, F. C. "Creosote bush: long-lived clones in the Mojave Desert." *The American Journal of Botany* 67 (1980): 246-255.

White, M. J. D. *Animal Cytology and Evolution.* 3rd ed. Cambridge: Cambridge University Press, 1973.

## 17. 섹스가 계속 존재하는 이유

Bell, G. *The Masterpiece of Nature: The Evolution and Genetics of Sexuality.* London: Croom Helm, 1982.

Bernstein, M. "Recombinational repair may be an important function of sexual reproduction." *BioScience* 33 (1983): 326-331.

Carroll, L. *Through the Looking Glass and What Alice Found There.* Toronto: Macmillan, 1968.

Cherfas, J. "When is a tree more than a tree?" *New Scientist*, 20 June 1985: 42-45.

Dogiel, V. A. *General Parasitology*. 3rd ed. London: Oliver and Boyd, 1964.

Ferrari, D. C. and P. D. N. Herbert. "The induction of sexual reproduction in *Daphnia magna*: genetic differences between Arctic and temperate populations. *Canadian Journal of Zoology* 60 (1982): 2143-2148.

Flor, H. H. "Current status of the gene-for-gene concept." *Annual Review of Phytopathology* 9 (1971): 275-296.

Graham, J. B. and C. A. Istock. "Gene exchange and natural selection cause Bacillus subtilis to evolve in soil culture." *Science* 204 (1979): 637-639.

Levin, D. A. "Pest pressure and recombination systems in plants." *The American Naturalist* 109 (1975): 437-451.

Maugh, T. H. II. "Accounting for sexual reproduction." *Science* 202 (1978): 1272-1273.

Rice, W. R. "Sexual reproduction: an adaptation reducing parent-offspring contagion." *Evolution* 37 (1983): 1317-1320.

Rose, M. and F. Doolittle. "Parasitic DNA: the origin of species and sex." *New Scientist*, 16 June 1983: 787-789.

Rose, M. R. "The contagion mechanism for the origin of sex." *Journal of Theoretical Biology* 101 (1983): 137-146.

## 옮긴이의 글 | 자연에서 벌어지는 기묘한 섹스 이야기

이 책은 누구나 쉽게 읽을 수 있도록 씌어진 과학서적으로, 동물계와 식물계에서 일어나는 온갖 유형의 섹스와 구애행위에 관해 가질 수 있는 의문들에 대답한다. 저자 애드리언 포사이스(Adrian Forsyth)의 대답은 해당 동식물들이 '지금과 같은 형태로 섹스와 구애를 할 수밖에 없었다. 즉 그렇게 진화되어 왔다' 는 말로 요약된다. 이를 위해 저자는 자신이 스미소니언 자연사박물관(Smithsonian National Museum of National History)에 근무하면서 경험한 다양한 사례들과 해박한 생태학적·진화론적 지식을 동원하여 그러한 방식으로 섹스를 하는 이유를 설명한다.

사춘기 이후 우리는—섹스를 직접 경험했든 아니면 상상으로만 생각했든—섹스에 대해 보통 환상적이고 즐거운 것이라는 개념을 가지고 있다. 그러나 인간을 제외한 자연에서 벌어지는 섹스의 다양한 사례들은, 우리 인간들의 기준에서는 매우 이상하고 무시무시하며, 때로는 너무 과장된 듯이 생각될 수 있다.

옮긴이가 이 책을 처음 읽을 때도 이처럼 자연에서 벌어지는 '이

옮긴이의 글 **291**

상한 형태의' 섹스 이야기를 듣는 기분이었다. 그러나 차츰 책을 읽어 가면서 우리 인간 외의 다른 종들이 어떻게 섹스를 하는가가 아니라 왜 그렇게 하는지를 이해하는 것이 더 중요하게 되었다.

자연에서 일어나는 기묘한 섹스 형태를 통해 그 개체 및 그가 속한 생물 종이 얻는 진화론적 이득은 무엇일까라는 질문에 대한 설명을 찾아 저자와 함께 즐거운 여행을 떠날 수 있기를 바란다.

지면의 한계로 다양한 그림과 사진을 제시하지 못해 아쉬움이 남는다. 본문에 등장하는 여러 생물 종들의 우리말은 가장 널리 쓰이는 이름으로 선택했으며, 여러 가지 우리말 이름을 가지고 있는 종의 경우는 영어 이름이나 학명을 괄호 안에 병기하여 독자들이 인터넷 등을 통해 사진을 찾아보기 쉽게 하였다.

2008년 12월

# 찾아보기

# 성의 자연사

**초판 찍은날**  2009년 1월 11일     **초판 펴낸날**  2009년 1월 23일

**지은이** 애드리언 포사이스 ❘ **옮긴이** 진선미

**펴낸이** 변동호
**출판실장** 옥두석 ❘ **책임편집** 이선미 · 변영신 ❘ **디자인** 김혜영 ❘ **마케팅** 김현중 ❘ **관리** 이정미

**펴낸곳** (주)양문 ❘ **주소** (110-260) 서울시 종로구 가회동 172-1 덕양빌딩 2층
**전화** 02.742-2563~2565 ❘ **팩스** 02.742-2566 ❘ **이메일** ymbook@empal.com
**출판등록** 1996년 8월 17일(제1-1975호)

ISBN  **978-89-87203-97-3**  03400          잘못된 책은 교환해 드립니다.